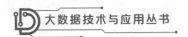
大数据技术与应用丛书

数据挖掘与机器学习

基础及应用

许桂秋 吴丽镐 张文明◎主 编
龙法宁 王子琦 王珂 朱琳玲 徐强◎副主编

U0383232

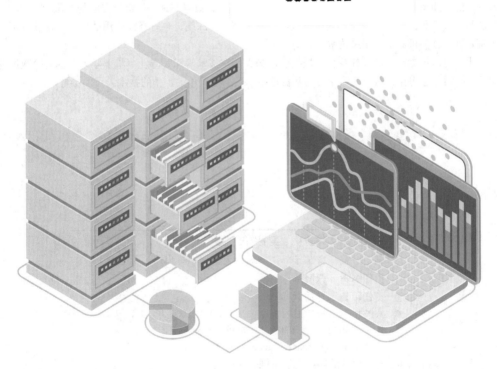

人民邮电出版社

北 京

图书在版编目（CIP）数据

数据挖掘与机器学习基础及应用 / 许桂秋，吴丽镐，
张文明主编. -- 北京：人民邮电出版社，2024. 8.
（大数据技术与应用丛书）. -- ISBN 978-7-115-64576
-0

Ⅰ. TP274；TP181

中国国家版本馆 CIP 数据核字第 2024CN3518 号

内 容 提 要

　　这是一本全面介绍数据挖掘与机器学习的大数据专业类图书，阅读本书可以提升读者对大数据分析与挖掘的认知及动手能力。本书共 10 章，由浅入深地讲解数据挖掘与机器学习的基本概念与流程、相关算法与实现工具。全书理论与实践相结合，既有新技术的深度，也有行业应用的广度，使读者可以全面了解数据挖掘与机器学习相关技术。

　　本书可以作为高等学校计算机、数据科学与大数据技术等相关专业"机器学习"或者"数据挖掘"课程的教材，也可作为从事机器学习与数据挖掘、数据分析相关工作的技术人员的参考书。

◆ 主　　编　许桂秋　吴丽镐　张文明
　　副 主 编　龙法宁　王子琦　王　珂　朱琳玲　徐　强
　　责任编辑　张晓芬
　　责任印制　马振武

◆ 人民邮电出版社出版发行　　北京市丰台区成寿寺路 11 号
　　邮编　100164　　电子邮件　315@ptpress.com.cn
　　网址　https://www.ptpress.com.cn
　　三河市祥达印刷包装有限公司印刷

◆ 开本：787×1092　1/16
　　印张：16.5　　　　　　　　2024 年 8 月第 1 版
　　字数：381 千字　　　　　　2024 年 8 月河北第 1 次印刷

定价：69.80 元

读者服务热线：(010)81055493　印装质量热线：(010)81055316
反盗版热线：(010)81055315

前言

　　数据挖掘与机器学习是计算机科学和人工智能学科中一个非常重要的研究领域，也是一些交叉学科的重要支撑技术。在过去的数十年中，互联网以及各种信息系统产生了大量数据。数据的爆炸性增长激起了人们对新技术和自动化工具的需求，以便于帮助我们将海量数据转换成信息和知识。数据挖掘与机器学习作为一种前沿的分析工具，引起了产业界和学术界的广泛关注，并快速成为计算机研究领域的一个热点。

　　本书是数据挖掘与机器学习的入门级图书，主要描述数据挖掘与机器学习的相关定义与算法，包含数据挖掘与机器学习中各种模式的概念和实现方式、算法的具体使用技巧等。本书可帮助读者了解数据挖掘与机器学习的内容，并让读者能根据书中提供的案例完成数据挖掘的各种模式操作。

　　全书共 10 章，可分为 4 个部分。

　　第一部分是基础概述，包括第 1 章和第 2 章。第 1 章阐述数据挖掘与机器学习的发展历史、基本概念、算法分类、一般流程，以及主要的应用领域；第 2 章详细介绍实现数据挖掘与机器学习的基本工具，例如 Numpy、pandas、Matplotlib 和 scikit-learn 数据科学分析库，以及它们的使用方法。

　　第二部分是数据挖掘与机器学习的算法使用，包括第 3～7 章。这 5 章详细介绍数据挖掘与机器学习中回归、分类、聚类等算法与应用，以及关联规则与协同过滤，最后介绍特征工程、降维与超参数调优的内容。

　　第三部分是进阶部分，包括第 8 章和第 9 章。这两章通过图像分类之猫狗识别和基于 NLTK 实现文本数据处理这两个案例介绍文本与图像的相关分析方法。

第四部分主要介绍深度学习的相关内容，只包括第 10 章。这章以 Fashion MNIST 数据集为例，介绍基于深度学习的图像处理方法以及模型的搭建、优化、保存等处理过程。

由于编者水平有限，书中难免存在不足之处，恳请广大读者批评指正。

编者

2024 年 6 月

目录

第1章 数据挖掘与机器学习概述

本书主要描述数据挖掘与机器学习的相关定义,包含数据挖掘与机器学习中各种模式的概念和实现方式,帮助读者了解数据挖掘与机器学习的内容并能根据所提供的案例完成相关操作。

本章的主要内容如下。

(1)发展历史。

(2)相关概念。

(3)算法分类。

(4)一般流程。

1.1 数据挖掘与机器学习的发展历史

我们正处于一个数据爆炸的时代。如何在大量的数据中获取我们想要的知识,是当前时代的一个亟须解决的问题。

1.1.1 数据时代

随着技术的发展,各行各业的数据量呈现爆炸式增长。

天文数据。2000 年,在 Sloan Digital Sky Survey 项目启动的时候,位于新墨西哥州的望远镜在几周内收集到的数据,比天文学历史上总共收集的数据还要多。到了 2010 年,信息档案已经高达 1.4×2^{42} B。再看另一组数据,哈勃空间望远镜每天产生 3～5 GB 的数据;大天区面积多目标光纤光谱望远镜(large sky area multi-object fibre spectroscopic telescope,LAMOST),又称郭守敬望远镜,每年生产 10 TB 的数据;FAST(500 米口径球面射电望远镜)仅 4 小时就可产生 10 TB 的数据。天文数据已成为天文学研究的重要部分,预计到 2025 年,全球采集的天文数据量将达到每年 250 亿 TB。

互联网数据。谷歌公司高级副总裁 Kent Walker 在 2014 年曾经指出:"截至 2000 年,人类仅存储大约 12 EB 的数据,但如今,我们每天产生 2 EB 的数据。过去两年的时间里产生了世界上 90%以上的数据。"这是 2014 年的数据,时至今日,数据量更是以惊人的速度增长。2016 年,互联网上一分钟有:40 万人登录微信,2 万人使用视频或语音聊天,

416 万个百度搜索请求，$1.5×10^8$ 封电子邮件进行发送，278 万次 YouTube 视频观看量，2000 万条 WhatsApp 新信息。以上仅仅列举了部分知名的互联网巨头公司的数据，如果统计整个互联网数据，数据量将会大到更加"恐怖"。2017 年，淘宝网宣布公开部分淘宝数据，每天产生的数据达到 7 TB。根据第三方监测机构公布的数据，截至 2023 年 6 月，淘宝网月活跃用户总数逼近 8.77 亿，淘宝 App 日活跃用户数达 3.8 亿规模，每天新产生的数据达到了 50 TB，整个平台有 40 PB 的数据存储能力。

物联网。物联网是新一代信息技术的重要组成部分，也是"信息化"时代的重要发展阶段，其是物物相连的互联网。物联网产生大量数据，数据时代的到来使物联网获得了极大的发展。在投资方面，物联网的资金投入从 2015 年的 2150 亿美元[1]增长到 2023 年底的 1.1 万亿美元。而在物联网设备数量方面，2023 年联网设备数量达到 489 亿，每台设备都会产生大量的数据。物联网的发展是推动电子资料爆炸增长的主要动力。截至 2023 年，全球有 2.75 亿个语言助理设备用于控制智能家居，相较于 2018 年的 2500 万个，增长了 10 倍。

如此巨大的数据，蕴含着巨大的价值。在数据存储和采集技术增长的同时，不同的企业机构可以较容易地收集大量的数据，但对大量数据进行分析成为一件较为困难的事情。针对大量数据的分析，传统的数据分析技术明显存在不足，主要体现在无法分析或是处理性能低等方面。另外，即使有些数据量较小，但也可能因为数据的一些特点，不适用于传统的数据分析。大数据技术的出现很好地解决了大量数据的计算问题，也为大量数据的分析提供了基础。在这种情况下，针对大量数据的挖掘工作取得了长足的进步。

以下是数据挖掘与机器学习将大量数据转换成知识的案例。"谷歌流感趋势"（Google flu trends，GFT）项目常被看作基于大数据的数据挖掘的典型。2008 年 11 月，谷歌公司启动了 GFT 项目，目标是预测美国疾病预防控制中心（Center for Disease Control and Prevention，CDC）报告的流感发病率。GFT 采用特定的搜索项，从中发现搜索流感人数与感染流感人数之间的关系，采用的数据挖掘模式为逻辑回归。2009 年，GFT 团队在《自然》发文报告他们的模型结果：只需提取数十亿搜索中 45 个与流感相关的关键词，并对它们进行分析，GFT 就能比 CDC 提前两周预报当年流感的发病率。这个案例告诉我们数据挖掘技术可以从现有的大量数据中获得知识，可用于解决我们未来面对的事情。2022 年 11 月由总部位于美国旧金山的 OpenAI 公司开发的人工智能聊天机器人程序 ChatGPT 可以用自然对话的方式进行互动，还可以用于更为复杂的工作，例如自动生成文本、自动问答、自动摘要等。和以往的人工智能不同，以 ChatGPT 为代表的对话模型可以让你感觉到它和真人无异。

1.1.2 数据挖掘的技术发展

上一节介绍了数据时代的到来，业务上有了数据挖掘的需求。从技术层面来看，随着数据分析，尤其是数据库技术的发展，数据挖掘的出现也是一个必然的选择。

数据库系统开发始于 20 世纪 60 年代中期，距今已有几十年，经历 3 代演变，出现了 C. W. Bachman、E. F. Codd 和 J. Gray 这 3 位图灵奖得主；发展了以数据建模和数据库管

---

[1] 1 美元≈7.2544 元，更新时间为 2024 年 6 月 11 日。

理系统（database management system，DBMS）核心技术为主、内容丰富的一门学科。20 世纪 60 年代，传统的文件系统已经不能满足人们对数据管理和数据共享的要求（文件系统存在数据冗余、不一致性、数据联系弱等问题）。在这种需求下，能够统一管理和共享数据的 DBMS 应运而生。代表数据管理技术进入数据库阶段的标志是发生在 20 世纪 60 年代末的 3 件大事，分别为 1968 年 IBM 公司推出层次模型的 IMS（information management system）；1969 年美国数据系统语言会议（Conference on Data System Language，CODASYL）发布的 DBTG 报告，提出了网状模型；1970 年 E. F. Codd 发表的文章，提出关系模型。

层次数据库系统和网状数据库系统是第一代数据库系统。1968 年 IBM 公司研制出的 IMS DBMS 是层次数据库系统的典型代表。20 世纪 60 年代末至 70 年代初，CODASYL 发布了 DBTG 报告，确定并建立了网状数据库系统的许多概念、方法和技术。层次数据库丰富了数据库系统，而网状数据库是数据库概念、方法、技术的奠基者。网状数据库和层次数据库很好地解决了文件系统存在的一些问题（如集中和共享），但在数据独立性和抽象级别上仍存在较大的不足。

1970 年，IBM 公司的 E. F. Codd 博士发表了一篇名为 "A relational model of data for large shared data banks" 的论文，提出了关系模型的概念，奠定了关系模型的理论基础。后来 Codd 又陆续发表多篇文章，论述了范式理论和衡量关系系统的 12 条标准，用数学理论奠定了关系数据库的基础。1970 年建立关系模型之后，IBM 公司在 San Jose 实验室确立了著名的 System R 项目，其目标是论证一个全功能关系 DBMS 的可行性。该项目结束于 1979 年，完成了第一个实现 SQL 的 DBMS。关系数据库的代表产品有 Oracle 数据库、IBM 公司的 DB2 和 Informix、微软公司的 MS SQL Server 及 Software AG 开发的 ADABAS D 等。

随着信息技术和市场的发展，关系数据库系统的局限性也渐渐显露出来。它能很好地处理"结构化数据"，却对类型更复杂的数据无能为力。20 世纪 90 年代以后，在相当长的一段时间内，技术领域将重点放在研究面向对象的数据库系统上。然而，理论的完善并未给市场带来响应。它没有获得普遍认可的主要原因是面向对象数据库产品的主要设计思想是取代现有的数据库系统，而对于很多企业来说，改变一个现有的成熟的系统，同时使用一种全新的产品，是一件工作量巨大且充满未知的事情。

20 世纪 60 年代后期，决策支持系统（decision support system，DSS）出现了。它用于解决非结构化问题，是服务于高层决策的管理信息系统。DSS 一般包括数据库、模型库、方法库、知识库和会话部件。DSS 的数据库不同于一般的 DBMS，它对性能有很高的要求。现在，一般由数据仓库来充当 DSS 的数据库。1988 年，为解决企业集成问题，IBM 公司的研究员 Barry Devlin 和 Paul Murphy 提出了数据仓库的概念。1991 年，W. H. Inmon 编写了《如何构建数据仓库》一书，这意味着数据仓库真正开始应用。数据仓库是 DSS 和联机分析应用数据源的结构化数据环境，是一个面向主题的、集成的、相对稳定的、反映历史变化的数据集合，用于支持管理决策。

数据挖掘是在数据库技术长期积累、数据量快速增长、数据挖掘算法三者条件都具备的情况下的直接产物。通过结合数据仓库技术，数据挖掘在商业领域有了更广泛的应用。

　　数据库技术的演变如图 1-1 所示。从图 1-1 中可以清楚地了解数据库技术的发展。数据库技术的每个阶段，用户的需求是不一样的，表 1-1 给出了这些年来用户需求及数据库技术变换的对比。数据挖掘技术与数据仓库和联机分析处理（online analytical processing，OLAP）技术的结合，在商业、电信、银行、科研等领域均有应用，并且能处理的数据类型不再仅仅是结构化的二维表，也可以处理流、时间、空间、多媒体等数据。

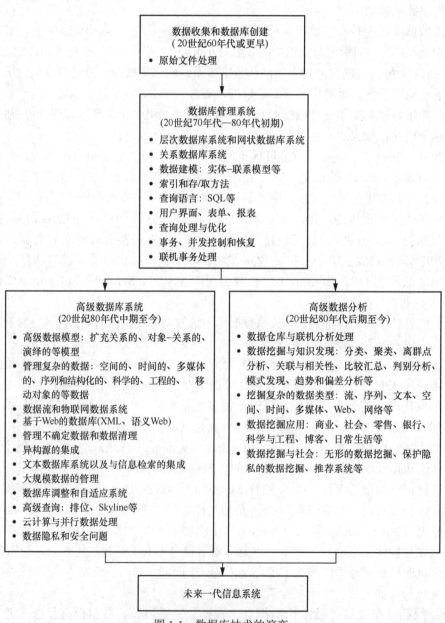

图 1-1　数据库技术的演变

表 1-1 用户需求及数据库技术变换的对比

进化阶段	商业问题示例	支持技术	产品厂家	产品特点
数据搜集（20 世纪 60 年代）	"过去 5 年中我的总收入是多少?"	计算机、磁带和磁盘	IBM	提供历史性的、静态的数据信息
数据访问（20 世纪 80 年代）	"在北京的分部去年 3 月的销售额是多少?"	RDBMS、SQL	Oracle、Sybase、Informix、IBM、Microsoft	在记录级提供历史性的动态数据信息
数据仓库；决策支持系统（20 世纪 90 年代）	"在北京的分部去年的销售额是多少?具体分析每个月的销售额。"	OLAP、多维数据库、数据仓库	IBM、ARBOR、Oracle	在各种层次上提供回溯的、动态的数据信息
数据挖掘（正在流行）	"下个月广州的销售情况会怎么样?为什么?"	高级算法、多处理器计算机、海量数据库	IBM、SGI、其他初创公司	挖掘数据中反映的内在规律,提供预测性的信息

注：RDBMS——relational database management system，关系数据库管理系统。

1.1.3 机器学习的技术发展

机器学习，作为计算机科学的子领域，是人工智能领域的重要分支和实现方式。1997年，汤姆•米切尔编写的 *Machine Learning* 一书中提到，机器学习的思想在于计算机程序随着经验的积累，能够实现性能的自我提高。同时，他也提出了相对形式化的描述：对于某一类任务 T 及其性能度量 P，若一个计算机程序在 T 上以 P 衡量的性能随着经验 E 而自我提高，那么称这个计算机程序在从经验 E 学习。

机器学习是一门交叉学科，其主要的基础理论包括数理统计、数学分析、概率论、线性代数、优化理论、数值逼近及计算复杂性理论。它核心的元素是算法、数据及模型。

作为一门不断发展的学科，机器学习尽管在最近几年才发展成为一门独立的学科，但是其起源可以追溯到 20 世纪 50 年代以来人工智能的逻辑推理、启发式搜索、专家系统、符号演算、自动机模型、模糊数学及神经网络的反向传播算法等。当时，尽管这些相关技术并没有被叫作机器学习，但是现如今，它们却是机器学习重要的基础理论。从学科发展过程的角度去思考机器学习,对理解目前层出不穷、各种各样的机器学习算法是有帮助的。表 1-2 总结了机器学习大致的演变过程。

表 1-2 机器学习大致的演变过程

机器学习阶段	年份	主要成果	代表人物
人工智能起源	1936	自动机模型理论	阿兰•图灵（Alan Turing）
	1943	MP 模型（McCulloch-Pitts 模型）	沃伦•麦卡洛克（Warren McCulloch）、沃特•皮茨（Walter Pitts）
	1951	符合演算	冯•诺依曼（Von Neumann）
	1950	逻辑推理	克劳德•香农（Claude Shannon）
	1956	人工智能	约翰•麦卡锡（John McCarthy）、马文•明斯基（Marvin Minsky）、克劳德•香农（Claude Shannon）

续表

机器学习阶段	年份	主要成果	代表人物
人工智能初期	1958	Lisp 语言	约翰•麦卡锡（John McCarthy）
	1962	感知机收敛理论	弗兰克•罗森布拉特（Frank Rosenblatt）
	1972	通用解题者	艾伦•纽厄尔（Allen Newell）、赫伯特•西蒙（Herbert Simon）
	1975	框架知识表示	马文•明斯基（Marvin Minsky）
进化计算	1965	进化策略	英格•雷森伯格（Ingo Rechenberg）
	1975	遗传算法	约翰•亨利•霍兰德（John Henry Holland）
	1992	基因计算	约翰•柯扎（John Koza）
专家系统和知识工程	1965	模糊逻辑、模糊集	拉特飞•扎德（Lotfi Zadeh）
	1969	DENDRAL、MYCIN	费根鲍姆（Feigenbaum）、布坎南（Buchanan）莱德伯格（Lederberg）
	1979	ROSPECTOR	杜达（Duda）
神经网络	1982	Hopfield 网络	霍普菲尔德（Hopfield）
	1982	自组织网络	图沃•科霍宁（Teuvo Kohonen）
	1986	反向传播算法	鲁梅尔哈特（Rumelhart）、麦克莱兰（McClelland）
	1989	卷积神经网络（CNN）	乐康（LeCun）
	1998	LeNet	乐康（LeCun）
	1997	循环神经网络（RNN）	塞普•霍普里特（Sepp Hochreiter）、尤尔根•施密德胡伯（Jurgen Schmidhuber）
分类算法	1986	决策树 ID3 算法	罗斯•昆兰（Ross Quinlan）
	1988	Boosting 算法	弗罗因德（Freund）、米迦勒•卡恩斯（Michael Kearns）
	1993	C4.5 算法	罗斯•昆兰（Ross Quinlan）
	1995	AdaBoost 算法	弗罗因德（Freund）、罗伯特•夏普（Robert Schapire）
	1995	支持向量机	科林纳•科尔特斯（Corinna Cortes）、万普尼克（Vapnik）
	2001	随机森林	里奥•布雷曼（leo Breiman）、阿黛勒•卡特勒（Adele Cutler）
深度学习	2006	深度信念网络	杰弗里•希尔顿（Geoffrey Hinton）
	2012	谷歌大脑	吴恩达（Andrew Ng）
	2014	生成对抗网络（GAN）	伊恩•古德费洛（Ian Goodfellow）

机器学习的发展分为知识推理、知识工程、浅层学习和深度学习 4 个阶段。知识推理阶段始于 20 年代中期。这时的人工智能主要用于通过专家系统提供计算机逻辑推理功能。赫伯特•西蒙（Herbert Simon）和艾伦•纽厄尔（Allen Newell）合作编制的自动定理证明系统 Logic Theorist 证明了逻辑学家 Russell 和 Whitehead 撰写的《数学原理》中的 52 个定理。从 20 世纪 70 年代开始，人工智能进入知识工程阶段，E. A. 费根鲍姆（E. A. Feigenbaum）作为知识工程之父，于 1994 年获得了图灵奖。由于人类无法汇总所有知识并将其教授给计算机系统，因此这一阶段的人工智能面临知识获取的瓶颈。实际上，在 20 世纪 50 年代，科学家已经进行有关机器学习的相关研究。代表性的工作主要是罗森布拉特（Rosenblatt）基于神经感觉科学提出的计算机神经网络，即感知机。在随后的 10 年，

浅层学习的神经网络风靡一时，尤其是马文•明斯基（Marvin Minsky）提出了著名的异或（XOR）问题和感知机线性不可分的问题。由于计算机的计算能力有限，很难训练多层网络，通常仅使用具有一个隐藏层的浅层模型。所以虽然当时已经陆续提出了各种浅层机器学习模型，对理论分析和应用方面都产生了较大的影响，但是，理论分析和训练方法的难度要求大量的经验和技能，之后随着近邻算法的相继提出，浅层模型在模型理解、准确性和模型训练方面都已经被超越，机器学习的发展几乎停滞不前。

在 2006 年，希尔顿（Hinton）发表了一篇深度信念网络的论文，本吉奥（Bengio）等人发表了"Greedy layer-wise training of deep networks"论文，乐康（LeCun）团队发表了"Efficient learning of sparse representations with an energy-based model"论文，这些事件标志着人工智能正式进入深层网络的实践阶段。同时，云计算和 GPU 并行计算为深度学习的发展提供了基础，尤其是近年来，机器学习在各个领域都实现了迅猛的发展。 新的机器学习算法面临的主要问题更加复杂。机器学习的应用领域已从广度向深度发展，这对模型的训练和应用提出了更高的要求。随着人工智能的发展，冯•诺依曼有限状态机的理论基础变得越来越难以满足当前神经网络中层数的要求，这些都给机器学习带来了挑战。

1.1.4　人工智能、数据挖掘与机器学习的关系

当前，人工智能非常流行，但是许多人容易将人工智能与机器学习相混淆。此外，数据挖掘与这二者之间的关系也很容易混淆。本质上，数据挖掘的目标是通过处理各种数据来促进人们的决策。机器学习的主要任务是使机器模仿人类的学习来获取知识。人工智能使用机器学习和推理来最终形成特定的智能行为。

机器学习是人工智能的一个分支，作为人工智能的核心技术和实现方法，机器学习被用来解决人工智能面临的问题。机器学习使用一些算法，这些算法允许计算机自动"学习"，分析数据并从中获取规则，然后使用这些规则来预测新样本。

数据挖掘是从大量业务数据中挖掘隐藏的、有用的以及正确的知识，以促进决策的执行。数据挖掘的许多算法来自机器学习和统计学，统计学关注理论研究，并在数据分析实践中形成独立学科。机器学习中的某些算法利用统计理论，并在实际应用中对其进行优化以实现数据挖掘的目标。近年来，机器学习的演化计算和深度学习等也逐渐跳出实验室，从实际数据中学习和优化模型，并解决实际问题。数据挖掘与机器学习的交集越来越大，机器学习已成为数据挖掘重要的支撑技术。

机器学习是人工智能的重要支撑技术，深度学习就是其中一个重要分支。深度学习的典型应用是选择数据大量支撑，并得到了广泛的应用。

数据挖掘与机器学习之间的关系越来越紧密。例如，通过分析公司的业务数据，发现某种类型的客户在消费行为上与其他用户有着明显的差异，并通过可视化图表进行显示，这是数据挖掘和机器学习的工作，它输出某些信息和知识。企业决策者可以基于这些输出成果人为地更改业务策略，而人工智能使用自动机器决策而不是人工行为来实现机器智能。

1.2 数据挖掘与机器学习的相关概念

数据挖掘与机器学习作为推动人工智能的关键技术涉及很多学科领域，它们中有着很多的概念。

1.2.1 数据挖掘的定义

数据挖掘是从大量的、不完全的、有噪声的、模糊的、随机的应用数据中，提取出潜在且有用的信息的过程，并且这个过程是自动的，这些信息的表现形式可以为规则、概念、模型、模式等。数据挖掘是一种综合技术，在对业务数据进行处理的过程中，需要用到很多领域的技术，比如数据库、统计学、应用数学、机器学习、模式识别、数据可视化、信息科学、程序开发等多个领域的理论和技术，如图 1-2 所示。数据挖掘的核心是利用算法模型对预处理后的数据进行训练，获得数据模型。

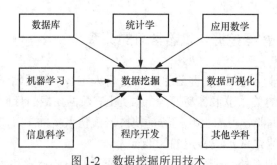

图 1-2　数据挖掘所用技术

企业里的数据数量巨大，但真正有价值的信息比较少。想要获得有用的信息，需要对大量的数据进行深层分析。关于商业信息的处理技术可以分为两个层次。在浅层次上，可利用 DBMS 的查询、检索功能，与多维分析、统计分析相结合，得出可供决策参考的统计分析数据；在深层次上，则从数据中发现前所未有的、隐含的知识。

1.2.2 机器学习的定义

机器学习是一门多领域交叉学科，其研究方向为计算机模拟或实现人类的学习行为，学习到新的知识，并能利用新的知识，不断改善自身的性能。在计算机系统中，新的知识或经验通常指数据。计算机科学的很多领域或计算机之外的很多学科，都有数据分析的需求，机器学习作为数据分析中的常用技术，对这些学科产生了较大的影响。机器学习是数据挖掘中的一种重要工具，为数据挖掘提供了数据分析技术。统计学往往偏向理论的研究，很多研究的技术需要先变成有效的机器学习算法，才会被应用于数据挖掘领域。数据挖掘中的很多知识也来源于机器学习，但由于数据挖掘关注海量数据的知识发现，而机器学习的算法有些没有针对海量数据的性能优化，所以数据挖掘需要将部分机器学习算法进行改造，以符合海量数据处理时的技术和性能要求。

数据挖掘中用到了大量的机器学习界提供的数据分析技术和数据库界提供的数据管理技术。从数据分析的角度来看，数据挖掘与机器学习有很多相似之处，但不同之处也十分明显，例如，数据挖掘并没有机器学习探索人的学习机制这一科学发现任务，数据挖掘中的数据分析是针对海量数据进行的等。从某种意义上说，机器学习的科学成分更重一些，而数据挖掘的技术成分更重一些。数据挖掘和机器学习两个领域有相当大的交集，但不能等同。

1.2.3 数据库与数据仓库

数据库产生于 60 多年前，随着信息技术和市场的发展，数据仓库也获得了发展。关于数据库和数据仓库的知识读者可以阅读本章数据挖掘发展相关内容，或是自行拓展，这里不再赘述。

数据仓库可以作为数据挖掘分析工具的资料来源，存储于数据仓库中的数据需要经过抽取、转换、加载过程，因此可以避免因数据不正确而得到不正确的分析结果。数据挖掘能自动地在资料来源中挖掘出未曾被发现的知识。

简单来说，数据挖掘是从大量数据中提取有效数据的过程，数据仓库是汇集所有相关数据的一个过程。数据挖掘和数据仓库都是商业智能工具集合，数据挖掘是特定的数据收集，数据仓库是一个工具，能节省时间和提高效率，将数据从不同的位置、不同区域组织在一起。

1.2.4 知识发现

什么是知识发现呢？知识发现的术语表述为从数据中发现知识（knowledge discovery from data，KDD），是一个完整的数据分析过程，主要包括以下几个阶段。

1. 定义知识发现的目标

确定知识发现的目的，即要发现哪些知识。对于医疗数据，要确认是要根据病人的特征预测病人的可能患病类型，还是要根据关联规则为专家系统提供一些支持。对于电商网站的商品评价，知识发现的目标可能是对评价进行情感分析，并获得评价关键词。知识发现的第一步是制定目标，目标制定后就可以根据目标的需求，指定数据取样、预处理、模型选择等后续的步骤。

2. 数据采集

将可能与目标相关的数据采集到指定的系统中。这里说的数据采集可能是从网络爬取的数据，也可以是数据库中直接导出的数据，还可以是常见的 CSV 文件等数据。

采集到的数据维度要满足目标的需求。如果需要的字段特征没有被采集到，那么挖掘出的知识会偏离实际情况，就如数据挖掘领域的一句话："数据质量决定挖掘的上限，而算法仅仅是逼近这个上限。"举个例子，如果一个关于房价预测的挖掘过程，在数据的特征中没有房子所处的地理位置信息特征，那么根据这份数据获得的房价预测的评分一定是很低的。

3．数据探索

采集过来的数据往往是不可以直接使用的，需要数据分析人员对数据进行探索。数据探索主要包括数据特征间基本的统计描述、数据特征间的相似相异性等。数据探索阶段可以采用可视化的技术，将数据的特征展现出来。离散型数据和连续型数据适用于不同的算法模型，数据的分布规律决定了是否采用某些算法模型。通过数据探索后，我们就可以有的放矢地进行下一步——数据预处理了。

4．特征工程与数据预处理

特征工程与数据预处理在不同的文章中有不同的定义。有的文章认为数据预处理是特征工程的一部分，有的文章认为数据预处理可以等同于特征工程。本小节为明确这个定义，采取将数据预处理与特征工程等同的这种说法。数据预处理主要包括数据清理、数据集成、数据规约、数据变换和离散化等几个部分。

数据清理主要包括缺失值与异常值的清理。针对缺失值，我们可以采用简单的删除，但如果缺失值的比例达到一定阈值，就需要判断采集过程中是否出现了问题，不可以进行简单的删除，因为一旦删除了数据，数据所代表的信息就无法找回。我们也可以将缺失值设置为默认值，或是采用拉格朗日插值法对缺失值进行填充。

数据集成主要指将多种数据源汇集到一起，放入一个数据仓库的过程。数据集成的过程中会出现实体识别、冗余属性识别、数据值冲突等问题。在将多种数据源进行集成时，实体识别是很常见的一件事情。实体识别可描述成判断一个或多个数据源中的不同记录是否为同一个实体，同一实体在数据集成过程中可进行数据去重和连接键等集成操作。用一个数据库中的示例来表示，那就是 A 表中有一个字段为 stu_id，B 表中有一个字段为 stu_num，这两个字段是否为同一个实体的属性呢？如果是同一个属性，那么在集成时，这两个字段可以作为多表关联的条件，生成新表时保留两者中的一个值就可以。冗余属性识别指判断某些属性之间是否存在相关性，或者一个属性是否可以由其他的属性推导得出。数据值冲突指的是不同数据源中同一个实体的属性值不同，这可能是单位不一致导致的。数据集成指在多种数据源的集成过程中，解决掉上述的几个问题，形成一个大的不冗余的数值清楚的数据表。

数据规约指在保证原始数据信息不丢失的前提下，减少分析使用的数据量。数据规约中最常使用的方式是维规约。维规约的含义是将原先高维的数据合理地压缩成低维数据，从而减少数据量，常用的降维方法为特征提取、隐含狄利克雷分布（latent Dirichlet allocation，LDA）和主成分分析（principal component analysis，PCA）。特征提取是从海量数据中选择与挖掘目标相关的属性并形成一个不包含无关属性的子表。比如对泰坦尼克号产生的数据进行挖掘，乘船旅客的姓名与幸存率是无关的，那么姓名就可以不放入相关子表中。PCA 是基于方差的聚类降维方法，LDA 是基于有监督的降维方法，它们都可以对高维数据进行降维。假设某公司进行一次知识发现的任务，选取的数据集为数据仓库中的全部数据（数据量为数太字节），固然这样获得的数据是最完整的，但由于数据仓库中的数据量是非常大的，在如此大的数据集上进行复杂且存在迭代计算的数据分析，所要花费的时间是很长的，可能需要一个月的时间才能得到结果。这在时间上不能满足用户的需求，因此这种全量数据的分析是不可行的。数据归约技术采用维规约方式对数据仓库中的海量数据进行提取，获得较小数据集，该数据仍大致保留原数据的完整性。这样便实现了效率和效果的兼顾，在允许的时间内完成数据挖掘任务。

数据变换是一个将原始的特征数据进行归一化和标准化的操作。归一化是将原始数值变为 0～1 的小数，变换函数可采用最小规范化、最大规范化等方法。标准化是将数据按比例缩放，使之落入一个小的特定区间，常用的函数为 Z-score。经标准化处理后的均值为 0，标准差为 1。一般标准化要求原始数据近似符合高斯分布。之所以进行归一化，是因为不同变量往往量纲不同，归一化可以消除量纲对最终结果的影响，使不同变量具有可比性。在对数据进行挖掘过程中，数值较大的特征会被算法理解为权重较大，但实际情况是数值较大，并不一定代表该特征更重要，而归一化和标准化后的数据可以避免这个问题的出现。数据离散化可通过聚类、直方图、分箱等方式实现。

数据挖掘（模型选择）是对预处理后的数据进行数据挖掘的过程。传统的数据挖掘中将算法大体分为监督学习与无监督学习两种（本书先不介绍近年来连接主义提出的强化学习），监督学习与无监督学习的区别主要在于原始数据是否具有标签，如果有标签就为监督学习，无标签为无监督学习。监督学习可分为分类和回归两种，具体的算法包括线性回归、逻辑回归、贝叶斯、支持向量机等。无监督学习主要为聚类，也包括数据降维中的部分算法，具体的算法包括 k 均值聚类（k-meams）、具有噪声的基于密度的聚类（density-based spatial clustering of applications with noise，DBSCAN）等。数据挖掘的过程主要是针对不同的数据集选择模型算法的过程，不同的算法模型适应于不同的任务，这种算法的选择在目标制定的阶段就要有所考虑。选择模型的一种方式是使用多种模型同时对数据进行训练，并对每种结果进行评估，选择其中误差最小的模型即可。

模式评估指对数据挖掘的结果的评价。模式评估是判断算法模式效果好坏的标准，常见的评价指标有精度、召回率等。

狭义的数据挖掘指其中的数据挖掘阶段，广义的数据挖掘指知识发现的全过程，现在一般使用广义的数据挖掘定义。知识发现的全过程如图 1-3 所示。

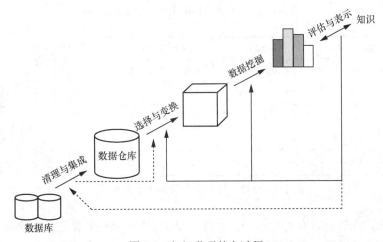

图 1-3　知识发现的全过程

1.3 数据挖掘与机器学习的算法分类

通过前面内容，我们了解了数据挖掘与机器学习的发展、数据挖掘与机器学习的相关概念、数据挖掘与知识发现的关系，大概知道了数据挖掘与机器学习的基本作用。那么哪些模式可以被应用到数据挖掘与机器学习呢？本节将回答这个问题。

1.3.1 类/概念描述：特征和区分

类/概念描述指通过对某类对象的关联数据进行处理、汇总和分析，概括这类对象的属性特征，并用精简的方式对此类对象的内涵进行描述。类/概念描述分为特征性描述和区别性描述两种。

特征性描述指从某类对象关联的数据中提取出这类对象的共同特征（属性）。一个类的特征性描述指该类对象中所有对象所共有的特征,那么如何对特征性描述进行输出呢？特征性描述的输出方式可以为表格，也可以为饼图、柱形图等可视化方式。比如对于商品的销售数据，共有的特征可以包括销售地点、商品名称、销售额、销售数量等。对应商品数据都具有以上所述的 4 个特征（属性），将特征性描述进行输出，可得到图 1-4 所示的表格形式，也可以得到图 1-5 所示的图表形式。

销售地点	商品名称	销售额/万元	销售数量/千台
亚洲	电视机	1500	300
欧洲	电视机	1200	250
北美洲	电视机	2800	450
亚洲	计算机	12000	1000
欧洲	计算机	15000	1200
北美洲	计算机	20000	1800

图 1-4 特征性描述输出示例（表格形式）

销售地点	电视机		计算机		电视机+计算机	
	销售额/万元	销售数量/千台	销售额/万元	销售数量/千台	销售额/万元	销售数量/千台
亚洲	1500	300	12000	1000	13500	1300
欧洲	1200	250	15000	1200	16200	1450
北美洲	2800	450	20000	1800	22800	2250
总计	5500	1000	47000	4000	52500	5000

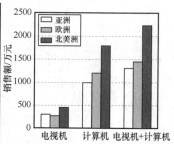

图 1-5 特征性描述输出示例（图表形式）

区别性描述指针对具有可比性的两个或多个类,将目标类的特征与对比类的共性特征进行比较,描述不同类对象之间的差异。比如针对一个学习的讲师和副教授的特征进行比较，可能会得到这样的一条区别性描述，具体如下。

讲师：78%，论文数 < 3 and 授课数 < 2。

副教授：66%，论文数 >= 3 and 授课数 >= 2。

该描述表明该校的 78%的讲师论文数小于 3 篇，并且授课数为 1 门；该校 66%的副教授论文数大于或等于 3 篇，并且授课数大于或等于 2 门。

1.3.2　回归分析

回归分析是一种确定两种或两种以上变量间相互依赖的定量关系的统计分析，这是统计学中对回归分析的定义，不大容易理解。回归分析还可解释为通过一种及以上的自变量的值预测因变量的值的过程，回归分析的过程也就是找到自变量与因变量之间的函数关系式的过程。比如在房价预测的例子中，房屋的特征值有地理位置信息、房屋产权情况、房屋面积等特征，要预测的标签值为房屋的销售价格，这就是一个典型的回归应用。房屋的特征值对应自变量，房屋的标签值对应因变量。

按照回归分析中自变量的数量，回归分析可分成一元回归分析和多元回归分析；按照回归分析中因变量的数量，回归分析可分为简单回归分析和多重回归分析；按照自变量和因变量之间的关系类型，回归分析可分为线性回归分析和非线性回归分析。如果回归分析只包括一个自变量和一个因变量，且二者的关系可用一条直线近似表示，那么这种回归分析称为一元线性回归分析。如果回归分析中包括两个或两个以上的自变量，且自变量之间存在线性相关，则这种回归分析称为多重线性回归分析。一元线性回归分析的例子如图 1-6 所示，可以看出纵轴的因变量随着横轴的自变量的变化情况。

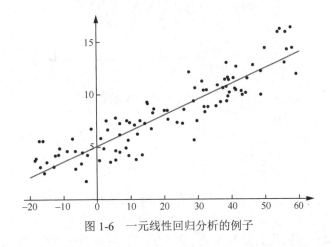

图 1-6　一元线性回归分析的例子

回归分析是数据挖掘中常用的方法，很多应用领域和应用场景都有使用。对于量化型问题，可以先使用回归分析进行研究。比如要研究某地区地理位置与房屋单价的关系，可以直接对这两个变量的数据使用回归分析。常见的回归分析方法还包括逻辑回归（逻辑回归实际上做的是分类的任务）、多项式回归、逐步回归、岭回归等。

1.3.3 分类

分类是一个常见的预测问题，这个分类问题与生活中的分类问题基本一致。比如我们会根据天气的情况决定是否出行，这里的天气情况就是因变量特征值，出行与否就是因变量标签值，分类算法将我们思考的过程进行了自动化或半自动化处理。数据挖掘中分类的典型应用是根据事物在数据层面表现的特征，对事物进行科学的分类。分类与回归的区别在于：回归可用于预测连续的目标变量，分类可用于预测离散的目标变量。

常见的分类算法包括逻辑回归（虽然是回归分析算法，但实际上解决的是分类问题）、决策树、神经网络、贝叶斯、k 近邻查询（k-nearest neighbor query，KNN）、支持向量机（support vector machine，SVM）等。这些分类算法适合的使用场景并不完全一致，需要根据实际的应用评价才能选对适合的算法模型。分类算法的常见应用包括决策树在医学诊断、贷款风险评估等领域的应用，神经网络在识别手写字符、语音识别和人脸识别的应用等，贝叶斯在垃圾邮件过滤、文本拼写纠正方向的应用等。

逻辑回归算法函数曲线示例如图 1-7 所示。从中可以看出，随着自变量的变化，因变量的值会落在 0~1，当因变量的值落在 0.5 以上时，表示一种类别，落在 0.5 以下时，表示另一种类别。

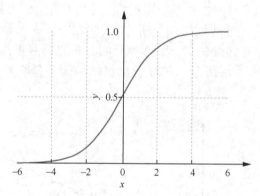

图 1-7 逻辑回归算法函数曲线示例

1.3.4 预测

预测是一种基于历史数据，采用某种数学模型来预测未来的算法，即以现有数据为基础，对未来的数据进行预测。预测可以发现客观事物运行规律，预见到未来可能出现的情况，提出各种可以互相替代的发展方案，为人们的制定决策提供科学依据。

预测可以分为定性预测和定量预测。从数据挖掘的角度来看，人们大多使用定量预测。定量预测可分为时间序列分析和因果关系分析两类，其中时间序列分析常用的有差分自回归移动平均、指数平滑等算法，因果关系分析有回归、灰色预测、马尔可夫预测等算法。

1.3.5　关联分析

关联分析用于发现描述数据中强关联特征的模式。如何挖掘出这个强关联模式呢？比如电商平台会产生大量的订单，每个订单中都包含了几种或更多的商品，我们针对这个电商平台的订单进行分析，分析全部的订单中是否存在经常被购买的商品。假设有 10 种商品出现在订单中的概率很高，那么这 10 种商品中的任意 N 种（$N \geqslant 2$）组合的商品出现的频率是否也能达到一定阈值呢？这种经常出现的 N 种组合商品被称为该订单中的频繁 N 项集。在这频繁 N 项集中，某几种商品间是否存在强关联性呢，比如一种商品的销售带动另一种商品的销售，即在频繁 N 项集中挖掘几种商品的关联性，这个过程就是关联分析。"尿布与啤酒"就是关联分析中的一个典型案例。若两个及以上变量之间存在某种规律，则称为关联。关联分析的目的是找出数据之间隐藏的关联关系。关联分析生成的规则中需要使用支持度和置信度作为阈值，度量关联规则的相关性。

按照不同情况，关联规则挖掘可以分为以下几种情况。

情况 1：基于变量类别，关联规则可以分为布尔型关联规则和数值型关联规则。

布尔型关联规则的变量是离散化的、种类化的，例如性别 = "男" => 职业 = "拳击手"，是布尔型关联规则。数值型关联规则可对数值型数据进行处理，规则中可以包含种类信息，例如性别 = "女" => 收入 = 3300，是一个数值型关联规则。

情况 2：基于数据的抽象层次，关联规则可以分为单层关联规则和多层关联规则。

在单层的关联规则中，所有的变量都没有考虑现实的数据是具有多个不同的层次的。而多层的关联规则对数据的多层性已经进行了充分的考虑。例如，IBM 台式机 => Sony 打印机，是一个细节数据上的单层关联规则；台式机 => Sony 打印机，是一个较高层次和细节层次之间的多层关联规则。

情况 3：基于数据的维数，关联规则可以分为单维的关联规则和多维的关联规则。

单维的关联规则只涉及数据的一个维度，处理单个维度中的一些关系，如啤酒 => 尿布；而多维的关联规则要处理的数据涉及多个维度，处理各个维度之间的关系。如性别 = "女" => 职业 = "秘书"，这条规则涉及两个字段的信息，是两个维度上的一条关联规则。

1.3.6　聚类分析

聚类分析是一种理想的多变量统计技术。聚类分析的思想可用"物以类聚"来表述，讨论的对象是大量无标签值的样本，要求能按样本的各自特征在无标签的情况下对样本进行分类，这里的分类是在没有先验知识的情况下进行的。聚类是将数据分类到对应的类（簇）的过程，聚类过程的原则是追求较高的类内相似度和较低的类间相似度。常见的聚类算法可根据用户的购买行为先刻画客户的画像特征，再对用户进行聚类分析，将用户分到不同的类别。

根据聚类原理，聚类算法可分为划分聚类、层次聚类、基于密度的聚类、基于网格的聚类等类型。实践中用得比较多的是 k-means（k 均值聚类）算法。k-means 算法聚类结果示例如图 1-8 所示。图中的聚类结果是经过如下步骤形成的：将样品分成 3 类（$k = 3$），然后随机地在样本中选取 3 个样本点，并进行 k-means 算法的迭代过程，完成最终的聚类效果。

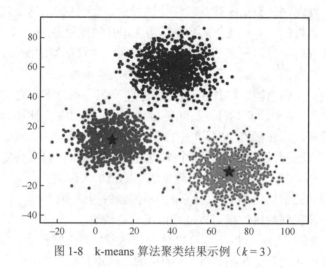

图 1-8   k-means 算法聚类结果示例（$k = 3$）

1.3.7   异常检测

异常对象称为离群点，异常检测也可称为离群点检测。离群点产生的原因有数据来源不同、数据测量误差、数据收集误差等。异常检测的目的是识别出数据特征中显著区别于其他数据的离群点。例如在一份数据中，某员工年龄的信息为–999，这数据是明显异常于正常员工的年龄范围的，可能是年龄的缺省值导致的。这种离群点的数据是无效的，需要进行处理。但是，并非所有的离群点数据都是无效的。比如一个公司中的薪酬分布情况可能有较大差异，首席执行官的工资远远高于公司其他员工的工资，这在使用异常检测时，会被检测为一个离群点。对这种离群点进行检查，只需确定离群点的数据值是正常的，不需要处理。上面的两个例子说明了异常检测算法的真正目标是发现真正的离群点，同时要避免将正常的对象标注为离群点。一个良好的异常检测算法需要同时具有高检测率和低误报率两种特性。需要指出的是，许多算法会尝试减少离群点对数据集的影响，或者排除它们，这种做法可能会丢失重要的隐藏信息，因为有时离群点本身可能有非常重要的意义。

下面列举一个离群点检测在金融领域的应用。信用卡欺诈行为检测，信用卡发卡银行记录每个持卡人的交易行为，同时也记录持卡人的额度、年薪、地址等个人信息，与合法信用卡交易相比，欺诈行为的数目相对较少，因此可采用异常检测来构建用户的合法交易轮廓。实时检测持卡人的每一笔交易，如果某笔交易的特性与先前所构造的轮廓差别很大，就把交易标记为可能是欺诈，然后进行相关的提醒或拦截操作。

离群点检测的算法大致可以分为经典的离群点检测算法，包括基于统计学或模型的算法、基于距离或邻近度的算法、基于偏差的算法、基于密度的算法和基于聚类的算法，以及一些新提出来的离群点检测算法，包括基于关联的算法、基于模糊集的算法、基于人工神经网络的算法、基于遗传算法或克隆选择的算法等。

1.3.8　迁移学习

迁移学习指把任务 A 开发的模型用到任务 B 的开发模型上。对于人类而言，迁移学习可以看作一种天生的推论能力。例如，在学习了某种球类运动的技巧后，学习其他相近的球类运动技巧则会变得相对简单。学习过中国象棋的人再去学习国际象棋，将会容易得多。同理，对于计算机，机器学习模型在学习了某种能力之后也可以经过微调再次运用到新的领域中去，成为新领域的起始点，这就是迁移学习的实现过程。

迁移学习在大数据时代中将会变得越来越重要。现阶段，我们可以很轻松地获取大量不同类型的数据，如城市交通、视频监控、行业物流等应用的数据。互联网每天也在源源不断地产生大量的数据，如图像、文本和语音数据等，但这些数据通常是未标记的，而很多机器学习算法的前提是需要大量标记的数据。如果能够有效地将经过标记的数据训练模型转移到未标记的、类似的数据领域当中，经过一定的完善与优化之后能够得以复用，那么数据训练模型将具有重要的应用价值，这就是迁移学习思想产生的理论基础。

简单来说，迁移学习就是举一反三，将已经学习到的知识迁移到另一种未知的知识学习中，即迁移学习的核心目标就是将知识从源域迁移到目标域。其中，被迁移的知识称为源域，即有经验、有标签的数据源，而需要被赋予知识和标注的对象称为目标域，即无经验、无标签（或有少量标签）的数据源。目前，迁移学习的实现主要有以下 3 种。

样本迁移：源域数据不可以直接被用到目标域中，但存在一些可以重新被用到目标域中的数据，即在源域中找到与目标域数据相似的数据，对它们进行权重调整之后，使它们能与目标域中的数据匹配并实现样本迁移。这种实现方式的优点是简单易行，但是权重和相似性的选择通常高度依赖于经验，这又降低了算法的可靠性。

特征迁移：其核心思想是通过特征变换的算法，将源域和目标域的特征映射到一个相同的特征空间，再使用经典的机器学习算法求解。这种实现方式的优点是适用于大多数情景，并且取得了很好的效果。

模型迁移：是目前最流行的迁移学习实现方式。此方式假设源域和目标域共享相同的模型参数，并把源域中已经经过大量数据训练的模型应用到目标域中。举个例子，对一个数以千万计的带标签样本集进行训练后得到了图像分类模型，在新域的图像分类任务中就可以直接使用这个模型，再通过微调标记的方式以获得高精度的模型。

迁移学习的优点是对现有模型进行微调后即可在新任务中使用。目前，迁移学习已广泛应用于机器人控制、图像识别、机器翻译和人机交互等许多领域。

1.3.9　强化学习

强化学习又称为评价学习或增强学习，是机器学习的范式和方法论之一，其算法可以追溯到二十世纪七八十年代，但是引起学术界和工业界重视的时间却不是很长。强化学习的发展中出现了一件具有里程碑意义的事件：2016 年 3 月，DeepMind 开发的 AlphaGo 程序使用强化学习算法以 4 : 1 的成绩打败了世界围棋冠军李世石。如今，谷歌（Google）、脸书（Facebook）、微软、百度等各大科技公司已经将强化学习技术作为其重点发展的技术之一。

与前面介绍的模型不同，强化学习需要依次尝试并发现每个动作的结果，因为强化学习没有训练数据告诉机器应该执行哪个动作，而是通过设置适当的奖励函数，以使模型在奖励函数的引导下进行自主学习。强化学习的目的是研究一种学习行为策略，以便在与环境互动时最大化积累奖励。简单来说，强化学习就是在训练过程中不断进行尝试：如果错了，就惩罚；如果对了，就奖励。通过不断的训练来得到各个状态环境下的最好决策结果。就像训练小猫、小狗一样，我们无法通过人与人互相交流的方式来告诉它们应该做什么、不应该做什么，但是可以采用是否给予零食来作为奖惩，达到训练的目的。当小猫、小狗调皮弄脏屋子的时候就没有零食；而它们如果表现良好，则奖励零食。经过一段时间的训练，小猫、小狗就学会了"不能弄脏屋子"这一经验。

强化学习共有两种不同的策略：

探索，也就是通过尝试不同的事物来获得比之前更好的回报；

利用，即通过学习的经验去获得最有效的行为结果。

我们通过简单的例子来进行说明。假设你居住地的附近有一条小吃街，街上共有 16 家餐馆，你已经在其中 10 家餐馆用过餐了，并且为其中感觉食物非常好吃的餐馆打 8 分。而剩下没用过餐的 6 家餐馆中也许有更好吃的餐馆，值得你打 10 分；也许有很难吃的餐馆，只能得 2 分或者 3 分。那么当你想尝试新餐馆的时候，你要如何选择呢？如果你害怕踩雷，并且以 8 分作为最高目标，那么你也许永远不会去进行新的尝试，也不知道会不会吃到更好吃的食物。所以，只有通过去探索未知餐厅的食物味道，才可能吃到高于 8 分的食物。当然，这个过程中肯定会存在吃到难吃食物的风险。这就是探索和利用的矛盾，也是强化学习急需解决的难点问题。

强化学习的侧重点为在线学习，并试图保持探索-利用间的平衡。它不同于监督学习和非监督学习，强化学习不用预先给定任何数据，而是通过接收环境对动作的奖惩（反馈）获得学习信息并更新模型参数。

纵观这几个算法，大家会发现它们的实质是一致的，所以也不必在意到底该用哪个数据挖掘与机器学习算法，选择适合自己的就好。但从便于理解和操作的角度来看，数据挖掘与机器学习过程可描述为挖掘目标的定义、数据的准备、数据的探索、模型的建立、模型的评估、模型的部署，它们之间的关系如图1-9所示。

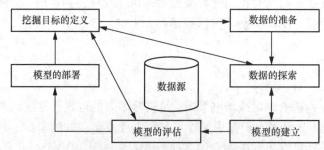

图 1-9　数据挖掘与机器学习各过程之间的关系

1.4　数据挖掘与机器学习的一般流程

　　数据挖掘与机器学习的基本过程包括确定分析目标、收集数据、数据预处理、数据建模、模型训练、模型评估、模型应用等。

1.4.1　确定分析目标

　　若想采用数据挖掘与机器学习的相关算法来解决实际生活中的问题,首先要明确目标任务。只有阐明业务需求以及要解决的实际问题,才能根据现有的数据进行模型设计以及算法的选择。例如,在监督学习中,分类算法用于定性问题,回归分析用于定量分析。同样地,在无监督学习中,如果存在样本分割,则可以应用聚类算法。如果需要找出各种数据项之间的联系,则可以应用关联分析。

1.4.2　收集数据

　　数据应具有代表性,并尽可能全面地覆盖相关领域,否则可能会出现过拟合或欠拟合的情况。在分类问题的范畴中,不同类别之间的样本比例较大或者样本数据不平衡的情况均会影响模型最终的准确性。除此之外,我们还必须评估数据的量级,包括特征的数量及样本的数量。根据这些指标估计数据和分析对内存的消耗,我们便可判断在训练过程中,内存是否可以支持,如果内存无法支持则需要对算法进行优化、改进,或者使用一些降维技术,甚至采用一些分布式机器学习技术。

1.4.3　数据预处理

　　获取到数据之后,无须急于创建模型,可以先对数据进行一定的探索,了解数据的基本结构、数据的统计信息、数据噪声和数据分布等。在此过程中,为了更好地对数据的状况进行查看以及获取数据模式,我们可以采用数据可视化等相关方法来评估数据的质量。

　　经过对数据进行一定的探索,我们可能会发现许多数据存在一定的质量问题,例如缺失值、不规则的数据、数据的分布不平衡、数据异常、数据冗余等。这些问题将降低算法的质量。因此,数据预处理是非常有必要的,其重要性在机器学习中更加明显。尤其在生产环境中,数据通常是原始的、未经过加工及处理的,数据预处理的工作通常占据着整个机器学习过程的绝大部分时间。缺失值处理、离散化、归一化、去除共线性等方法是机器学习算法中较为常见的数据预处理方法。

1.4.4 数据建模

采用特征选择的方法可以从大量的数据中提取适当的特征，并将选择好的特征应用于模型的训练中，以获得更高精度的模型。要筛选出显著特征，就需要先理解业务并分析数据。特征选择通常会对模型的精度有直接的影响。选择好的特征，即使采用简单的算法，也可以获得较为稳定且性能良好的模型，所以在进行特征选择时，一些关于特征有效性分析的技术可用于其中，如相关系数、平均互信息、后验概率、卡方检验、条件熵、逻辑回归权重等。

在训练模型之前，我们通常将数据集分为训练集与测试集，甚至有时将训练集细分为训练集和验证集，评估模型的泛化能力。

模型本身不存在好坏之分。在进行模型的选择时，没有一种算法在任何情况下都能够表现良好，这称为"没有免费的午餐"原则。在实际进行算法选择时，通常采用几种不同的算法同时进行模型的训练，之后再比较各模型之间的性能，选择其中表现最佳的算法。不同的模型采用不同的性能指标。当然模型的选择也有一定的路线可循，如图 1-10 所示。具体如何选择，读者可在阅读本书关于算法的各个内容后，再回来参考这个模型的选择路线图。关于这个路线图的相关介绍，读者可以在 Python 的 scikit-learn 库的官网中查看。

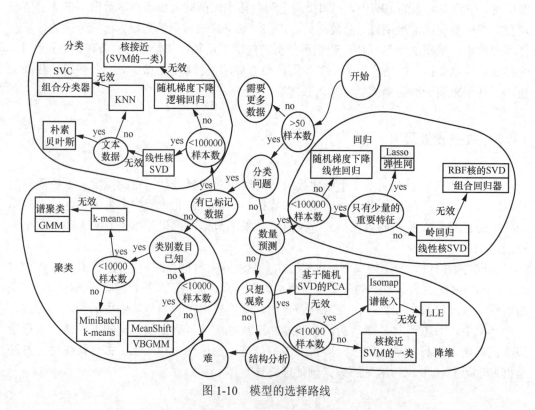

图 1-10　模型的选择路线

1.4.5 模型训练

模型训练的过程中需要对模型的超参数进行调优。如果对算法的原理没有足够的了解,通常很难快速地定位可以控制模型优劣的参数,因此,在训练的过程中,对机器学习算法原理理解得越深,对机器学习算法的了解越深,就越容易找到问题出现的原因,从而进行合理的模型调整。

1.4.6 模型评估

利用训练集数据将模型构建成功之后,需要利用测试集数据对模型的精度进行评估与测验,以便评估训练模型对新数据的泛化能力。如果评估的效果不是很理想,就需要分析模型效果不理想的原因,并对训练模型进行一定的优化与改进,例如手动调整参数等改进方法。如果模型出现过拟合的问题,那么可以采用一些正则化的方法来提高训练模型的泛化能力。过拟合和欠拟合问题的判断是模型诊断中的重要步骤。当出现过拟合问题时,模型的基本调整策略是在增加数据量的同时降低模型的复杂度;当出现欠拟合的问题时,模型的基本调整策略是在增加特征数量和质量的同时增加模型的复杂度。

误差分析是对产生误差的样本进行观察并且分析产生原因。通常情况下,误差分析的过程包括数据质量的验证、算法选择的验证、特征选择的验证、参数设置的验证等部分,其中最容易被忽略的部分是对数据质量的验证。人们通常对参数进行长时间的反复调整,之后才发现数据的质量存在问题。通常,在对模型调整后,需要对模型进行重新训练以及评估,因此,建立机器学习模型的过程也是不断尝试的过程,直至模型达到最佳且最稳定的状态。从这个角度来看,机器学习具有一定程度的艺术性。

1.4.7 模型应用

模型的应用主要和工程的实现有很大的关系。模型在线执行的效果与模型的质量有着非常直接的关系,不仅包括其准确性、误差等方面的信息,还包括其资源消耗的程度(空间复杂度)、运行速度(时间复杂度)以及稳定性是否可以接受等方面。

1.5 数据挖掘与机器学习的应用领域及面临的问题

数据挖掘与机器学习是一种以应用为导向的技术,它的主要功能是从现有的信息中提取数据的模型。数据挖掘与机器学习可以用于找出各种可能存在的模型,但模型是否有效,还需要用户根据现实来判断,可以说,该技术用于提供数据支撑。发展迅猛的人工智能也使用了数据挖掘与机器学习技术作为它的数据支撑。

近年来,"互联网+"的运营模式为各行各业带了海量的数据。面对这些数据,从中挖掘出有效的信息和模式，成为企业亟待解决的任务。在这种驱动下，数据挖掘与机器学习技术在很多领域产生了巨大的作用，下面介绍数据挖掘与机器学习技术在电商、金融、医疗、电信等领域的应用，并提出现阶段数据挖掘与机器学习应用面临的问题。

1.5.1 电商领域

现阶段电商的数据量是很大的，面对如此庞大的数据，从中挖掘相应的数据模型就显得尤为重要。通过对商品的成交记录、客户订单记录等数据进行挖掘分析，可以获得如下信息：识别用户的购买行为，从而有针对性地推荐客户感兴趣的产品；了解用户的商品评价，从而分析出用户满意与不满意的地方，以进行提升和改进；部署物流仓储中心的位置，从而优化商品到达用户手中的时间，提升用户满意度；了解用户的浏览记录，从而优化网站设计，提升定制化服务，增加用户黏性。

下面列举一个电商应用数据挖掘的例子。某电商平台想要上线一批新款服装，但在用户的推广上面临选择困难。这时，该公司可利用数据挖掘中的聚类方式进行预测。首先加载历史数据，根据用户的购买行为、消费水平等方面进行聚类分析，将数据分成不同的簇，以获得每个簇的群体特征，之后根据簇的类别进行相应的推送。电商平台上常见的"猜你喜欢""购买该产品的用户还购买了"等都属于关联分析，就是通过基于用户或是基于物品的关联分析，获知顾客的购买行为，帮助电商平台制定营销策略。

1.5.2 金融领域

金融与人们的日常生活息息相关，数据挖掘与机器学习在处理金融业务方面更高效。它可以同时分析成千上万支股票，并快速得出结论；它在处理财务问题上更可靠和稳定，通过建立欺诈检测模型或异常检测模型，可以有效地检测出细微的模式差异并提高结果的准确性，从而提高财务安全性。

在信用评分方面，评分模型用于评估信用过程中的各种风险并进行监督，根据客户的职业、薪水、行业、历史信用记录等信息确定客户的信用评分，这不仅可以降低风险，而且可以加快贷款流程，减少尽职调查的工作量并提高处理效率。

在欺诈检测中，基于收集的历史数据训练机器学习模型，可以预测欺诈行为的可能性。与传统检测相比，此方法花费的时间更少，并且可以检测到更复杂的欺诈行为。

在股市趋势预测方面，数据挖掘与机器学习算法用于分析上市公司的资产负债表，现金流量表以及其他财务数据和公司运营数据，并提取与股价或指数有关的特征，以进行预测。此外，使用与公司相关的第三方信息（如政策法规、新闻或社交网络中的信息），通过自然语言处理技术来分析舆情观点或情感指向，为股价预测提供支持，从而使预测结果更准确。

1.5.3 医疗领域

医疗领域中的数据量是巨大的。以人类的基因数据为例，每个人的基因有约 31.6 亿对碱基对，大约需要 6 GB 的存储空间，医疗机构的检测设备数据、病人档案，人类疾病史等也是一份海量的数据。对这些医疗数据进行数据挖掘，可以获得数据中的相关模式，发现数据中的知识规律，这在某种程度上有助于医疗人员发现疾病隐藏的规律，提高疾病治疗的准确性。同时，对医疗数据采用数据挖掘与机器学习技术，也可为医疗行业的发展提供数据支撑，促进人类健康事业的发展。

下面举一个医疗领域肿瘤判断的案例。肿瘤细胞具有不死性、迁移性、失去接触抑制等特点。在医疗领域中，如何准确地判断细胞是否是肿瘤细胞呢？以前的方式需要经验丰富的医生，通过病理切片才能判断。现在，我们可以通过机器学习的方式，使检测系统自动识别出肿瘤细胞。具体的方式是通过分类模型识别：首先针对收集细胞的特征形成一个特征宽表，特征包括半径、质地、周长、面积、光滑度、对称性、凹凸性等，同时标出该细胞是否为肿瘤细胞；其次在特征宽表的基础上使用分类模型进行训练，完成细胞的判断。

1.5.4 电信领域

电信运营商为用户提供了包括上网、通话、广播电视等多方面服务，已经推出的三网融合（电信、有线电视、互联网）为电信运营商提供了更多的业务模式。更多的业务模式意味着更多的数据，如某省电信用户量为 3000 万，每日产生的数据大约 2 TB。数据逐渐累积，如何对这些数据进行分析，成为电信运营商比较关注的问题。

电信运营商使用数据挖掘与机器学习技术对数据中的用户特征进行挖掘，发现数据中的潜在用户、用户偏好、消费潜力等信息，再根据用户性质，对用户群进行聚类分析，将用户群体进行划分。常见的电信领域数据挖掘与机器学习应用包括用户画像、用户推荐、用户挽回、基于地理位置的精准营销等。

1.5.5 自然语言处理领域

自然语言处理属于文本挖掘的范畴，融合了计算机科学、语言学、统计学等基础学科。自然语言处理包括自然语言理解和自然语言生成。前者包括文本分类、自动摘要、机器翻译、自动问答、阅读理解等，目前这些领域已经取得了很大的成就。

1. 分词

分词主要基于字典对词语识别，常用的方法是最大匹配法，其效果取决于字典的覆盖范围。另外，常见的基于统计的分词算法是利用语料库中的词频和共现概率等统计信息对文本进行分词。解决切分歧义的算法包括句法统计和基于记忆的模型。前者结合了自动分词和基于马尔可夫链词性自动标注，并使用从人工标注语料库中提取出的词性的二元统计规律来消除歧义。而基于记忆的模型将机器认为有歧义的常见交集型歧义进行切分，例如"辛勤劳动"切分为"辛勤""勤劳""劳动"，并在表中预先记录唯一正确的分割形式，通过直接查找表可实现歧义的消除。

2. 词性标注

词性标注用于标记句子中单词的词性，例如动词、名词等。词性标注本质上是对序列上每个单词的词性进行分类和判断，故早期使用隐马尔可夫模型进行词性标注，后来使用最大熵、条件随机场、支持向量机等模型进行词性标注。随着深度学习技术的发展，许多基于深度神经网络的词性标注方法出现了。

3．句法分析

在句法分析中，人工定义规则非常耗时费力且维护成本高。近年来，自动学习规则的方法已成为句法分析的主流方法。目前，数据驱动的方法是主流的句法分析方法。句法分析主要分为依存句法分析、短语结构句法分析、深层文法句法分析和基于深度学习的句法分析等。

4．自然语言生成

当前，大多数自然语言生成方法使用模板，而模板源自人工定义、从知识库或语料库中提取。

自然语言生成的步骤包括内容规划、结构规划、聚集语句、选择字词、指涉语生成、文本生成等。当前，较为成熟的应用主要包括通过摘录一些数据库或资料集的内容，生成文章的系统，如生成天气预报、生成财经新闻或体育新闻等。这些文章本身具有一定的范式，具有固定的文章结构，并且语言风格也较少变化。此外，这类文章着重于内容，读者对文章的样式和措辞等要求较低。总体而言，在当前的人工智能领域，自然语言生成的问题尚未真正得到解决。所谓"得语言者得天下"，语言也代表着更高水平的人类智能。

5．文本分类

文本分类指将文本内容划分为某一个特定类别的过程，目前，其研究成果层出不穷。文本分类算法可以分为以下几类，分别为基于规则的分类模型、基于机器学习的分类模型、基于神经网络的方法、卷积神经网络（convolutional neural network，CNN）和循环神经网络（recurrent neural network，RNN）。文本分类技术具有广泛的应用。例如，社交网站每天都会生成大量信息，如果对文本进行手动整理，将很费时费力，应用自动化分类技术可以避免出现以上问题，从而实现文本内容的自动标记，为后续的用户兴趣建模和特征提取提供基础支持。此外，作为基础组件，文本分类还用于信息检索、情感分析、机器翻译、自动文摘和垃圾邮件检测等。

6．信息检索

信息检索是从信息资源集合中提取需求信息的行为，可以基于全文索引或内容索引。在自然语言处理方面，信息检索中使用的技术包括空间向量模型、权重计算、词频–逆向文档频率词项权重计算、文本相似度计算、文本聚类等，具体应用于搜索引擎、推荐系统、信息过滤等方面。

7．信息抽取

信息抽取指从非结构化文本中抽取指定的信息，并通过信息归并、冗余消除、冲突消解等方法，将非结构化文本转换为结构化信息。它可以应用于许多方向，例如从相关新闻报道中抽取事件信息（时间、地点、施事人、受事人、结果等）；或者从体育新闻中抽取体育赛事信息（主队、客队、赛场、比分等）；从医学文献中抽取疾病信息（病因、病原体、症状、药物等）。除此之外，它还广泛应用于舆情监测、网络搜索、智能问答等相关领域。同时，信息抽取技术是中文信息处理和人工智能的基本核心技术。

8．文本校对

文本校对的应用主要是修复自然语言生成的内容或检测并修复识别的结果，所使用的技术包括应用词典、语言模型等，其中应用词典将常用词以词典的形式对词频进行记录，如果不存在某些词，则需要对其进行修改并选择最相似的单词来替换。这种方法对词典的要求较高，并且语言的变化多样且存在很多的组词方式导致误判很多，因此在实际应用中的准确性不是很理想。

9．问答系统

问答系统在回答用户问题之前，需要先正确理解用户所提出自然语言问题，这涉及分词、命名实体识别、句法分析、语义分析等自然语言理解相关技术。然后，该系统针对提问类、事实类、交互类等不同形式的问题分别进行回答，例如用户的问题属于提问类的范畴，则可以从知识库或问答数据库中进行检索、匹配用户问题，给出答案。问答系统代表了自然语言处理的智能处理水平。

10．机器翻译

机器翻译是机器在不同自然语言之间进行的翻译，涉及语言学、机器学习、认知语言学等多个语言交叉学科。当前基于规则的机器翻译需要人工设计和编纂翻译规则，而基于统计的机器翻译可以自动获取翻译规则。近年来流行的端到端的神经网络机器翻译可以直接在编码网络和解码网络语言之间进行转换。

11．自动摘要

自动摘要主要解决信息过载的问题。用户可以通过阅读摘要来了解文章的主要思想。当前，自动摘要常用的方法有两种——抽取式和生成式。抽取式方法通过评估句子或段落的权重，根据其重要性选择并撰写摘要。生成式方法除使用自然语言理解技术分析文本内容外，还使用句子计划[1]和模板等自然语言生成技术来生成新句子。传统的自然语言生成技术在不同领域的泛化能力较差，随着深度学习的发展，生成式方法的应用逐渐增多。目前，抽取式方法仍然是主流的自动摘要方法，因为该方法易于实现，可以确保摘要中的每个句子具有良好的可读性，不需要大量的语料训练，并且可以跨领域应用。

1.5.6　工业领域

机器学习主要用于工业领域的质量管理、灾害预测、缺陷预测、工业分拣、故障感知等方面。

将深度学习算法应用于工业机器人上可以大大提高其作业性能，并实现自动化和无人化的制造过程。例如，对于商品或零件的分类，采用合适的分类算法对商品进行识别，同时可以使用强化学习算法来实现商品的定位，并将其分拣出来。

在机器故障检测和预警方面，机器学习用于分析物联网中各种传感器所提取的数据，并结合历史故障记录、硬件状态指标等相关的信息建立预测模型，以提前预测机器的异常情况；或者从故障定位的角度，建立决策树等分类模型来判断故障原因，快速定位并提供

---

[1]　在生成式自动摘要的上下文中，"句子计划"通常指的是一种策略或框架，用于指导如何构建摘要中的句子。它涉及确定摘要句子的结构、内容以及它们之间的逻辑关系。

维修建议，减少故障的平均修复时间，以此降低停机造成的损失。

机器学习在工业领域的应用中也存在瓶颈，主要表现如下。

（1）数据质量

有监督方法训练可以得到较好的效果，但是前提是有大量的标记数据，并且数据的质量、归一化方法、分布因素等对模型的效果影响很大。如果数据量太多，则需要更高的计算能力和计算成本；如果数据量太少，则模型的预测能力通常较差。

（2）工程师经验

机器学习的相关算法具有一定的门槛，在对算法的原理理解不透彻的情况下进行实验，很难获得理想的结果。由此可知，将机器学习应用于工业领域不仅要求工程师具有实现工程的能力，而且还要求他们具有线性代数、统计分析等相关理论基础，并对数据科学和机器学习中常用算法有一定的理解。

（3）计算能力

深度学习模型训练的过程中需要不断地调整参数，甚至重新设计网络结构，因此训练建模的周期通常需要数周甚至数月。随着模型复杂度的增加，深度学习模型的训练对计算资源的要求也越来越高。一般情况下，模型越大，应用时的效率就越低。

（4）机器学习的不可解释性

在机器学习中，深度学习模型在解释模型中的参数方面较差。在工业应用中，如果除结果之外还需要对学习的过程进行相关解释，那么相关模型的实施会更加困难。

1.5.7 艺术创作领域

机器学习在图像处理中有许多应用，尤其是 CNN 在图像处理中具有天然的优势。机器学习除了广泛应用于图像处理领域，如图像识别、照片分类、图像隐藏等外，近年来在图像处理中的创新应用还包括图像生成、美化、恢复、图像场景描述等。

2015 年，脸书公司开发了可描述图像内容的应用程序，通过描述图像中的背景、字符、对象和场景来帮助视障人士了解图像的内容，其应用的主要技术是图像识别。该应用程序基于脸书公司现有图像库中的标记图像作为模型的训练集，学习之后逐渐实现了对图像中对象的识别。但是，对内容的描述主要以列表的形式返回，而不是以故事的形式返回，因此这种类型应用程序的难点是自然语言的生成，这也是人工智能领域当前的难点之一。

信手涂鸦一直是许多人的梦想。借助深度神经网络，人们可以"画出"充满艺术气息的图画。这种方式的原理是使用 CNN 提取模板图像中的绘画特征，然后应用马尔可夫随机场来处理输入的涂鸦图像，最后合成一幅新图像。图 1-11 显示了 Neural Doodle 项目的应用效果。

除在上述项目应用中生成新图像外，神经网络还可以用于图像恢复，将生成对抗网络和 CNN 结合，并应用马尔可夫随机场理论对现有图像进行修复，同时使用经过训练的 VGG Net 作为纹理生成网络去除现有图像中的干扰因素。这种技术具有广泛的应用范围，除美化图像以外，还可以将其集成到图像处理软件中进行智能图像编辑或扩展现有图像的绘制。

（a）油画模板　　　　　　（b）用户的涂鸦作品　　　　　　（c）合成后的新作品

图 1-11　Neural Doodle 项目的应用效果

谷歌公司的 PlaNet 神经网络模型可以识别照片中的地理位置（不使用照片的位置数据）。该模型在训练过程中使用了约 1.26 亿幅网络图像，将图像的位置数据用作标记，对除南北极和海洋以外的地球区域进行网格划分，从而使图像相对应到特定的网格，之后使用约 9100 万幅图像进行训练，使用约 3400 万幅图像进行验证，以及使用 Flickr 中约 2300 万幅图像进行测试。尽管训练样本的数量很大，但最终的神经网络模型的大小仅为 377 MB。

1.5.8　数据挖掘与机器学习应用面临的问题

在大数据时代，数据挖掘与机器学习的应用主要面临以下几个问题。

数据源的多样性：不同应用的运行环境，所用终端可能是不同的，甚至同一种应用运行在不同的终端上，生成的数据结构也是不一样的，例如结构化数据、非结构化数据、半结构化数据等。对这些不同结构的数据进行集成是大数据时代数据挖掘面临的问题之一。

算法的改进：在对数据进行处理的整个过程中，传统的单机性能提升已不足以应对现阶段的海量数据或是使用单机的成本太高。在这种情况下，很多分布式的架构出现了，部分算法需要基于分布式和云计算进行改进。

数据隐私保护：在数据领域，发布一份数据很容易，若想删除这份数据则很难。从我们的数据进入互联网以来，每个人的数据都在不同程度地被一些企业机构所掌握，互联网的交互性，使得个人隐私被暴露，而且这种数据的暴露是个人无法避免的。我们身边常见的推销广告，会根据用户的历史行为，进行不同类型的电话推销。一旦数据被获取，那么想删除就十分困难。随着数据挖掘与机器学习技术的产品化，以及电子产品的普及化，如何有效保护个人的数据安全是数据挖掘与机器学习迫切需要解决的问题。

第2章 数据科学分析入门

本章首先讨论统计学及数据挖掘与机器学习的关系，然后通过介绍统计学的一些经典案例，让读者对统计学的应用有个初步认知。在讨论完案例应用后，我们将介绍一些常用于数据挖掘与机器学习的统计学指标，以及基于 Python 实现的数据科学分析模块 NumPy、pandas、Matplotlib、scikit-learn。

本章所讨论的问题很多属于数据科学计算的范畴。已经具备相关基础知识的读者，可以有选择地进行学习。

本章涉及的主要工具如下。

（1）NumPy（科学计算包）。

（2）pandas（数据分析包）。

（3）Matplotlib（数据可视化工具）。

（4）scikit-learn（机器学习库）。

2.1 数据科学分析库

统计学是一门关于理解客观现象整体数量特征和数量关系的科学。它是一门收集、组织、分析和统计数据的方法论科学，其目的是研究客观现象的规律性。定量研究是客观、准确和可测试的，因而统计已成为实证研究中最重要的方法，并广泛应用于自然、社会、经济、科技等各个领域。

当我们运用统计学进行数据挖掘时，统计可用于汇总或描述数据集，也可用于验证数据挖掘结果。推论统计学是一种统计学中研究如何根据样本数据推断总体数量特征的方法。它是在对样本数据进行描述的基础上，对统计总体的未知数量特征做出以概率形式表述的推断，更概括地说，是在一段有限的时间内，通过对一个随机过程的观察来进行推断的。统计假设检验使用实验数据进行统计决策，如果结果不太可能随机发生，则说明它具有统计学意义。

1. 数据挖掘例子

我们通过以下两个例子来了解一下统计学是如何应用于数据挖掘的。

（1）格朗特与死亡公报

英国统计学家格朗特（Graunt，1620—1674 年）被誉为统计学之父，是英国最负盛名的科学组织伦敦皇家自然知识促进学会（又称英国皇家科学院）成员，其撰写的《关于死亡公报的自然和政治观察》出版于 1662 年。它是格朗特唯一的著作，主要分析当时每周公布的洗礼数据和 1604 年至 1661 年教堂死亡名单。格朗特使用的主要算法是现代分析领域不常用的三点法，即 3 个已知数字 a、b 和 c，可以根据比例关系 $a:b=c:d$ 来解决未知数 d。应用此方法，他成功地得出了男性与女性出生率之比始终稳定在 $14:13$ 左右，并且进一步表明男性更可能死于战争，因此成年男女人数基本相等。格朗特提出并计算了第一个已知的生命表，并估计伦敦 16～56 岁的成年男性占总人口的 34%。格朗特承认他研究死亡公报的原因之一是他喜欢从死亡公报中提取新的结论，基于目前的"原始数据"，在死亡公报中挖掘数据隐含的信息。通过系统分析，以及利用数学知识揭示数字之间的关系，发现数据中的隐含信息，这一思想与现代数据挖掘技术有一定的相似之处。

（2）文本统计与文学作品鉴真

很长一段时间，在红学界，人们普遍认为《红楼梦》的前 80 回是曹雪芹所著、后 40 回为高鹗所写。但是，这种观点却在数理统计学和计算机文本分析上得到了不一样的验证。1981 年，在威斯康星大学举办的第一届国际《红楼梦》研讨会上，陈炳藻独树一帜，发表了题为《从词汇上的统计论<红楼梦>作者的问题》一文，认为《红楼梦》的 120 回都为曹雪芹所著。陈炳藻将《红楼梦》分为 3 组，每组 40 回。从每组中选取 8 万字，通过计算机计算出名词、动词、形容词、副词、虚拟词等 5 类词汇的出现频率，并进行统计、比较和处理，分析各组中这 5 类词汇的相关程度。结果表明，前 80 回和后 40 回词汇的正相关度高达 78.57%。作为对比研究，《儿女英雄传》和《红楼梦》所用词汇的正相关率仅为 32.14%。陈炳藻从文本统计数据的分析中得出《红楼梦》作者仅为曹雪芹一人。

通过对文章选择词汇类型的统计分析，研究词语和词汇的发生频率，并根据一定数量的语料库计算平均句子长度和平均词长，最终掌握作者的文体风格或文献的基本特征，这种方式称为计算文献计量学。它已广泛应用于文学作品和文学作品的作者鉴定，并逐渐成为社会科学领域的一门新兴学科。例如，对于"莎士比亚真的存在吗？"和"莎士比亚是弗朗西斯·培根吗？"这类问题，研究人员通过文本统计和比较分析，证实了莎士比亚和培根文章的平均句子长度和平均词长的数量完全不同；又如，诺贝尔奖获得者肖洛霍夫的长篇小说《静静的顿河》，被认为是抄袭哥萨克作家克留柯夫的作品，捷泽等学者通过对比两个作品的词类、句子长度和文章数据结构，最终确认肖洛霍夫是真正的作者。

2. 数据挖掘术语

进行数据分析时经常会用到一些分析指标或术语。这些术语可以帮助我们打开思路，通过多个角度对数据进行深度解读。可以说，它们是前人已经总结和使用的数据分析方法。下面是数据统计分析常用的指标或术语。

（1）平均数

平均数一般指算术平均数，即全部数据累加求和后除以数据个数。它是非常重要的基础性指标。

例如，某人射击 10 次，其中，2 次射中 10 环，3 次射中 8 环，4 次射中 7 环，1 次射中 9 环，那么他平均射中的环数为：$(10 \times 2 + 9 \times 1 + 8 \times 3 + 7 \times 4) \div 10 = 8.1$。

（2）绝对数与相对数

绝对数是反映客观现象总体在一定时间、地点条件下的总规模、总水平的综合性指标，如一定总体范围内粮食总产量、工农业总产值、企业单位数等。相对数是两个有联系的指标的比值，可以从数量上反映两个相互联系的现象之间的对比关系，如比较两个国家、不同群体之间的差异。相对数的计算式如下。

$$相对数 = 比数 \div 基础数值$$

其中，比数表示比较数值，是用于基数对比的指标数值；基数表示基础数值，是对比标准的指标数值。

（3）百分比与百分点

百分比表示一个数是另一个数的百分之几，百分点是用来表达不同百分数之间的"算术差距"（即差）的单位，这是两个不同的概念。用百分比表示比例关系，用百分点表示数值差距。表示构成的变动幅度不宜用百分数，而应该用百分点，1 个百分点代表 1%。

举例来说，0.05 和 0.2 分别是数，而且可分别表示为百分数 5% 和 20%。于是，比较这两个数值有以下几种方法：

0.2 是 0.05 的 4 倍，也就是说 20% 是 5% 的 4 倍，即 400%；

0.2 比 0.05 多 3 倍，也就是说 20% 比 5% 多 3 倍，即 300%；

0.2 比 0.05 多出 0.15，也就是说 20% 比 5% 多 15 个百分点。

（4）频数与频率

频数指一组数据中个别数据重复出现的次数或一组数据在某个确定范围内出现的数据的个数，频率是频数与数据组中所含数据的个数的比值。频数具体反映了数据分布的情况，频率反映了不同的数据或在不同的范围内出现的数据在整个数据组中所占的比例，它们都反映了一组数据的分布情况。在一定程度上，频率的大小反映了事件发生可能性的大小，频率大，发生的可能性大；频率小，发生的可能性小。

（5）比例与比率

比例和比率都是相对数。比例指总体中各部分的数值占全部数值的比重，通常反映总体的构成和结构。而比率指不同类别数值的对比，它反映的不是部分与整体之间的关系，而是一个整体中各部分之间的关系。这两个指标经常会用于社会、经济领域。

（6）倍数与番数

倍数与番数同属于相对数，其中倍数是一个数除以另一个数所得的商。倍数一般表示数量的增长或上升幅度，不可用于表示数量的减少或下降。而番数指原来数的 2 的 N 次方倍。比如翻一番就是原来数的 2 倍，翻二番就是原来数的 2^2，即 4 倍，翻三番就是原来数的 2^3，即 8 倍。

（7）同比与环比

同比指与历史同时期进行比较得到的数据，该指标主要反映事物发展的相对情况。同比对比的是与上一年的同期水平，如 2012 年 12 月与 2011 年 12 月相比。环比指与前一个统计期进行比较得到的数值，该指标主要反映事物逐期发展的情况。环比对比的是同一年连环的两期，如 2010 年 12 月与 2010 年 11 月相比。

（8）基线和峰值、极值和拐点

基线在统计学中通常被定义为一组数据中的基准值或参考点，用于比较和评估其他数据。它通常也用于确定某个现象或变量的变化程度，以及检验因素对该现象或变量的影响是否显著。基线指标的选择和确定在实施统计研究时是至关重要的，因为它们可以用于比较、评估、监测和预测。例如，追踪一个公司的销售额，那么去年的销售额就可以作为今年的基线。通过比较今年的销售额与去年的销售额（基线），我们可以看出销售额是增加了还是减少了，以及变化的幅度有多大。

峰值指增长曲线的最高点（顶点）。例如，"中国总人口数将在 2033 年达峰值 15 亿"中的 15 亿，便是峰值。

极值在统计学中指数据集合中的最大值和最小值，这两个值分别表示数据集合的上限和下限。通过计算极值，我们可以了解数据的范围和离散程度。而拐点在数学上指改变曲线向上或向下方向的点，在统计学中指趋势开始改变的地方。出现拐点后的走势将保持基本稳定。

（9）增量与增速

增量指数值的变化方式和程度，如 3 增大到 5，则 3 的增量为+2；3 减少到 1，则 3 的增量为–2。增速指数值增长程度的相对指标。

2.1.1 NumPy

NumPy 的全称是 numerical Python。作为高性能的数据分析及科学计算的基础包，NumPy 提供了矩阵科学计算的相关功能，主要有以下几个。

① 数组数据快速进行标准科学计算的相关功能。

② 线性代数、傅里叶变换和随机数的相关功能。

③ ndarray：一个具有向量算术运算和复杂广播能力的多维数组对象。

④ 用于读写磁盘数据的工具及操作内存映射文件的工具。

⑤ 提供了集成 Fortran 及 C/C++代码的工具。

【注】上述所提及的"广播"可以理解为：当存在两个不同维度数组（array）进行科学运算时，由于 NumPy 运算时需要相同的结构，可以用低维的数组复制成高维数组参与运算。

1. NumPy 安装

Python 官网上的发行版是不包含 NumPy 模块的，即如果使用 NumPy，则需要自行安装。安装的方式有以下几种。

（1）使用 pip 安装

使用 pip 工具进行 NumPy 的安装是简单且快速的一种方法，使用如下命令即可完成安装。

```
pip install --user numpy
```

--user 选项的功能是可以设置 NumPy 只安装在当前用户下，而不是写入系统目录。

上述命令在默认情况下使用的是国外线路，安装速度很慢，故推荐使用清华镜像进行下载并安装。具体安装命令见本书配套资源。

（2）使用已有的发行版本

对于大多数用户来说，尤其是在 Windows 操作系统中，最简单的方法是下载 Anaconda（Python 发行版），因为 Anaconda 集成了许多数据科学计算的关键包（包括 NumPy、SciPy、Matplotlib、IPython、SymPy 及 Python 核心自带的其他包）。Anaconda 是一个开源的 Python 发行版本，适用于大规模数据处理、预测分析和科学计算，可实现包的简化管理和部署，并且支持 Linux、Windows 和 MacOS 等操作系统。

2. NumPy 示例

通过以下实践，读者可以了解 NumPy 不同维度数组的表示形式，熟悉 NumPy 中数组 ndarray 的属性和基本操作，能够使用 NumPy 进行数组的运算、统计和数据存/取等操作。ndarray 的属性和基本操作如下。

① 创建一个 numpy.ndarray 对象，代码如下。

```
>>>import numpy as np
>>>a = np.array([[1,2,3],[4,5,6]])
>>>a
```

运行结果如下。

```
array([[1, 2, 3],
       [4, 5, 6]])
```

② ndarray 对象的别名是 a，查看它的类型，代码如下。

```
>>>type(a)
```

运行结果如下。

```
numpy.ndarray
```

③ 确定各个维度的元素个数，代码如下。

```
>>>a.shape
```

运行结果如下。

```
(2, 3)
```

④ 查看元素个数，代码如下。

```
>>>a.size
```

运行结果如下。

```
6
```

⑤ 查看数据的维度，代码如下。

```
>>>a.ndim
```

运行结果如下。

```
2
```

⑥ 查看数据类型，代码如下。

```
>>>a.dtype
```

运行结果如下。

```
dtype('int32')
```

⑦ 查看每个元素的大小，以字节（B）为单位，代码如下。

```
>>>a.itemsize
```

运行结果如下。

```
2
```

⑧ 查看访问数组的元素，代码如下。

```
>>>a[0][0]
```

运行结果如下。

```
1
```

⑨ 从列表创建数组，代码如下。

```
>>>import numpy as np
>>>np.array([[1, 2, 3], [4, 5, 6]],dtype = np.float32)
```

运行结果如下。

```
array([[1., 2., 3.],
       [4., 5., 6.]], dtype = float32)
```

⑩ 从元组创建数组，代码如下。

```
>>>np.array([(1, 2), (2, 3)])
```

运行结果如下。

```
array([[1, 2],
       [2, 3]])
```

⑪ 从列表和元组创建数组，代码如下。

```
>>>np.array([[1, 2, 3, 4], (4, 5, 6, 7)])
```

运行结果如下。

```
array([[1, 2, 3, 4],
       [4, 5, 6, 7]])
```

⑫ 使用类似range()函数的arange()函数创建数组，返回ndarray类型，元素从0到$n-1$，代码如下。

```
>>>np.arange(5)
```

运行结果如下。

```
array([0, 1, 2, 3, 4])
```

2.1.2　pandas

pandas 是 Python 生态环境下非常重要的数据分析包，也是一个开源的、有伯克利软件套装（Berkeley software distribution，BSD）开源协议的库。正因为它的存在，基于 Python 的数据分析才能大放异彩，被世人所瞩目。

pandas 吸纳了 NumPy 中的很多精华。pandas 在设计之初就是倾向于支持图表和混杂数据运算的，相比之下，NumPy 是基于数组构建的，一旦被设置为某种数据类型，就不得改变。pandas 是基于 NumPy 构建的数据分析包，但含有比 ndarray 更为高级的数据结构和操作工具。

1. pandas 安装

如果利用 Anaconda 安装 Python，那么 Anaconda 会自动安装好 pandas。如果系统中没有安装 pandas，则在命令行输入如下命令即可自动在线安装。

```
conda install pandas
```

读者也可以利用 pip 安装，命令如下。

```
pip install pandas
```

2. pandas 示例

在使用 pandas 进行数据分析之前，我们先简单了解一下 pandas 的数据结构及常用的统计分析函数。

pandas 的核心数据结构有以下两种。

第一种数据结构是一维数据结构 Series。Series 是类似 NumPy 的一维数组,但其还具有额外的统计功能。我们通过几个简单示例了解一下 Series。

① series 的创建方法如下。

```
>>>import pandas as pd
>>>a = pd.Series([1, 2, 3, 4, 5])
>>>a
0    1
1    2
2    3
3    4
4    5
dtype: int64
```

② 使用下标和切片对 Series 进行访问的操作如下。

```
>>>a = pd.Series([11, 22, 33, 44, 55])
>>>a[1:3]
1    22
2    33
dtype: int64
```

③ 求平均值 mean( ) 函数的调用方法如下。

```
>>>a = pd.Series([1, 2, 3, 4, 5])
# 求平均值
>>>print(a.mean())
3.0
```

④ Series 数组间的运算如下。

```
>>>a = pd.Series([1, 2, 3, 4])
>>>b = pd.Series([1, 2, 1, 2])
>>>print(a + b)
>>>print(a * 2)
>>>print(a >= 3)
>>>print(a[a >= 3])
0    2
1    4
2    4
3    6
dtype: int64
0    2
1    4
2    6
3    8
dtype: int64
0    False
1    False
2    True
3    True
dtype: bool
2    3
3    4
dtype: int64
```

⑤ Series 数据结构的索引创建方式如下，其中索引在 Series 中称为 index。

```
>>>a = pd.Series([1, 2, 3, 4, 5], index = ['a', 'b', 'c', 'd', 'e'])
>>>a
a    1
b    2
c    3
d    4
e    5
dtype: int64
```

第二种数据结构是二维数据结构 DataFrame。DataFrame 类似于矩阵，但其在拥有矩阵型数据结构的同时，也拥有着丰富的函数支持，这让用户在使用 DataFrame 时可以实现快速的数学运算，这也是它被应用于统计学的原因。下面我们通过几个简单示例了解一下 DataFrame。

① 使用字典构建 DataFrame 的方式如下。当然，除了使用字典，我们还可以通过外部导入，使用 Series 构建 DataFrame。

```
>>> d = {'col1': [1, 2], 'col2': [3, 4]}
>>> a = pd.DataFrame(data = d)
>>> a
   col1  col2
0    1     3
1    2     4
```

② 使用列索引和 loc()函数访问 DataFrame 的数据，代码如下。loc()函数的参数为设置的访问条件。

```
>>>print(a['col1'])
>>>print(a.loc[a['col1'] > 1,'col2'])
0    1
1    2
Name: col1, dtype: int64
1    4
Name: col2, dtype: int64
```

③ 求平均值 mean()函数的调用方法如下。

```
>>>print(a.mean())
col1    1.5
col2    3.5
dtype: float64
```

④ DataFrame 的数组运算操作如下。

```
>>>d = {'col1': [1, 2], 'col2': [3, 4]}
>>>a = pd.DataFrame(data = d)
>>>d2 = {'col1': [1, 3], 'col3': [1, 4]}
>>>b= pd.DataFrame(data = d2)
>>>print(a + b)
>>>print(a * 2)
>>>print(a > 1)
   col1  col2  col3
0    2   NaN   NaN
1    5   NaN   NaN
```

```
    col1  col2
0     2     6
1     4     8
    col1  col2
0   False  True
1   True   True
```

⑤ 为 DataFrame 设置索引的方式如下。

```
>>>a = a.set_index('col2')
>>>print(a)

col1      col2
3          1
4          2
```

从上面的例子我们不难发现，pandas 因为内置大量的统计方法和函数及其简易的使用方式，使其被广泛地运用在统计学分析领域，那么我们一起来看一下 pandas 支持的统计分析函数，如表 2-1 所示。

表 2-1 pandas 支持的统计分析函数

函数	功能描述
count()	求观测值的个数
sum()	求和
mean()	求平均值
mad()	求平均绝对方差
median()	求中位数
min()	求最小值
max()	求最大值
mode()	求众数
abs()	求绝对值
prod()	求乘积
std()	求标准差
var()	求方差
sem()	求标准误差
skew()	求偏度系数
kurt()	求峰度
quantile()	求分位数
cumsum()	求累加
cumprod()	求累乘积

函数	功能描述
cummax()	求累积最大值
cummin()	求累积最小值
cov()	求协方差
corr()	求相关系数
rank()	求排名
pct_change()	求时间序列变化

2.1.3　Matplotlib

Matplotlib 是一款功能强大的数据可视化工具。它与 NumPy 的无缝集成，使得 Python 拥有与 MATLAB、R 语言等旗鼓相当的能力。

使用 plot()、bar()、hist()和 pie()等函数，Matplotlib 可以方便地绘制散点图、条形图、直方图、饼图等专业图形。

1. Matplotlib 安装

与 NumPy 类似，如果我们已经通过 Anaconda 安装了 Python，那么就无须再次安装 Matplotlib，因为它已经默认被安装了。

如果没有安装 Matplotlib，则可在控制台的命令行使用如下命令进行在线安装。

① Anaconda 平台上安装

```
conda install matplotlib
```

② Python 平台上安装

```
pip install matplotlib
```

2. Matplotlib 示例

（1）绘制简单图形

二维图形是人们常用的图形呈现方式。通常，我们使用 Matplotlib 中的子模块 Pyplot 绘制二维图形。它能让用户较为便捷地将数据图像化，并能提供多样的输出格式。

在使用 Pyplot 模块之前，需要先导入。为了使用方便，这个模块有一个别名为 plt。示例如下。

```
import numpy as np
from matplotlib import pyplot as plt
x = np.arange(1,11)
y = 2 * x + 5
plt.title("Matplotlib demo")
plt.xlabel("x axis caption")
plt.ylabel("y axis caption")
plt.plot(x,y)
plt.show()
```

以上示例中，np.arange()函数创建 x 轴上的值，y 轴上的对应值存储在另一个数组对象中。这些点使用 Matplotlib 软件包中 Pyplot 子模块的 plot()函数绘制图形，绘制图形通过 show()函数显示。运行结果如图 2-1 所示。

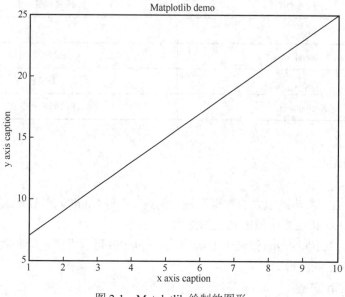

图 2-1　Matplotlib 绘制的图形

（2）散点图

在可视化图像应用中，散点图的应用范围也很广泛。例如，如果某一个点或某几个点偏离大多数点，成为孤立点，那么这种情况通过散点图就可以一目了然。在机器学习中，散点图常常用在分类、聚类中，以便显示不同类别。

在 Matplotlib 中，绘制散点图的方法与使用 plt.plot()绘制图形的方式类似。示例如下。

```
import matplotlib.pyplot as plt
import numpy as np
# 产生50对服从正态分布的样本点
nbPointers = 50
x = np.random.standard_normal(nbPointers)
y = np.random.standard_normal(nbPointers)

# 固定种子数，以便实验结果具有可重复性
np.random.seed(19680801)
colors = np.random.rand(nbPointers)

area = (30 * np.random.rand(nbPointers))**2
plt.scatter(x, y, s = area, c = colors, alpha = 0.5)
plt.show()
```

运行结果如图 2-2 所示。

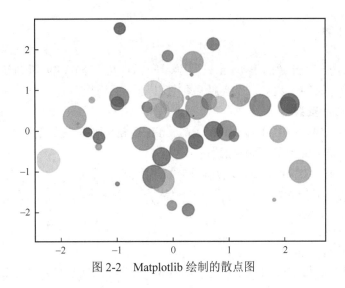

图 2-2　Matplotlib 绘制的散点图

（3）直方图

在数据可视化中，直方图常用于展示和对比可测量数据。Pyplot 子模块提供 bar()函数来生成直方图。示例如下。

```
import numpy as np
import matplotlib.pyplot as plt
plt.rcParams['font.sans-serif'] = ['SimHei']
plt.rcParams[ 'axes.unicode_minus'] = False
objects = ('Python', 'C++', 'Java', 'Perl', 'Scala', 'Lisp')
y_pos = np.arange(len(objects))
performance = [10,8,6,4,2,1]
plt.bar(y_pos, performance, align = 'center', alpha = 0.5)
plt.xticks(y_pos, objects)
plt.ylabel('用户量')
plt.title('数据分析程序语言使用分布情况')
plt.show()
```

运行结果如图 2-3 所示。

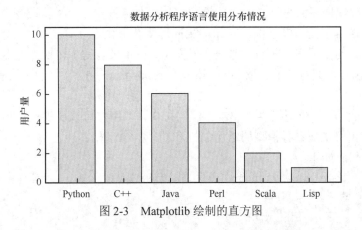

图 2-3　Matplotlib 绘制的直方图

2.1.4 scikit-learn

scikit-learn 是一款开源的 Python 机器学习库。它基于 NumPy 和 SciPy，提供了大量用于数据挖掘和分析的工具，以及支持多种算法的一系列接口。

1. scikit-learn 安装

如果利用 Anaconda 安装的 Python，Anaconda 通常会假设我们是数据分析的学习者或从业者，此时 scikit-learn 便是默认配置。

如果确实没有安装 scikit-learn，则可通过如下命令安装：

```
conda install scikit-learn
```

或者可以利用 pip 安装，命令如下。

```
pip install scikit-learn
```

2. scikit-learn 介绍

作为一款热门的机器学习框架，scikit-learn 提供了很多好用的应用程序接口（API）。通常我们使用寥寥几行代码，就可以很好地完成机器学习的整个流程。

scikit-learn 的功能（算法）主要分为六大部分，即分类、回归、聚类、数据降维、模型选择和数据预处理。

简单来说，如果是定性输出预测（预测变量是离散值），则称之为分类，比如预测花的品类、顾客是否购买商品等。scikit-learn 中已实现的经典分类算法包括支持向量机、KNN、逻辑回归、随机森林、决策树多层感知机等。

相比而言，如果是定量输出预测（预测变量是连续值），则称之为回归，比如预测花的长势、房价的涨势等。目前 scikit-learn 中已经实现的回归算法包括线性回归、支持向量回归、岭回归、Lasso 回归、贝叶斯回归等。常见的应用场景有股价预测等。

聚类的功能是将相似的对象自动分组。scikit-learn 中常用的聚类算法包括 k-means 聚类、谱聚类、均值漂移等。常见的应用场景有客户细分、实验结果分组、数据压缩等。

数据降维的目的在于，减少要考虑的随机变量的数量。scikit-learn 中常见的数据降维算法有主成分分析、特征选择、非负矩阵分解等。常见的应用场景包括数据压缩、模型优化等。

模型选择指评估与验证模型，对模型参数进行选择与平衡。scikit-learn 提供了很多有用的模块，可实现许多常见功能，包括模型度量、网格搜索、交叉验证等。它的目的在于通过调整模型参数来提高模型性能（如预测准确度、泛化误差等）。

数据预处理的作用在于把输入数据（如文本、图形图像等）转换为机器学习算法适用的数据，主要包括数据特征的提取和归一化。在 scikit-learn 中，常用的模块有数据预处理、特征抽取等。

scikit-learn 为所有模型提供了非常相似的接口，使用户可以更加快速地熟悉所有模型的用法。下面我们先来看看模型的常用属性和功能。

线性回归代码如下。

```
from sklearn.linear_model import LinearRegression
# 定义线性回归模型
model = LinearRegression(fit_intercept = True, normalize = False,
                         copy_X = True, n_jobs = 1)
```

各参数的含义如下。

fit_intercept：是否计算截距，值为 False 时表示模型没有截距。

normalize：当 fit_intercept 设置为 False 时，该参数将被忽略；如果为 True，则回归前的回归系数 X 将通过减去平均值并除以 L2-范数而归一化。

copy_X：当值设置为 True（默认值）时，模型会在内部复制 X 数据，以确保对原始数据的修改不会影响到模型。这有助于避免在数据预处理或特征工程过程中不小心修改原始数据。

n_jobs：指定线程数。

逻辑回归代码如下。

```
from sklearn.linear_model import LogisticRegression
# 定义逻辑回归模型
model = LogisticRegression(penalty = 'l2', dual = False, tol = 0.0001, C = 1.0,
        fit_intercept = True, intercept_scaling = 1, class_weight = None,
        random_state = None, solver = 'liblinear', max_iter = 100, multi_class = 'ovr',
        verbose = 0, warm_start = False, n_jobs = 1)
```

各参数的含义如下。

penalty：使用指定正则化项（默认为 l2）。

dual: n_samples > n_features 时取值为 False（默认）。

tol = 0.0001：停止迭代的容差值。当优化算法的改进低于这个阈值时，迭代会停止。

C：正则化强度的反，值越小正则化强度越大。

fit_intercept: 是否需要常量，值为 True 表示需要，为 False 表示不需要。

intercept_scaling = 1: 当 solver = 'liblinear' 且 fit_intercept = True 时，这个参数会起作用，它决定了在内部对特征的权重进行缩放的大小。这个参数在 fit_intercept = False 时不起作用。

class_weight = None: 用于指定类别的权重，其值可以是一个字典或字符串'balanced'。在分类问题中，这一个参数可以用于处理不平衡的类别。

random_state：随机数生成器。

Solver = 'liblinear': 用于优化问题的算法，liblinear 是一个适用于小数据集的线性分类器。其他选项包括 newton-cg、lbfgs、sag 和 saga。

max_iter = 100: 最大迭代次数。如果求解器没有收敛，则会发出警告。

multi_class: 用于多类别分类的策略，ovr 表示一对多。该参数的另一个值 multinomial 则是一个仅在 solver 参数取值 lbfgs、newton-cg、sag、saga 时可用的选项，表示使用多项式逻辑回归进行拟合。

verbose：是否输出求解器的日志，值为 0 表示无输出；为 1 表示偶尔输出；大于 1 表示详细输出。

warm_start: 是否使用先前的解作为初始化，如果其值为 True，则在调用 fit 时使用前一次调用的解来初始化优化。

n_jobs: 指定线程数。

朴素贝叶斯算法代码如下。

```
from sklearn import naive_bayes
model = naive_bayes.GaussianNB() # 高斯贝叶斯
model = naive_bayes.MultinomialNB(alpha = 1.0, fit_prior = True,
```

```
                                             class_prior = None) # 文本分类问题常用 MultinomialNB
model = naive_bayes.BernoulliNB(alpha = 1.0, binarize = 0.0, fit_prior = True,
                                class_prior = None)
```

各参数的含义如下。

alpha：平滑参数。

binarize: 二值化的阈值，若为 None，则假设输入由二进制向量组成。

it_prior：是否要学习类的先验概率；值为 False 时表示使用统一的先验概率。

class_prior: 是否指定类的先验概率；若指定则不能根据参数调整。

决策树代码如下。

```
from sklearn import tree
model = tree.DecisionTreeClassifier(criterion = 'gini', max_depth = None,
        min_samples_split = 2, min_samples_leaf = 1, min_weight_fraction_leaf = 0.0,
        max_features = None, random_state = None, max_leaf_nodes = None,
        min_impurity_decrease = 0.0, min_impurity_split = None,
        class_weight = None, presort = False)
```

各参数的含义如下。

criterion：用于选择最佳分割属性的标准。'gini'表示基尼不纯度，另一种常用的标准是'entropy'（信息增益）。基尼不纯度衡量的是从一个集合中随机抽取两个样本，这两个样本属于不同类别的概率。

max_depth：树的最大深度，值为 None 时表示尽量下分。

min_samples_split：分裂内部节点所需要的最小样本树。

min_samples_leaf: 叶子节点所需要的最小样本数。

min_weight_fraction_leaf = 0.0: 叶节点所需的最小加权样本分数。这里，加权样本分数基于样本权重。对于不带权重的数据，它与 min_samples_leaf 的作用相似。

max_features: 寻找最优分割点时的最大特征数。

random_state = None: 控制用于在构建树时选择特征的随机性的种子。如果其值为 None，则每次运行的结果可能不同。

max_leaf_nodes：优先增长到最大叶子节点数。

min_impurity_decrease：如果这种分离导致杂质的减少大于或等于这个值，则节点将被拆分。

min_impurity_split = None: 在树生长之前，节点必须达到的最小不纯度。如果指定了这个值，则树只会生长到节点的不纯度低于这个值的程度；如果没有指定，则该参数使用 min_impurity_decrease 的值。

class_weight = None: 用于处理不平衡类别的权重。这个值可以是一个字典或字符串'balanced'.

presort: 是否预先对数据进行排序以加速最佳分割的查找。在较新版本的 scikit-learn 中，这个参数可能已被弃用，因为现代的算法和数据结构已经使得预排序不再能使性能显著提升。

支持向量机代码如下。

```
from sklearn.svm import SVC
model = SVC(C = 1.0, kernel = 'rbf', gamma = 'auto')
```

各参数的含义如下。

C：误差项的惩罚参数。

kernel = 'rbf'：指定用于决策函数的核函数。'rbf'（radial basis function）表示径向基函数核，也称为高斯核，是支持向量机算法中常用的核函数之一。使用高斯核时，支持向量机算法实际上执行了非线性分类，这是因为高斯核可以将输入空间映射到更高维的空间，使得非线性可分的数据在更高维空间中变得线性可分。

gamma: 核相关系数。

KNN 代码如下。

```
from sklearn import neighbors
# 定义 KNN 算法分类模型
model = neighbors.KNeighborsClassifier(n_neighbors = 5, n_jobs = ) # 分类
model = neighbors.KNeighborsRegressor(n_neighbors = 5, n_jobs = 1) # 回归
```

各参数的含义如下。

n_neighbors： 使用邻居的数目

n_jobs：并行任务数

多层感知机（神经网络）代码如下。

```
from sklearn.neural_network import MLPClassifier
# 定义多层感知机分类算法
model = MLPClassifier(hidden_layer_sizes = (100,), activation = 'relu',
                      solver = 'adam', alpha = 0.0001)
```

各参数的含义如下。

hidden_layer_sizes: 隐藏层的大小，其值可以是一个整数，表示所有隐藏层的大小都相同；也可以是一个整数元组，表示不同隐藏层的大小。

activation：激活函数。

solver：优化算法，其值可为 lbfgs、sgd 或 adam。

alpha：L2 惩罚(正则化项)参数。

2.2 数据科学分析库的使用方法及应用示例

2.2.1 NumPy 基本使用方法

1. 切片

NumPy 支持切片操作，以下例子展示了这种操作。

```
import numpy as np
matrix=np.array([[10, 20, 30],[40, 50, 60],[70, 80, 90]])
print(matrix[, 1])
print(matrix[, 0:2])
print(matrix[1:3, :])
print(matrix[1:3, 0:2])
```

上述代码的输出结果如下。

```
[20 50 80]
[[10 20]
 [40 50]
 [70 80]]
[[40 50 60]
 [70 80 90]]
[[40 50]
 [70 80]]
```

下面对代码的输出结果进行解释。我们使用 np.array([[10, 20, 30], [40, 50, 60], [70, 80, 90]])生成数组，如下所示。

```
[[10 20 30]
 [40 50 60]
 [70 80 90]]
```

对于 print(matrix[, 1])，该语句的第一个参数省略，表示所有的行均被选择；第二个参数的索引是 1，表示打印第二列，故打印的结果为第二列的所有行，即[20, 50, 80]。

对于 print(matrix[, 0:2])，该语句的第一个参数省略，表示所有的行均被选择；第二个参数的索引为大于或等于 0 且小于 2，步长为 1，也就是第 0 列和第一列被选择，故打印的结果为第一列和第二列的所有行，即[[10 20] [40 50] [70 80]]^T。

对于 print(matrix[1:3, :])，该语句第一个参数的索引为大于或等于 1 且小于 3，步长为 1，也就是第二行和三行被选择，第一个参数省略，表示所有的列均被选择，故打印的结果为第二行和第三行的所有列，即[[40 50 60] [70 80 90]]^T。

对于 print(matrix[1:3, 0:2])，该语句第一个参数的索引为大于或等于 1 且小于 3，步长为 1，也就是第二行和第三行被选择；第二个参数的索引为大于或等于 0 且小于 2，步长为 1，也就是第一列和第二列被选择，故打印的结果为第二行和第三行的第一列和第二列，即[[40 50] [70 80]]^T。

2. 数组比较

NumPy 也提供了较为强大的矩阵和数组比较功能。对于数据的比较，Numpy 最终输出的结果为布尔值。

为了方便理解，通过以下例子来说明。

```
import numpy as np
matrix = np.array([[10, 20, 30], [40, 50, 60], [70, 80, 90]])
m = (matrix == 50)
print(m)
```

上述代码的输出结果如下。

```
[[False False False ]
 [False  True False ]
 [False False False]]
```

下面再来看一个比较复杂的例子。

```
import numpy as np
matrix = np.array([[10, 20, 30], [40, 50, 60], [70, 80, 90]])
second_column_50 = (matrix[:, 1] == 50)
print(second_column_50)
print(matrix[second_column_50, :])
```

以上代码的运行结果如下。

```
[False True False]
[[40 50 60]]
```

关于上述代码的解释：上述代码中 print(second_column_50)输出的是[False True False]，首先 matrix[:, 1] 代表的是所有的行，以及索引为 1 的列——[20, 50, 80]，最后和 50 进行比较，得到的就是[False, True, False]。print(matrix[second_column_50, :])代表的是返回 True 值的那一行数据 ——[40 50 60]。

【注】上述的例子是单个条件，NumPy 也允许我们使用条件符来拼接多个条件，其中 "&" 代表的是"且"，"|"代表的是"或"。比如 vector = np.array([1, 10, 11, 12])，equal_to_five_and_ten = (vector == 5)&(vector == 10)返回的都是 False，equal_to_ five_or_ten = (vector == 5)|(vector == 10)返回的是[False, True, False]。

3. 替代值

NumPy 可以运用布尔值来替换值。例如，在数组中，使用如下代码。

```
import numpy
vector = numpy.array([10, 20, 30, 40])
equal_to_ten_or_five = (vector == 20)|(vector == 20)
vector[equal_to_ten_or_five] = 200
print(vector)
```

得到的运行结果如下。

```
[ 10  200  30  40]
```

又如，在矩阵中使用如下代码。

```
import numpy
matrix = numpy.array([[10, 20, 30], [40, 50, 60], [70, 80, 90]])
second_column_50 = matrix[:, 1] == 50
matrix[second_column_50, 1] = 20
print(matrix)
```

得到的运行结果如下。

```
[[10 20 30]
 [40 20 60]
 [70 80 90]]
```

在第二个例子中，我们先创立数组 matrix，将 matrix 的第二列和 50 进行比较，得到了一个布尔值数组。second_column_50 将 matrix 第二列值为 50 的元素替换为 20。

替换有一个很好的用处，那就是替换空值。之前提到过，NumPy 中只能有一个数据类型。我们现在读取一个字符矩阵，其中有一个值为空值。对于这个空值，我们需要把它替换成其他值，比如数据的平均值，或者直接删除，这在大数据处理中很有必要。这里，我们演示把空值替换为 "0" 的操作,代码如下。

```
import numpy as np
matrix = np.array([
                ['10', '20', '30'],
                ['40', '50', '60'],
                ['70', '80', '']])
second_column_50 = (matrix[:, 2] == '')
matrix[second_column_50, 2] = '0'
print(matrix)
```

得到的运行结果为如下。

```
[['10' '20' '30']
 ['40' '50' '60']
 ['70' '80' '0']]
```

4. 数据类型转换

在 NumPy 中，ndarray 数组的数据类型可以使用 dtype 参数进行设置，还可以通过 astype()方法进行数据类型的转换。这种方法在进行文件的相关处理时很方便、实用，但值得注意的是，使用 astype()方法对数据类型进行转换时，得到的结果是一个新的数组，可以将该数组理解为对原始数据的一份复制，所不同的是数据的类型。

比如，把 string 转换成 float，代码如下。

```python
import numpy
vector = numpy.array(["22", "33", "44"])
vector = vector.astype(float)
print(vector)
```

得到的输出结果如下。

```
[22. 33. 44.]
```

在以上代码中，假如在字符串中含有非数字类型的对象，将 string 转换为 float 就会报错。

5. NumPy 的统计计算方法

除了以上介绍的相关功能，NumPy 还内置了很多的科学计算方法，尤其是统计方法，具体如下。

max()：用于统计计算数组元素中的最大值。对于矩阵，计算结果为一个一维数组，需要指定行或者列。

mean()：用于统计计算数组元素中的平均值。对于矩阵，计算结果为一个一维数组，需要指定行或者列。

sum()：用于统计计算数组元素中的和。对于矩阵，计算结果为一个一维数组，需要指定行或者列。

值得注意的是，用这些统计方法计算的数值的类型必须是 int 或者 float。

数组的示例如下。

```python
import numpy
vector = numpy.array([10, 20, 30, 40])
print(vector.sum())
```

得到的运行结果如下。

```
100
```

矩阵的示例如下。

```python
import numpy as np
matrix = np.array([[10, 20, 30], [40, 50, 60], [70, 80, 90]])
print(matrix.sum(axis = 1))
print(np.array([5, 10, 20]))
print(matrix.sum(axis = 0))
print(np.array([10, 10, 15]))
```

得到的运行结果如下。

```
[ 60 150 240]
```

```
[  5  10  20]
[120 150 180]
[ 10  10  15]
```

在上述例子中，axis = 1 计算的是行的和，运行结果以列的形式展示；axis = 0 计算的是列的和，运行结果以行的形式展示。

2.2.2　pandas 基本使用方法

在上一小节中，我们已经了解了 pandas 的一些简单用法，因为 pandas 简单的操作方式以及其封装好的大量的数学统计函数可以帮助我们快速实现数据的统计分析，成为统计学分析的首选工具。下面我们通过简单的案例来了解一下如何使用 pandas 进行数据的统计分析。

假设现在有一些自行车行驶数据，这组数据记录的是蒙特利尔市内 7 条自行车道的自行车骑行人数，让我们看看能用 pandas 分析出一些什么吧，具体步骤如下。原始数据集 bikes.csv 可以在 pandas 官网上进行下载。

步骤 1：导入 pandas，代码如下。

```
>>>import pandas as pd
```

步骤 2：准备画图环境，代码如下。

```
>>>import matplotlib.pyplot as plt
>>>pd.set_option('display.mpl_style', 'default')
>>>plt.rcParams['figure.figsize'] = (15, 5)
```

步骤 3：使用 read_csv()函数读取 csv 文件，并读取一组自行车骑行数据，得到一个 DataFrame 对象。代码如下。

```
# 使用 latin1 编码读入，默认的 UTF-8 编码不适合
>>>broken_df = pd.read_csv('bikes.csv', encoding = 'latin1')
# 查看表格的前 3 行
>>>broken_df[:3]
Date; Berri 1; Brébeuf (données non disponibles); Côte-Sainte-Catherine;
Maisonneuve 1; Maisonneuve 2; du Parc; Pierre-Dupuy; Rachel1;
St-Urbain (données non disponibles)
0          01/01/2012; 35; ;0; 38; 51; 26; 10; 16;
1          02/01/2012; 83; ;1; 68; 153; 53; 6; 43;
2          03/01/2012; 135; ;2; 104; 248; 89; 3; 58;
```

步骤 4：对比原始文件的前 5 行（如图 2-4 所示）和导入的 DataFrame 数据结构，我们发现读入的原始数据存在以下两个问题：①使用"；"作为分隔符（不符合函数默认的"，"作为分隔符）；②首列的日期格式为××/××/××××（不符合 pandas 的日期格式）。获取前 5 行数据的代码如下。

```
head -n 5 bikes.csv
```

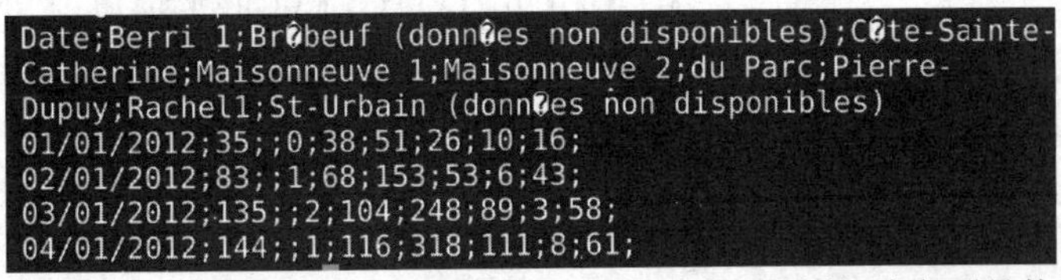

图 2-4　原始文件前 5 行数据（其中第一行为列名，后四行为各列具体值）

步骤 5：修复读入问题。

① 使用 ";" 作为分隔符。

② 解析 Date 列（首列）的日期文本。

③ 设置日期格式。

④ 使用日期列作为索引。

```
>>>fixed_df = pd.read_csv('bikes.csv', encoding = 'latin1',sep = ';',
                   parse_dates = ['Date'],
                   Dayfirst = True, index_col = 'Date')
>>>fixed_df[:3]
      Date   Berri1   Brébeuf(données non disponibles)    Côte-Sainte-Catherine \

2012-01-01    35                              NaN                           0
2012-01-02    83                              NaN                           1
2012-01-03   135                              NaN                           2

      Date   Maisonneuve1   Maisonneuve2   du Parc   Pierre-Dupuy   Rachel1 \

2012-01-01    38             51             26        10             16
2012-01-02    68            153             53         6             43
2012-01-03   104            248             89         3             58

      Date       St-Urbain(données non disponibles)

2012-01-01                           NaN
2012-01-02                           NaN
2012-01-03                           NaN
```

步骤 6：读取 csv 文件的结果是一个 DataFrame 对象，每列对应 1 条自行车道，每行对应 1 天的数据。我们从 DataFrame 中选择 1 列，使用类似于字典的语法访问该列。

```
>>>fixed_df['Berri 1']
      Date
2012-01-01    35
2012-01-02    83
2012-01-03   135
2012-01-04   144
2012-01-05   197
2012-01-06   146
...
2012-11-05  2247
Name: Berri 1, Length: 310, dtype: int64
```

步骤 7：将所选择的列绘成图 2-5 所示的曲线，从中可以直观地看出骑行人数的变化趋势。

```
>>>fixed_df['Berri 1'].plot()
```

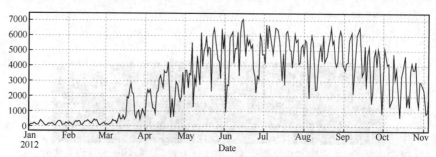

图 2-5　Berri 1 车道的骑行人数变化趋势

步骤 8：使用以下代码绘制所有列的数据，如图 2-6 所示。这时可以看到所有车道骑行人数的变化趋势都是类似的。

```
>>>fixed_df.plot(figsize = (15, 10))
```

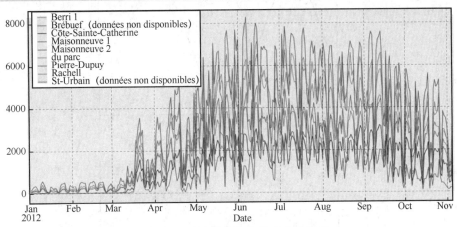

图 2-6　所有车道骑行人数的变化趋势

2.2.3　Matplotlib 基本使用方法

1. 使用 Matplotlib 自定义图例

在一幅图中绘制 $\sin(x)$ 和 $\cos(x)$ 的曲线，并展示图例的代码如下。

```
import numpy as np
import matplotlib.pyplot as plt
x = np.linspace(0, 10, 1000)
fig, ax = plt.subplots()
ax.plot(x, np.sin(x), label = 'sin')
ax.plot(x, np.cos(x), '--', label = 'cos')
ax.legend()
plt.show()
```

注意：在 Matplotlib 中，ax.plot()（或 plt.plot()中的 ax 是一个 Axes 对象，通过 plt.subplots()或类似方式获得）的图例默认位置通常是图表的右上角。这是由 legend()函数的默认 loc 参数决定的，该参数在调用时如果不显式指定，则默认为'best'。然而，'best'并不意味着它总是放在右上角；Matplotlib 会尝试自动选择一个不会遮挡图表中数据点的最佳位置。但在许多情况下，特别是当图表内容不是很拥挤时，'best'位置实际上会落在右上角。该代码在 Ubuntu 环境中图例在右上角，在 Windows 环境中图例在左下角，图 2-7 显示的是 Windows 环境中的可视化结果图。

将图例调整到左上角展示，且不显示边框的代码如下。

```
ax.legend(loc = 'upper left', frameon = False)
```

调整后的效果如图 2-8 所示。

继续调整图例，让它在画面下方居中展示，且分成 2 列，代码如下。调整后的效果如图 2-9 所示。

```
ax.legend(frameon = False, loc = 'lower center', ncol = 2)
```

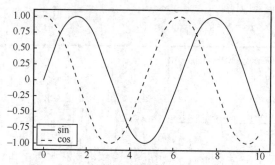

图 2-7　Matplotlib 绘制的 sin(x)和 cos(x)曲线

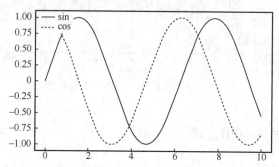

图 2-8　Matplotlib 绘制的 sin(x)和 cos(x)曲线（图例在左上角）

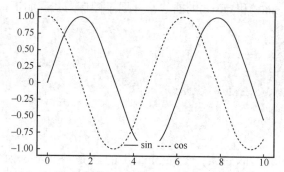

图 2-9　Matplotlib 绘制的 sin(x)和 cos(x)曲线（图例在下方居中）

Matplotlib 有两种方法可以绘制图形并只显示前二者的图例，代码如下。

```
# 第一种方法
plt.plot(x, y[:, 0],'-' ,label = 'first')
plt.plot(x,y[:, 1], '--',label = 'second')
plt.plot(x,y[:, 2],'-.')
plt.plot(x,y[:, 3],':')
plt.legend()
# 显示图形
plt.show()
#第二种方法
# 绘制图形
linestyles = ['-', '--', '-.', ':']  # 定义不同的线条样式
```

```
labels = ['first', 'second', 'third', 'fourth']
lines = []
for i, (label, linestyle) in enumerate(zip(labels, linestyles)):
    if i >= len(linestyles):  # 如果线条样式列表不够长，可以重复使用或设置为默认
        linestyle = '-'  # 或者你可以选择其他默认样式
    line, = plt.plot(x, y[:, i], label = label, linestyle = linestyle)
    lines.append(line)

# 添加图例
# 如果你只想显示前两个图例，可以直接传递 lines[2]
# 但如果你想要显示所有图例，就传递整个 lines 列表
pltlegend(handles=lines[:2])

# 显示图形-+
pelt. showQ+
```

以上代码实现的效果如图 2-10 所示。

Matplotlib 可以将图例分不同的区域进行展示，代码如下。

```
fig, ax = plt.subplots()
lines = []
styles = ['-', '--', '-.', ':']
x = np.linspace(0, 10, 1000)
for i in range(4):
    lines += ax.plot(x, np.sin(x—i * np.pi / 2),styles[i], color = 'black')
ax.axis('equal')
# 设置第一组标签
ax.legend(lines[:2], ['line A', 'line B'],
        loc = 'upper right', frameon = False)
# 创建第二组标签
from matplotlib.legend import Legend
leg = Legend(ax, lines[2:], ['line C', 'line D'],
            loc = 'lower right', frameon = False)
ax.add_artist(leg)
plt.show()
```

以上代码实现的效果如图 2-11 所示。

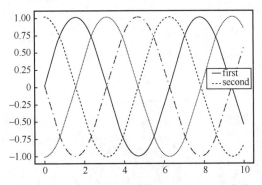

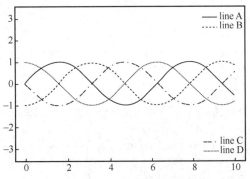

图 2-10 Matplotlib 绘制的 sin(x)和 cos(x)曲线
（只显示前二者的图例）

图 2-11 Matplotlib 绘制的 sin(x)和 cos(x)曲线
（图例分不同的区域）

2．使用 Matplotlib 绘制多个子图

在一个 10 in × 10 in 的画布中，在(0.65, 0.65)的位置处创建一个 0.2×0.2[1]的子图，代码如下。

```
ax1 = plt.axes()
ax2 = plt.axes([0.65, 0.65, 0.2, 0.2])
plt.show()
```

以上代码实现的效果如图 2-12 所示。

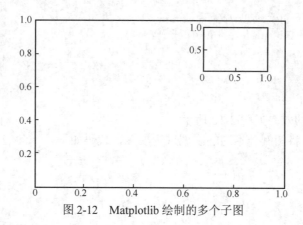

图 2-12　Matplotlib 绘制的多个子图

在 2 个子图中，显示 $\sin(x)$ 和 $\cos(x)$ 的图形，代码如下。

```
fig = plt.figure()
ax1 = fig.add_axes([0.1, 0.5, 0.8, 0.4], ylim = (-1.2, 1.2))
ax2 = fig.add_axes([0.1, 0.1, 0.8, 0.4], ylim = (-1.2, 1.2))
x = np.linspace(0, 10)
ax1.plot(np.sin(x))
ax2.plot(np.cos(x))
plt.show()
```

以上代码实现的效果如图 2-13 所示。

用 for 语句创建 6 个子图，并且在图中标识出对应的子图坐标，代码如下。实现效果如图 2-14 所示。

```
# 第一种方法
for i in range(1, 7):
    plt.subplot(2, 3, i)
    plt.text(0.5, 0.5, str((2, 3, i)), fontsize = 18, ha = 'center')
plt.show()
# 第二种方法
# fig = plt.figure()
# fig.subplots_adjust(hspace = 0.4, wspace = 0.4)
# for i in range(1, 7):
#     ax = fig.add_subplot(2, 3, i)
#     ax.text(0.5, 0.5, str((2, 3, i)),fontsize = 18, ha = 'center')
# plt.show()
```

1　0.2 和 0.2 分别表示 ax2 的宽度和高度，其形式为百分比，所以 0.2 的具体含义为 20%。

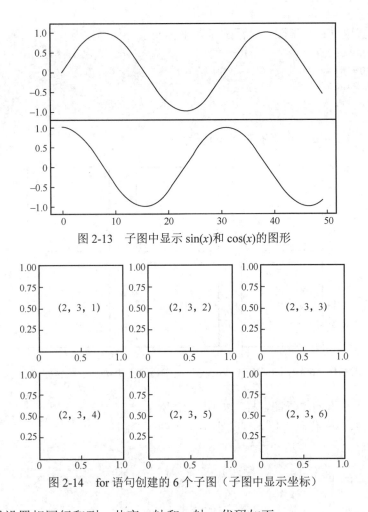

图 2-13　子图中显示 $\sin(x)$ 和 $\cos(x)$ 的图形

图 2-14　for 语句创建的 6 个子图（子图中显示坐标）

我们可以设置相同行和列，共享 x 轴和 y 轴，代码如下。

```
fig, ax = plt.subplots(2, 3, sharex = 'col', sharey = 'row')
plt.show()
```

设置完成后效果如图 2-15 所示。

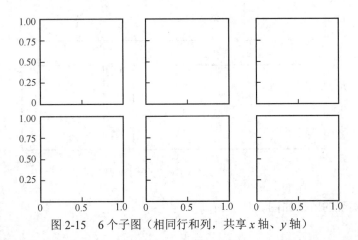

图 2-15　6 个子图（相同行和列，共享 x 轴、y 轴）

用[]的方式取出每个子图，并添加子图坐标文字，代码如下。

```
fig, ax = plt.subplots(2, 3, sharex = 'col', sharey = 'row')
for i in range(2):
    for j in range(3):
        ax[i, j].text(0.5, 0.5, str((i, j)),fontsize = 18, ha = 'center')
plt.show()
```

设置完成后代码运行的效果如图 2-16 所示。

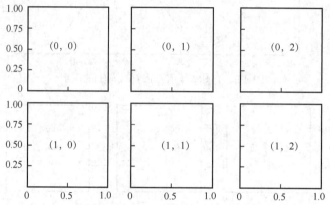

图 2-16 6 个子图（用[]的方式取出每个子图，并添加子图坐标文字）

组合绘制大小不同的子图，样式如图 2-17 所示。

使用如下 Python 代码可以实现大小不同子图的绘制。

```
grid = plt.GridSpec(2, 3, wspace = 0.4, hspace = 0.3)
plt.subplot(grid[0, 0])
plt.subplot(grid[0, 1:])
plt.subplot(grid[1, :2])
plt.subplot(grid[1, 2])
```

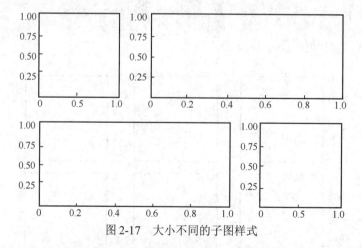

图 2-17 大小不同的子图样式

以上代码实现的效果如图 2-18 所示。

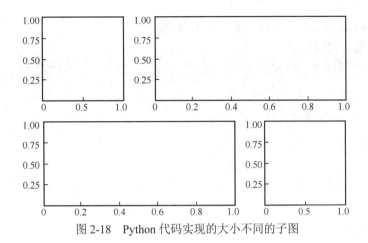

图 2-18　Python 代码实现的大小不同的子图

显示一组二维数据的频度分布，并分别在 x 轴和 y 轴上显示该维度数据的频度分布，代码如下。

```python
mean = [0, 0]
cov = [[1, 1], [1, 2]]
x, y = np.random.multivariate_normal(mean, cov, 3000).T
# 用 gridspec 设置坐标轴
fig = plt.figure(figsize = (6, 6))
grid = plt.GridSpec(4, 4, hspace = 0.2, wspace = 0.2)
main_ax = fig.add_subplot(grid[:-1, 1:])
y_hist = fig.add_subplot(grid[:-1, 0], xticklabels = [], sharey = main_ax)
x_hist = fig.add_subplot(grid[-1, 1:], yticklabels = [], sharex = main_ax)
# 在主轴（或指定的轴）上绘制散点图
main_ax.scatter(x, y, s = 3, alpha = 0.2)
# 在附加的坐标轴上绘制直方图
x_hist.hist(x, 40, histtype = 'stepfilled', orientation = 'vertical')
x_hist.invert_yaxis()
y_hist.hist(y, 40, histtype = 'stepfilled', orientation = 'horizontal')
y_hist.invert_xaxis()
```

以上代码实现的效果如图 2-19 所示。

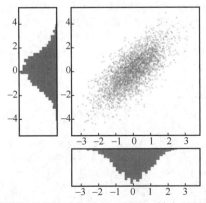

图 2-19　显示一组二维数据的频度分布，并 x 轴和 y 轴上显示该维度数据的频度分布

3. 使用 Matplotlib 绘制疫情数据可视化图形

绘制折线图，代码如下。

```python
import matplotlib.pyplot as plt
# 准备数据
time = ['20200401', '20200402', '20200403', '20200404', '20200405']
china = [93, 78, 73, 55 ,75]
# 创建画布
plt.figure(figsize = (10, 8), dpi = 100)
# 绘制折线图
plt.plot(time, china)
# 展示
plt.show()
```

以上代码实现的效果如图 2-20 所示。

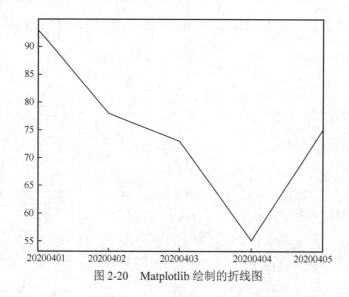

图 2-20　Matplotlib 绘制的折线图

为折线图添加辅助层的代码如下，实现效果如图 2-21 所示。

```python
import matplotlib.pyplot as plt
plt.rcParams[ 'axes.unicode_minus'] = False   # 使坐标轴刻度表签正常显示正负号
plt.rcParams['font.sans-serif'] = ['SimHei']
# 解决中文不能正常显示的问题，使图形中的中文正常编码显示
# 准备数据
time = ['20200401', '20200402', '20200403', '20200404', '20200405']
china = [93, 78, 73, 55 ,75]
# 创建画布
plt.figure(figsize = (10, 8), dpi = 100)
# 绘制折线图
plt.plot(time, china)
# 添加辅助显示层
# 添加 x 轴和 y 轴刻度
xticks = ['4月1日', '4月2日', '4月3日', '4月4日', '4月5日']
plt.xticks(time, xticks)
yticks = range(0, 101, 10)
```

```
plt.yticks(yticks)
# 添加 x 轴和 y 轴名称
plt.xlabel('时间')
plt.ylabel('新增确诊病例数量')
# 设置标题
plt.title('4 月 1 日~4 月 5 日新增确诊病例情况')
# 添加网格
plt.grid(True, linestyle = '--', alpha = 0.5)
# 展示
plt.show()
```

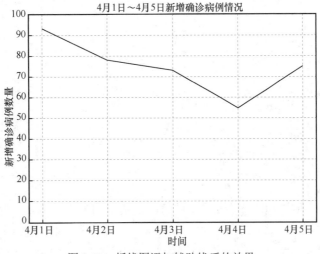

图 2-21　折线图添加辅助线后的效果

2.2.4　scikit-learn 基本使用方法

1. 实现线性回归

线性回归也称为最小二乘法回归，它的数学模型是这样的：$y = a + bx + e$，其中，a 称为常数项或截距，b 称为模型的回归系数或斜率，e 称为误差项。a 和 b 是模型的参数，当然，模型的参数只能从样本数据中估计出来。我们的目标是选择合适的参数，让这一线性模型最好地拟合观测值。对于线性模型，它可以用二维平面上的一条直线来表示，这条直线称为回归线。模型的拟合程度越高，意味着样本点围绕回归线越紧密。

```
# 导入数据
from sklearn.datasets import load_boston  # 代码中 scikit-learn 的表示形式为 sklearn
from sklearn.externals import joblib
boston = load_boston()
# 分割数据
from sklearn.model_selection import train_test_split
X_train, X_test, y_train, y_test = train_test_split(boston.data,
                          boston.target, test_size = 0.3, random_state = 0)
# 导入线性回归模块并训练
from sklearn.linear_model import LinearRegression
```

```
LR = LinearRegression()
LR.fit(X_train, y_train)
# 在测试集合上预测
y_pred = LR.predict(X_test)
#保存模型
joblib.dump(LR, "./ML/test.pkl")
# LR 是训练好的模型，"./ML/test.pkl"是模型要保存的路径及保存模型的文件名，其中，'pkl' 是
# scikit-learn 中默认的保存格式
# 加载模型
LR = joblib.load("./ML/test.pkl")
# 评估模型
from sklearn import metrics
mse = metrics.mean_squared_error(y_test, y_pred)
print("MSE = ", mse)              # 模型的均方误差
print("w0 = ", LR.intercept_)     # 输出截距，即 w0，常量
print("W = ", LR.coef_)           # 输出每个特征的权值
```

运行结果如下。

```
MSE = 27.195965766883386
w0 = 37.937107741833195
W = [-1.21310401e-01  4.44664254e-02  1.13416945e-02  2.51124642e+00
    -1.62312529e+01  3.85906801e+00 -9.98516565e-03 -1.50026956e+00
     2.42143466e-01 -1.10716124e-02 -1.01775264e+00  6.81446545e-03
    -4.86738066e-01]
```

2. 实现 KNN

KNN 是一种基于实例的分类方法，其目的是找出与未知样本 x 距离最近的 k 个训练样本，看这 k 个样本中多数属于哪一类，就把 x 归为那一类。KNN 的实现代码如下。

```
import pandas as pd
from sklearn.datasets import load_iris
# 加载 iris 数据集合
iris = load_iris()
X = iris.data
y = iris.target
# 分割数据
from sklearn.model_selection import train_test_split
X_train, X_test, y_train, y_test = train_test_split(X, y, test_size = 0.3,
                                                    random_state = 123)
# 选择模型
from sklearn.neighbors import KNeighborsClassifier
# 生成模型对象
KNN = KNeighborsClassifier(n_neighbors = 3)
# 数据拟合（训练模型）
KNN.fit(X,y)
# 模型预测
# ①单个数据预测
KNN.predict([[4,3,5,3]])    # 输出 array([2])
# ②大集合据预测
y_predict_on_train = KNN.predict(X_train)
y_predict_on_test = KNN.predict(X_test)
# 模型评估
from sklearn.metrics import accuracy_score
```

```
print('训练集合的准确率为: {:.2f}%'.format(100 * accuracy_score(y_train,
                                y_ predict_on_train)))
print('测试集合的准确率为: {:.2f}%'.format(100 * accuracy_score(y_test,
                                y_predict_ on_test )))
```

运行结果如下。

```
训练集合的准确率为: 97.14%
测试集合的准确率为: 93.33%
```

3. 实现鸢尾花识别

传统的机器学习任务从开始到建模的一般流程就是获取数据、数据预处理、训练模型、模型评估、预测、分类。本次我们将根据传统机器学习的流程，介绍每一步流程中会用的函数以及它们的用法。

鸢尾花识别是一个经典的机器学习分类问题，它的数据样本包括 4 个特征变量、1 个类别变量，样本总数为 150，目标是根据花萼长度（sepal length）、花萼宽度（sepal width）、花瓣长度（petal length）、花瓣宽度（petal width）这 4 个特征来识别出鸢尾花属于山鸢尾（Iris-Setosa）、变色鸢尾（Iris-Versicolor）和维吉尼亚鸢尾（Iris-Virginica）中的哪一种。

```
# 引入数据集, scikit-learn 包含众多数据集
from sklearn import datasets
# 将数据分为测试集和训练集
from sklearn.model_selection import train_test_split
# 利用邻近点方式训练数据
from sklearn.neighbors import KNeighborsClassifier
# 引入数据,本次导入鸢尾花数据，鸢尾花数据包含 4 个特征变量
iris = datasets.load_iris()
# 特征变量
iris_X = iris.data
# print(iris_X)
print('特征变量的长度', len(iris_X))
# 目标值
iris_y = iris.target
print('鸢尾花的目标值', iris_y)
# 利用 train_test_split 进行训练集和测试集的分开, test_size 占 30%
X_train, X_test, y_train, y_test = train_test_split(iris_X, iris_y, test_size =
                                0.3)
# 我们看到训练数据的特征值分为了 3 类
# print(y_train)
```

得到的运行结果如下。

```
[1 1 0 2 0 0 0 2 2 2 1 0 2 0 2 1 0 1 0 2 0 1 0 0 2 1 2 0 0 1 0 0 1 0 0 0 0
 2 2 2 1 1 1 2 0 2 0 1 1 1 1 2 2 1 2 2 2 0 2 2 2 0 1 0 1 0 0 1 2 2 2 1 1 1
 2 0 0 1 0 2 1 2 0 1 2 2 2 1 2 1 0 0 1 0 0 1 1 1 0 2 1 1 0 2 2]
```

下面训练数据，代码如下。

```
# 引入训练方法
KNN = KNeighborsClassifier()
# 填充测试数据进行训练
KNN.fit(X_train, y_train)
params = KNN.get_params()
print(params)
```

得到的运行结果如下。

```
{'algorithm': 'auto', 'leaf_size': 30, 'metric': 'minkowski', 'metric_params': None,
'n_jobs': None, 'n_neighbors': 5, 'p': 2, 'weights': 'uniform'}
```

下面预测得分代码如下。

```
score = KNN.score(X_test,y_test)
print("预测得分为：%s"%score)
```

得到的运行结果如下。

```
预测得分为：0.9555555555555556
```

下面预测数据，并打印出来。代码如下。

```
print(KNN.predict(X_test))
```

得到的运行结果如下。

```
[0 2 2 2 2 0 0 0 0 2 2 0 2 0 2 1 2 0 2 1 0 2 1 0 1 2 2 0 2 1 0 2 1 1 2 0 2
 1 2 0 2 1 0 1 2]
```

下面打印真实特征值，代码如下。

```
print(y_test)
```

得到的运行结果如下。

```
[1 2 2 2 2 1 1 1 1 2 1 1 1 1 2 1 1 0 2 1 1 1 0 2 0 2 0 0 2 0 2 0 2 0 2 0 2 2 0
 2 2 0 1 0 2 0 0]
```

2.2.5　金融贷款数据可视化

1. 金融贷款数据可视化

本实验基于美国网贷平台 Lending Club 贷款数据集，实验目的是贷款情况审查。银行可以通过个人贷款状况对个人信用进行分类，从而更好地避免金融诈骗的发生。本实验的数据集来自 Lending Club 统计的 2018 年第二季度借贷数据，共有 40000 行、128 列。下面列举几个重要列的含义作为参考，如表 2-2 所示。

表 2-2　Lending Club 贷款数据集中重要的列及其含义

列名	含义
loan_status	贷款的当前状态
grade	信用证指定贷款等级
emp_title	借款人的职业
annual_inc	借款人自行申报的年收入
addr_state	借款人所处的国家或地区
int_rate	贷款利率
installment	如果贷款发放，借款人每月所需要还款的数额
sub_grade	信用证指定贷款基础
emp_length	就业时长（单位为年），取值范围为 0~10，其中，0 表示一年以下，10 表示 10 年或 10 年以上
home_ownership	借款人在登记期间提供的或从信贷报告中获得的房屋所有权状况，其值为：租金、自有、抵押、其他
hardship_payoff_balance_amount	困难计划开始日期的收支差额

续表

列名	含义
hardship_last_payment_amount	截至困难计划开始日期的最后一笔付款金额
disbursement_method	借款人获得贷款的方式，可取值为：现金、直接支付
avg_cur_bal	所有账户的当前平均余额
installment	如果贷款发放，借款人所欠的每月付款
loan_amnt	借款人申请贷款的金额

为了便于过程演示，本案例基于 Jupyter Notebook 开发相关代码。

通过以下代码导入相关库，并加载数据。

```
# 导入基础类库
import pandas as pd
import numpy as np
data = pd.read_csv("LoanStats_2018Q2.csv")   # 读取数据集
data.head(5)
```

结果如下。

	id	member_id	loan_amnt	funded_amnt	funded_amnt_inv	term	int_rate	installment	grade	sub_grade	...	hardsl
0	NaN	NaN	10000	10000	10000	36 months	20.39%	373.63	D	D4	...	
1	NaN	NaN	8000	8000	8000	36 months	6.83%	246.40	A	A3	...	
2	NaN	NaN	20000	20000	20000	60 months	6.83%	394.43	A	A3	...	
3	NaN	NaN	16000	16000	16000	36 months	14.03%	547.08	C	C2	...	
4	NaN	NaN	1000	1000	1000	36 months	23.87%	39.17	E	E2	...	

5 rows × 145 columns

很多数据列存在空值等情况，因此在对数据进行可视化处理之前，需要先对数据进行简单的清洗。下面查看数据集中缺失值占所在列的比例，并显示排名前 5 的列以及对应的比例，代码如下。

```
check_null = data.isnull().sum().sort_values(ascending = False)/float(len(data))
# 查看缺失值占所在列的比例
print(check_null[:5])
```

得到的结果如下。

```
settlement_term            1.0
payment_plan_start_date    1.0
member_id                  1.0
url                        1.0
desc                       1.0
dtype: float64
```

删除缺失值比例大于 50%的列，并对剩下仍有缺失值的列进行后值向前填补，代码如下。

```
thresh_count = len(data)*0.5
data.dropna(thresh = thresh_count, axis = 1, inplace = True)
# 删除缺失值比例大于 50%的列
data.fillna(method = "bfill",inplace = True) # 后值向前填补
data.isnull().sum().sum()
```

得到的结果如下。

```
1
```

从结果中可以看出，填补完毕后仍然存在缺失值，但此时整个数据集只剩 1 个缺失值。

使用 Matplotlib 绘图，导入 Matplotlib 库，代码如下。

```
# 导入 Matplotlib 库
import matplotlib.pyplot as plt
```

（1）柱状图

针对离散型特征，柱状图可以清晰地显示特征的每种取值的样本数量。

下面代码利用 value_counts()函数获取 loan_status（贷款状态）特征的取值及每种取值的样本数，但是并不直观。

```
data['loan_status'].value_counts()   # 利用 value_counts()函数获得贷款状态特征
```

得到的结果如下。

```
Issued            27427
Current           12169
Fully Paid          345
In Grace Period      57
Name: loan_status, dtype: int64
```

而使用 bar()函数可绘制出 loan_status 特征的柱状图，如图 2-22 所示，这种方式直观多了。在图中，柱状图横轴表示 loan_status_label 数值，纵轴表示 loan_status_count 数值。代码如下。

```
loan_status_label = []
loan_status_count = []
for name,group in data.groupby(['loan_status']):
# 获取 loan_status_label 和 loan_status_count
  loan_status_label.append(name)
  loan_status_count.append(group['loan_status'].count())
plt.figure(figsize = (10,8), dpi = 80)
plt.bar(loan_status_label,loan_status_count)        #画布上画出柱状图
plt.show()
```

在上述代码中，figure()函数用于设置图形大小，figsize 参数用于设置图形长宽大小，dpi 参数用于设置图形分辨率。

给图 2-22 添加标题、横/纵坐标名等信息。添加标题使用 title()函数；添加横、纵坐标名使用 xlabel()与 ylabel()函数，其中 fontsize 参数用于设置字体大小。代码如下。

```
# 绘图
plt.figure(figsize = (10,8), dpi = 80)
plt.bar(loan_status_label,loan_status_count)
# 绘图美化与添加信息
plt.xticks(rotation = 15)
plt.title("Numbers of Loan Status", fontsize = 20)
plt.xlabel("Loan Status", fontsize = 18)
plt.ylabel("Number", fontsize = 18)
plt.show()
```

代码运行后的效果如图 2-23 所示。

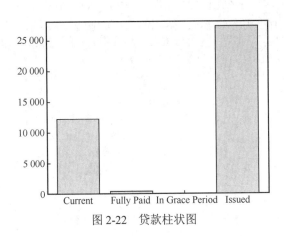

图 2-22　贷款柱状图

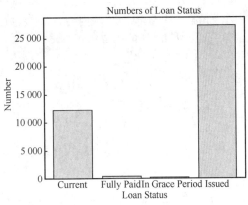

图 2-23　贷款美化柱状图

（2）叠加柱状图

在基本柱状图上可以更进一步地显示离散型特征在另外特征上的样本数量情况。例如绘制不同贷款状态（loan_status）下信用证贷款等级（grade）的叠加柱状图。

针对 loan_status 的 6 种取值，将 Current 和 Fully Paid 设置为正常贷款状态 True，其余设置为非正常贷款状态 False，代码如下。

```
data['loan_status_1'] = [(x == 'Current' or x == 'Fully Paid') for x in
data['loan_status']] # 取出贷款
print (data['loan_status_1'].value_counts())
```

得到的结果如下。

```
False    27484
True     12514
Name: loan_status_1, dtype: int64
```

利用 groupby()函数得到不同贷款状态下 grade 的样本取值，分别存入 grade_cat_1、grade_cat_2 中，代码如下。

```
grade_labels = []
grade_cat_1 = []
grade_cat_2 = []
for name, group in data.groupby(['grade']):       # 得到不同贷款状态下的grade样本取值
  grade_labels.append(name)
  grade_cat_1.append(group[group['loan_status_1'] == True]['grade'].count())
# 保存到grade_cat_1
  grade_cat_2.append(group[group['loan_status_1'] == False]['grade'].count())
# 保存到grade_cat_2
```

为了更好地了解样本比例，我们以百分比的形式显示柱状图的取值，并以正/负值来区分不同状态，代码如下。

```
grade_cat_1 = [+- / sum(grade_cat_1) for x in grade_cat_1]
grade_cat_2 = [-- / sum(grade_cat_2) for x in grade_cat_2]
```

对于不同贷款状态（loan_status）下信用证贷款等级（grade）的叠加柱状图，使用 bar()函数绘制，其中，横轴表示 grade_labels 数值，纵轴表示 grade_cat_1 和 grade_cat_2 的数值，facecolor 参数为柱面颜色，edgecolor 参数为边框颜色。同时，利用 text()函数显示图

中每个柱子所代表的具体纵轴数值，ylim()函数显示纵轴数值范围；使用 legend()函数显示图例，其第一个参数为图例内容，loc 参数为图例所处位置。得到的效果如图 2-24 所示。

```
plt.figure(figsize = (10,8), dpi = 80)
plt.bar(grade_labels, grade_cat_1, facecolor = '#9999ff', edgecolor = 'white')
plt.bar(grade_labels, grade_cat_2, facecolor = '#ff9999', edgecolor = 'white')
# 在柱状图上显示比例文本数值，更加清晰
for x, y in zip(range(len(grade_labels)),grade_cat_1):
  plt.text(x, y + 0.05, '%.2f' % y, ha = 'center', va = 'bottom')
for x,y in zip(range(len(grade_labels)),grade_cat_2):
  plt.text(x, y - 0.05, '%.2f' % y, ha = 'center', va = 'bottom')

plt.ylim(-0.5,+0.5)
plt.legend(['Normal', 'Unnormal'], loc = 'lower right', scatterpoints = 1)
plt.title("Loan status at different grades", fontsize = 20)
plt.xlabel("Grades")
plt.ylabel("Loan Status")
plt.show()
```

可以从图 2-24 中看出，随着信用证贷款等级（grade）的递减，贷款状态（loan_status）的非正常状态所占比例逐渐增大，即允许发放贷款的比例越来越低。

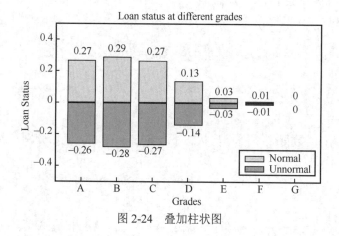

图 2-24　叠加柱状图

（3）饼图

饼图可以直观地反映不同取值所占比例的大小。例如对于 grade 特征，可以通过 pie()函数绘制不同信用证贷款等级（grade）下的样本数量比例，代码如下。

```
grade_count = []
for name, group in data.groupby(['grade']):
  grade_count.append(group['grade'].count())   # 获取 grade 的值
plt.figure(figsize = (10,8), dpi = 80)          # 饼图大小
plt.pie(grade_count, explode = None, labels = grade_labels, autopct = '%1.1f%%',
shadow = True, startangle = 50)
plt.axis('equal')
plt.title("Grade")
plt.show()
```

以上代码运行后得到的饼图[1]如图 2-25 所示。

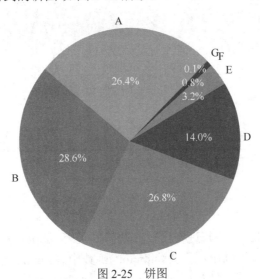

图 2-25　饼图

可以看出，大部分借款人的信用等级比较高，处于 A 和 B 等级的借款人比例超过 50%。

（4）折线图

折线图可以很好地反映特征之间的变化趋势，例如不同就业年限（emp_length）的借款人（如职位 emp_title 为 director）的平均年收入（annual_inc）趋势。代码如下。

```
data['emp_title'] = [str(x).lower() for x in data['emp_title']]
```

获取职位为 director 的不同就业年限对应的平均年收入，代码如下。

```
emp_len_list = ['< 1 year', '1 year', '2 years', '3 years', '4 years', '5 years',
'6 years', '7 years', '8 years', '9 years', '10+ years']
avg_inc_list = []
data_director = data[data['emp_title'] == 'director']
for emp_len in emp_len_list:
  avg_inc_list.append(data_director[data_director['emp_length'] == emp_len]
['annual_inc'].mean())
```

绘制折线图的代码如下，效果如图 2-26 所示。

```
plt.figure(figsize = (15, 8), dpi = 80)
plt.plot(emp_len_list, avg_inc_list, linewidth = 1)
plt.xticks(rotation = 20)
plt.title("Average annual income for different years of employment",fontsize =
20)
plt.xlabel("Emp_length", fontsize = 18)      # 折线图横轴表示 emp_len_list
plt.ylabel("Annual_income", fontsize = 18)   # 折线图纵轴表示 avg_inc_list
plt.show()
```

1　当使用 pie()函数在 Matplotlib 库中绘制饼图时，各百分数的总和会出现不是 100%的情况，这通常是由于数值的浮点数表示和舍入误差导致的。浮点数在计算机中的表示不是完全精确的，因此在进行数学运算时可能会产生微小的误差。当这些误差累积起来，并且你尝试将总和四舍五入到百分比时，可能会得到稍微偏离 100%的结果。

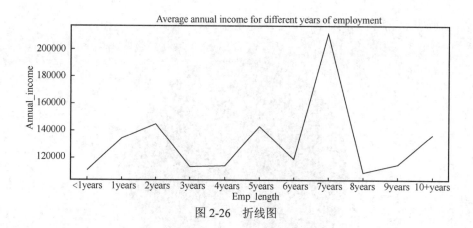

图 2-26 折线图

（5）多面板绘图

如果想要将一组图放在一起进行比较，则可以采用 subplot()函数来绘制。该函数可以将面板分为几个部分，绘制出不子图。subplot()函数中有 numRows、numCols 和 plotNum参数，其中图表的整个绘图区域被分成 numRows 行和 numCols 列，按照从左到右、从上到下的顺序对每个子区域进行编号，左上子区域的编号为 1。plotNum 参数指定创建的子图对象所在的区域。

例如，绘制平均年收入（annual_inc）最高的 10 个职位（emp_title）对应的柱状图，以及平均年收入（annual_inc）最低的 10 个职位（emp_title）对应的柱状图。

首先通过以下代码得到按照平均年收入降序对应的职位的列表 max_emp_list 和max_avg_inc。

```
emp_list = []
avg_inc = []
for name,group in data.groupby(['emp_title']): #按照职位进行分组，获得列表和平均年收入
  emp_list.append(name)
  avg_inc.append(group['annual_inc'].mean())

dict_list = dict(zip(emp_list, avg_inc))
dict_list_1 = sorted(dict_list.items(), key = lambda x:x[1],reverse = True) # 平
均年收入降序排序
max_emp_list = []
max_avg_inc = []
for key,value in dict_list_1: # 按照平均年收入降序的职位列表 max_emp_list 和
max_avg_inc
  max_emp_list.append(key)
  max_avg_inc.append(value)
```

绘制平均年收入最高的 10 个职位的柱状子图，以及平均年收入最低的 10 个职位的柱状子图，代码如下。

```
plt.figure(figsize=(15, 12), dpi = 80)
plt.subplot(2, 1, 1)       #设置多图在一幅图里的第一幅图
plt.xticks(np.arange(len(max_emp_list[:10])), max_emp_list[:10])
# 设置第一幅的横轴数据
plt.bar(np.arange(len(max_emp_list[:10])), max_avg_inc[:10])       # 设置柱状图
```

```
plt.title("Top 10", fontsize = 20)    # 第一幅图的标题
plt.xticks(rotation = 15)
plt.xlabel("Emp_title", fontsize = 18)
plt.ylabel("Annual_income", fontsize = 18)
plt.subplot(2, 1, 2)       # 设置多图在一幅图里的第二幅图
plt.xticks(np.arange(len(max_emp_list[-10:])), max_emp_list[-10:])
# 设置第二幅的横轴数据
plt.bar(np.arange(len(max_emp_list[-10:])), max_avg_inc[-10:])
plt.title("Minimum 10", fontsize = 20)    # 第二幅图的标题
plt.xticks(rotation = 15)
plt.xlabel("Emp_title", fontsize = 18)
plt.ylabel("Annual_income", fontsize = 18)
plt.show()
```

以上代码运行后得到图 2-27 所示的图形。

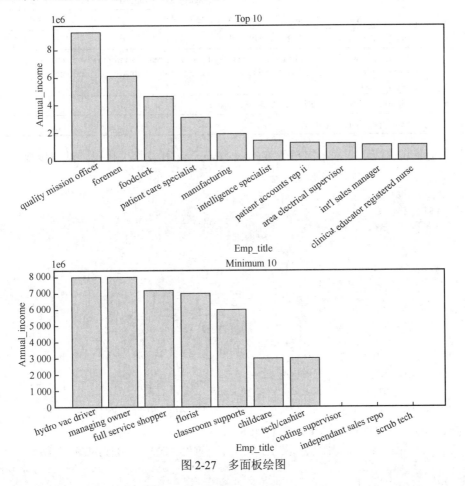

图 2-27　多面板绘图

2. 实现波士顿房价之构建回归预测模型

本实验所使用的数据集为经过数据清洗的波士顿房价数据,下面对数据集中所涉及的字段进行一个简单的分类说明,如表 2-3 所示。

表 2-3　波士顿房价数据集的字段及其特征

类别	特征
房价	SalePrice
地理位置	LotFrontage，Street，Alley，LotShape，LotConfig，LandSlope，LandContour Neighborhood，Condition1，Condition2
总体	MSSubClass，MSZoning，BldgType，HouseStyle，OverallQual，OverallCond
局部	RoofStyle，RoofMatl，Exterior1st，Exterior2nd，MasVnrType，MasVnrArea，ExterQual，ExterCond，Foundation
卧室厨卫浴	FullBath，HalfBath，Bedroom，Kitchen，KitchenQual，TotRmsAbvGrd，Functiona，Fireplaces，FireplaceQu
地下室	BsmtQual，BsmtCond，BsmtExposure，BsmtFinType1，BsmtFinType2，BsmtFullBath，BsmtHalfBath
车库	GarageType，GarageYrBlt，GarageFinish，GarageCars，GarageArea，GarageQual，GarageCond
水电气暖	Utilities，Heating，HeatingQC，CentralAir，Electrical
其他	PoolQC，Fence，MiscFeature，MiscVal
面积	LotArea，1stFlrSF，2ndFlrSF，LowQualFinSF，GrLivArea，BsmtFinSF1，BsmtFinSF2，BsmtUnfSF，TotalBsmtSF，WoodDeckSF，OpenPorchSF，PoolArea，3SsnPorch，EnclosedPorch，ScreenPorch
时间	MoSold，YrSold，YearBuilt，YearRemodAdd
出售	SaleType，SaleCondition

为了便于过程演示，本案例基于 Jupyter Notebook 开发相关代码，具体步骤如下。

步骤 1：导入相关库，并加载数据。

```
import pandas as pd
import numpy as np
from sklearn.model_selection import cross_val_score
from sklearn.linear_model import Lasso
from sklearn.externals import joblib
import warnings
data = pd.read_csv('data.csv')
def ignore_warn(*arfs, **kwargs):
  pass
warnings.warn = ignore_warn  # 忽略无意义的警告
l_train = len(data[data['SalePrice'].notnull()])  # 训练集长度
train = data[:l_train]  # 训练集
y = train['SalePrice']  # 预测目标
X = train.drop('SalePrice', axis = 1).values  # 特征向量
```

步骤 2：使用交叉验证法计算精度。首先定义得分函数，实例化 Lasso 算法，然后指定正则项系数，输出结评分结果，代码如下。

```
def scoring(model):  # 定义得分函数 scoring()，利用 5 折交叉验证法计算测试误差
    r = cross_val_score(model, X, y, scoring="neg_mean_squared_error", cv = 5)
    score = -r
    return(score)
clf = Lasso(alpha = .0005)  # 参数设置
score = scoring(clf)  # 调用 scoring()函数计算回归偏差
print("偏差: {:.4f} ({:.4f})".format(score.mean(), score.std()))
# 交叉验证法偏差平均值及标准差
```

步骤 3：返回特征的权重系数。scikit-learn 提供"coef_"，以返回特征的权重系数。我们使用它观察嵌入式选择后保留下来的特征数，代码如下。

```
clf = Lasso(alpha = 0.0005)  # 参数设置
clf.fit(X, y)  # 训练模型
joblib.dump(clf, "model.pkl")  # 保存模型
print('特征总数：%d' % len(data.columns))
print('嵌入式选择后，保留特征数：%d' % np.sum(clf.coef_ != 0))
# 计算并显示嵌入式选择后，保留的特征数
```

步骤 4：查看学习器性能。

这里我们用学习曲线来观察学习器性能，代码如下。

```
from sklearn.model_selection import learning_curve
import matplotlib.pyplot as plt
%matplotlib inline
def plot_learning_curve(estimator, title, X, y, cv = 10,
                        train_sizes = np.linspace(.1, 1.0, 5)):
# 定义 plot_learning_curve()函数绘制学习曲线
    plt.figure()
    plt.title(title)  # 图标题
    plt.xlabel('Training examples')  # 横坐标名称
    plt.ylabel('Score')  # 纵坐标名称
    train_sizes, train_scores, test_scores = learning_curve(estimator, X, y,
    cv = cv, scoring = "neg_mean_squared_error",train_sizes = train_sizes)
    # 交叉验证法计算训练误差，测试误差
    train_scores_mean = np.mean(-train_scores, axis = 1)  # 计算训练误差平均值
    train_scores_std = np.std(-train_scores, axis = 1)  # 训练误差方差
    test_scores_mean = np.mean(-test_scores, axis = 1)  # 测试误差平均值
    test_scores_std = np.std(-test_scores, axis = 1)  # 测试误差方差
    plt.grid()  # 增加网格

    plt.fill_between(train_sizes, train_scores_mean - train_scores_std,
                     train_scores_mean + train_scores_std,
                     alpha = 0.1, color = 'g')  # 颜色填充
    plt.fill_between(train_sizes, test_scores_mean - test_scores_std,
                     test_scores_mean + test_scores_std,
                     alpha = 0.1, color = 'r')  # 颜色填充
    plt.plot(train_sizes, train_scores_mean, 'o-', color = 'g',
             label = 'traning score')  # 绘制训练误差曲线
    plt.plot(train_sizes, test_scores_mean, 'o-', color = 'r',
             label = 'testing score')  # 绘制测试误差曲线
    plt.legend(loc = 'best')
    return plt
clf = Lasso(alpha = 0.0005)
g = plot_learning_curve(clf, 'Lasso', X, y)
# 调用 plot_learning_curve 绘制学习曲线
y = train['SalePrice']  # 预测目标
```

上面这段代码运行时间较长，请耐心等待，实现效果如图 2-28[1]所示。可以看到，训练学习曲线和验证学习曲线在训练过程中逐渐接近。这通常是一个健康的学习器表现，表

---

[1]　training score 的曲线颜色为绿色，testing score 曲线的颜色为红色。因本书为单色印刷，故这两条曲线的颜色为灰色。

明模型既能够从训练数据中学习，又能够在一定程度上泛化到未见过的数据上。

步骤5：进行预测并保存数据。

```
clf = joblib.load('model.pkl')  # 加载模型
test = data[l_train:].drop('SalePrice', axis = 1).values  # 测试集数据
predict = np.exp(clf.predict(test))  # 预测
resul = pd.DataFrame()
resul['SalePrice'] = predict
resul.to_csv('submission.csv', index = False)  # 将结果写入 submission.csv
```

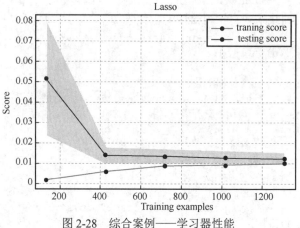

图 2-28 综合案例——学习器性能

得到的运行结果如下。

```
偏差：0.0121（0.0013）
特征总数：367
嵌入式选择后，保留特征数：120
```

下面我们查看 submission.csv 文件，代码如下。

```
pd.read_csv('submission.csv')
```

得到的结果如图 2-29 所示。

	SalePrice
0	121481.128294
1	155375.149059
2	1885628.353482
3	199841.767030
4	196858.642644
...	...
1454	87752.688321
1455	79773.574929
1456	163530.859859
1457	118462.460432
1458	225774.125584
1459 rows × 1 columns	

图 2-29 submission.csv 文件的查看结果

第3章 回归算法与应用

本章将介绍一种具有预测功能的数据挖掘方法——回归，首先介绍回归的基本概念，然后分别介绍一元线性回归模型、多元线性回归模型、逻辑回归模型的算法及实现方法。

本章所讨论的问题很多属于回归的范畴。对于已具备一些相关知识的读者，可以有选择地学习本章的有关部分。本章将使用到许多 Python 程序模块，如 NumPy、scikit-learn、Matplotlib 等。现在，请读者确保自己的计算机已经安装了所需的程序包，并回顾构建一个机器学习框架的基本步骤，具体如下。

（1）加载数据。

（2）选择模型。

（3）训练模型。

（4）评测模型。

（5）保存模型。

本章的主要内容如下。

（1）回归分析模型。

（2）一元线性回归模型。

（3）多元线性回归模型。

（4）逻辑回归模型。

（5）线性回归及逻辑回归模型的算法及实现方法。

3.1 回归预测问题

3.1.1 回归预测简介

回归分析是一种确定两种或两种以上变量间的定量关系的统计分析方法，也是应用极其广泛的数据分析方法之一。作为一种预测模型，它基于观测数据建立变量间适当的依赖关系，以分析数据内在规律，解决预测、控制等问题。

例如，预测二手车价格，我们会找到影响车价的属性信息，如品牌、车龄、发动机性能、里程及其他信息。这个例子就是典型的回归预测问题。

回归预测可以数学计算式来表示。假设 x 表示二手车的多个属性，y 表示二手车的预测价格。通过数据采集，我们能够获得影响二手车价格的历史数据。回归分析就是用一个函数拟合这些数据，来学习 x 的函数 y。拟合函数具有如下形式，其中 w 和 w_0 表示合适值。

$$y = wx + w_0$$

回归为监督学习问题，它们的输入 x 和输出 y 是给定的，任务是学习从输入到输出的映射。机器学习的方法是，先假设某个依赖于某一组参数的模型，其形式如下。

$$y = g(x \mid \theta)$$

其中，$g(\cdot)$ 表示模型，θ 表示模型参数。对于回归而言，y 为数值，$g(\cdot)$ 为回归函数，通过机器学习程序优化参数 θ，使得逼近误差最小。也就是说，我们的估计要尽可能接近训练集中给定的正确值。对于二手车价格预测问题，我们令里程为 x，价格为 y，拟合的回归函数曲线如图 3-1 所示，其中，w 和 w_0 为最佳拟合训练数据优化的参数。在线性模型限制过强的情况下，我们可以利用下面的二次函数，或更高阶的多项式，甚至其他非线性函数，为最佳拟合优化它们的参数。

$$y = w_2 x^2 + w_1 x + w_0$$

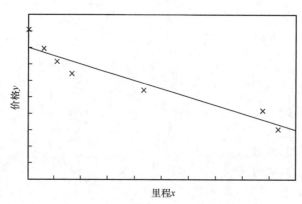

图 3-1　二手车价格预测问题拟合函数曲线

3.1.2　常见的回归数据集

本节介绍几个比较常见的回归数据集，并对数据集的加载方式、数据集的特征和类别信息进行介绍。在不同的数据集上进行机器学习建模，有助于读者更好地掌握相关算法模型。

1. 波士顿房价数据集

波士顿房价数据集最初由 Harrison. D 和 Rubinfeld. D. L 在 1978 年发布。该数据集包含对房价的预测，单位为千美元，给定的条件是房屋及其相邻房屋的详细信息。该数据集经常被用来针对回归问题进行建模，包含 506 个波士顿地区的房屋数据，其中，每个数据点都有 13 个变量（如犯罪率、房产税率、房间数量等）和一个目标变量（房屋价格的中位数)。

2. 温室气体观测网络数据集

温室气体观测网络数据集包含使用化学方法对天气研究和预报模型模拟创建的加利福尼亚州 2921 个网格单元的温室气体浓度的时间序列。每个网格单元的面积为 12 km×12 km。每个网格单元有一个数据文件，每个文件包含 16 个时间序列的温室气体浓度。在 2010 年 5 月 10 日至 2010 年 7 月 31 日期间，时间序列中的数据间隔 6 小时（即每天 4 个样本）。数据集的前 15 行是从加利福尼亚州的 14 个不同空间区域释放的温室气体示踪剂的时间序列，最后 1 行对应于"合成温室气体观测"的时间序列。

3. 葡萄酒质量数据集

葡萄酒质量数据集包括来自葡萄牙北部的两个与红色和白色 Vinho Verde 葡萄酒样品有关的数据集，目标是根据理化测试对葡萄酒质量进行建模。这两个数据集与葡萄牙 Vinho Verde 葡萄酒的红色和白色变体有关。由于隐私和物流问题，该数据集仅理化（输入）和感官（输出）变量可用（例如，没有有关葡萄类型、葡萄酒品牌、葡萄酒售价等的数据）。这些数据集可以用作分类或回归任务。本数据集有 4898 个观察值，11 个输入变量和 1 个输出变量。

4. 瑞典汽车保险数据集

瑞典汽车保险数据集包含对所有索赔要求总赔付的预测，单位为瑞典的千克朗，给定的条件是索赔要求总数。这个数据集主要用于回归问题，由 63 个观察值组成，包括 1 个输入变量和 1 个输出变量。

3.2　女性身高与体重的线性回归预测

当两个或多个变量间存在线性相关关系时，人们常常希望在变量间建立定量关系。相关变量间的定量关系的表达即是线性回归。在线性回归中，按照因变量的多少，可以分为简单回归分析和多重回归分析。如果回归分析中只包括一个自变量和因变量，且二者之间的关系可以用一条直线近似表示，那么这种回归分析称为一元线性回归分析。如果回归分析中包括两个或两个以上的自变量，且自变量之间存在线性关系，则这种回归分析称为多元线性回归分析。

3.2.1　线性回归原理与应用场景

给定由 d 个属性描述的示例 $x=(x_1,x_2,\cdots,x_d)$，线性模型就是通过属性的线性组合构造预测的函数，即

$$f(x)=w_1x_1+w_2x_2+\cdots+w_dx_d+b$$

一般用向量形式写成：

$$f(x)=w^{\mathrm{T}}x+b$$

其中，$w=(w_1,w_2,\cdots,w_d)^{\mathrm{T}}$。得到参数 w 和 b 之后，模型就得以确定。

线性回归建模简单，算力要求低，却是机器学习中最基本和最重要的算法思想，强大的非线性模型可以在线性模型的基础上通过高维映射获得。此外，由于 w 直观表达了各属性在预测中的重要性，因此线性模型有很好的解释性。另外，属性如果是离散型属性，可通过连续化将其转化为连续值，例如二值属性身高的取值"高""矮"可转化为 $(1.0, 0.0)$，三值属性高度的取值"高""中""矮"可转化为 $(1.0, 0.5, 0.0)$。

那么我们如果通过现有经验数据来进一步确定线性回归方程中的 w 和 b 呢？我们希望通过线性回归方程模型得出的预测更加逼近于真实的值 y_i，也就是 $f(x_i) = w_i x_i + b$，使得 $f(x_i) \simeq y_i, 1 \leqslant i \leqslant d$。也就是说，可以基于均方误差最小化来进行模型求解，该方法称为最小二乘法。在线性回归中，最小二乘法就是试图找到一条直线，使所有样本到直线上的均方误差之和最小，因此我们寻求使得均方差最小的 w^* 和 b^*，即

$$(w^*, b^*) = \underset{(w,b)}{\mathrm{argmin}} \sum_{i=1}^{d}(f(x_i) - y_i)^2$$

$$= \underset{(w,b)}{\mathrm{argmin}} \sum_{i=1}^{d}(y_i - w_i x_i - b)^2$$

求解 w 和 b，使 $E_{(w,b)} = \sum_{i=1}^{d}(y_i - w_i x_i - b)^2$ 最小化的过程，称为线性回归模型的最小二乘参数估计。使用微积分中在特定区域内找到驻点求最小值的方法，即将 $E_{(w,b)}$ 分别对 w 和 b 求偏导并令其等于 0，可以求得 w 和 b 最优解为

$$w^* = \frac{\sum_{i=1}^{d} y_i(x_i - \bar{x})}{\sum_{i=1}^{d} x_i^2 - \frac{1}{d}\left(\sum_{i=1}^{d} x_i\right)^2}$$

$$b^* = \frac{1}{d}\sum_{i=1}^{d}(y_i - w_i x_i)$$

其中，$\bar{x} = \frac{1}{d}\sum_{i=1}^{d} x_i$。

3.2.2　数据导入与查看

本任务主要采用线性回归方法，通过女性的身高来预测体重。

这里先介绍 Statsmodels。Statsmodels 是 Python 中一个功能强大的统计分析包，包含回归分析、时间序列分析、假设检验等功能，可以与 Python 的其他的任务（如 NumPy、pandas）相结合，提高工作效率。

先读取数据集 women.csv，代码如下。

```
#导入 pandas 库和 NumPy 库
Import pandas as pd
import numpy as np
# 读取 women.csv
df_women = pd.read_csv('women.csv',index_col = 0)
```

```
# 读取前 5 行数据, 如果是最后 5 行, 则用 df_women.tail() 语句
print(df_women.head())
```

得到的结果如下。

```
    Height    Weight
1   58        115
2   59        117
3   60        120
4   61        123
5   62        126
```

下面先查看数据的二维结构, 即几行几列, 代码如下。

```
df_women.shape
```

得到的结果如下。

```
(15, 2)
```

再查看数据列名称, 代码如下。

```
df_women.columns
```

得到的结果如下。

```
Index(['height', 'weight'], dtype = 'object')
```

可以看出, women.csv 共有两列数据, 名称分别为 height 和 weight。

下面查看关于数据的描述统计, 代码如下。

```
# describe() 对每一列数据进行统计, 包括计数(count)、均值(mean)、std、最小值(min)、各个分位
# 数(25%、50%、75%)、最大值(max)等
df_women.describe()
```

得到的数据统计描述如图 3-2 所示。

	height	weight
count	15.000000	15.000000
mean	65.000000	136.733333
std	4.472136	15.498694
min	58.000000	115.000000
25%	61.500000	124.500000
50%	65.000000	135.000000
75%	68.500000	148.000000
max	72.000000	164.000000

图 3-2　数据统计描述

3.2.3　绘制女性身高和体重的散点图

我们对数据进行可视化处理, 将数据以散点图的形式展现出来, 代码如下。

```
# 导入可视化库 matplotlib
import matplotlib.pyplot as plt
%matplotlib inline
# 绘制散点图, 横轴为体重, 纵轴为身高
```

```
plt.scatter(df_women['height'],df_women['weight'])
plt.show()
```

以上代码运行后实现的效果如图 3-3 所示。

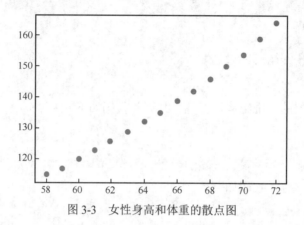

图 3-3   女性身高和体重的散点图

通过以下代码获取 height 和 weight 这两列数据，以在进行模型预测时使用。

```
# 获得身高这一列数据，并赋给 X
X = df_women['height']
print(X)
# 获得体重这一列数据，并赋给 y
y = df_women['weight']
print(y)
```

得到的结果如下。

```
1  58
2  59
3  60
4  61
5  62
6  63
7  64
8  65
9  66
10 67
11 68
12 69
13 70
14 71
15 72
Name: height, dtype: int64
1  115
2  117
3  120
4  123
5  126
6  129
7  132
```

```
8 135
9 139
10 142
11 146
12 150
13 154
14 159
15 164
Name: weight, dtype: int64
```

3.2.4　使用 Statsmodels 进行建模与评估

通过以下代码导入构建模型需要的库，为模型增加常数项，即回归线在纵轴上的截距。

```
# 导入构建模型需要的库
import statsmodels.api as sm
from pandas.core import datetools
# 为模型增加常数项，即回归线在纵轴上的截距
X = sm.add_constant(X)
X
```

以上代码运行后得到的效果如图 3-4 所示。

	const	height
1	1.0	58
2	1.0	59
3	1.0	60
4	1.0	61
5	1.0	62
6	1.0	63
7	1.0	64
8	1.0	65
9	1.0	66
10	1.0	67
11	1.0	68
12	1.0	69
13	1.0	70
14	1.0	71
15	1.0	72

图 3-4　回归线在纵轴上的截距

执行最小二乘回归算法，代码如下。这里的 X 可以是 numpy array 或 pandas dataframe（行数为数据个数，列数为预测变量个数），y 可以是一维数组（numpy array）或 pandas series。

```
myModel = sm.OLS(y,X)
# 使用 OLS 对象的 fit() 方法来进行模型拟合
result = myModel.fit()
# 查看模型拟合的结果
result.summary()
```

回归模型拟合结果如图 3-5 所示。

Dep. Variable:	weight		R-squared:		0.991
Model:	OLS		Adj. R-squared:		0.990
Method:	Least Squares		F-statistic:		1 433.
Date:	Fri, 20 Aug 2021		Prob (F-statistic):		1.09e-14
Time:	08:20:31		Log-Likelihood:		-26.541
No. Observations:	15		AIC:		57.08
Df Residuals:	13		BIC:		58.50
Df Model:	1				
Covariance Type:	nonrobust				

	coef	std err	t	P>|t|	[0.025	0.975]
const	-87.5167	5.937	-14.741	0.000	-100.343	-74.691
height	3.4500	0.091	37.855	0.000	3.253	3.647

Omnibus:	2.396	Durbin-Watson:	0.315
Prob(Omnibus):	0.302	Jarque-Bera (JB):	1.660
Skew:	0.789	Prob(JB):	0.436
Kurtosis:	2.596	Cond. No.	982.

图 3-5　回归模型拟合结果

查看最终模型的参数 coef，代码如下。

```
result.params
```

得到的结果如下。

```
const -87.516667
height 3.450000
dtype: float64
```

查看判定系数，代码如下。

```
result.rsquared
```

得到的结果如下。

```
0.9910098326857505
```

查看对应的模型残差，代码如下。

```
result.resid
```

得到的结果如下。

```
1 2.416667
2 0.966667
3 0.516667
4 0.066667
5 -0.383333
6 -0.833333
7 -1.283333
8 -1.733333
9 -1.183333
10 -1.633333
11 -1.083333
12 -0.533333
13 0.016667
14 1.566667
15 3.116667
dtype: float64
```

模型残差表示真实值和模型拟合值的距离。输出结果中有 15 个数据，也就有 15 个残差。

我们通过以下代码验证一下。

```
result.resid.shape
```

得到的结果如下。

```
(15,)
```

理论上模型残差应该服从正态分布，我们通过以下代码看看。

```
from scipy import stats
z, p = stats.normaltest(result.resid.values)  # 正态性检验，这里假设数据服从正态分布
```

得到的结果如下。

```
0.30174158319550254
```

可以看出，p 值很小，因此我们认为模型残差不服从正态分布。

3.2.5　模型的建立与优化

1．模型建立

德宾-沃森（Durbin-Watson，DW）检验是一种用于检测时间序列数据中一阶自相关性的统计方法。在回归分析中，如果残差序列存在自相关性，那么模型的预测和解释能力可能会受到影响。DW 检验通过比较相邻残差之间的相关性来评估这种自相关性。

DW 检验基于残差序列的一阶自相关系数 ρ。自相关系数 ρ 的取值范围为[-1, 1]，其中：

$\rho = 1$　表示完全正相关；

$\rho = -1$　表示完全负相关；

$\rho = 0$　表示没有自相关性。

DW 检验的统计量 DW 与自相关系数 ρ 之间存在一种关系，使得 DW 的取值范围为[0, 4]，具体为：

$DW = 0$　对应于 $\rho = 1$，即存在强烈的正自相关性；

$DW = 4$　对应于 $\rho = -1$，即存在强烈的负自相关性；

$DW = 2$　对应于 $\rho = 0$，即不存在一阶自相关性。

在实际应用中，我们不知道真实的自相关系数 ρ，但可以通过计算 DW 来估计它。之后，我们可以根据 DW 值判断残差序列是否存在自相关性，具体步骤如下。

步骤 1：根据回归模型的残差计算 DW。

步骤 2：确定显著性水平，例如选择一个显著性水平 $\alpha = 0.05$。

步骤 3：查找临界值。根据样本大小和显著性水平，查找 DW 检验的临界值。这些临界值通常可以在统计表中找到，或者通过统计软件计算。

步骤 4：比较与判断。

如果 $DW <$ 下临界值，则拒绝原假设 H_0（不存在一阶自相关性），认为存在正自相关性。

如果 $DW >$ 上临界值，则拒绝原假设 H_0，认为存在负自相关性。

如果下临界值 $\leqslant DW \leqslant$ 上临界值，则不能拒绝原假设 H_0，认为不存在一阶自相关性。

查看模型残差的 DW 值，代码如下。

```
sm.stats.stattools.durbin_watson(result.resid)
```

得到的结果如下。

```
0.3153803748621851
```

可以看出结果约为 0.31538，可知模型残差序列存在自相关性。

下面通过以下代码进行模型预测。

```
y_predict = result.predict()
y_predict
```

得到的结果如下。

```
array([112.58333333, 116.03333333, 119.48333333, 122.93333333, 126.38333333,
       129.83333333, 133.28333333, 136.73333333, 140.18333333, 143.63333333,
       147.08333333, 150.53333333, 153.98333333, 157.43333333, 160.88333333])
```

下面进行模型评价，代码如下。

```
# 原来数据散点图
plt.plot(df_women['height'], df_women['weight'], 'o')
# 根据已有身高，按照预测模型作图
plt.plot(df_women['height'], y_predict)
plt.title("Linear regression analysis of female weight and height")
# 分别给横轴和纵轴命名
plt.xlabel('height')
plt.ylabel('weight')
plt.show()
```

运行结果如图 3-6 所示。

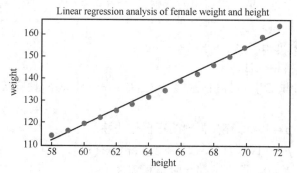

图 3-6　根据已有身高且按照预测模型所作的图

2. 模型优化

使用以下代码进行模型优化与重新选择。

```
import numpy as np
X = np.column_stack((X, np.power(X, 2), np.power(X, 3)))
X = sm.add_constant(X)
myModel_updated = sm.OLS(y, X)
result_updated = myModel_updated.fit()
print(result_updated.summary())
# 对模型进行预测
y_predict_result_updated = result_updated.predict()
y_predict_result_updated
```

得到的结果如下。

```
array([114.63856209, 117.40676937, 120.18801264, 123.00780722, 125.89166846,
       128.86511168, 131.95365222, 135.18280542, 138.57808661, 142.16501113,
       145.9690943,  150.01585146, 154.33079795, 158.93944911, 163.86732026])
```

查看模型参数，代码如下。

```
result_updated.params
```

得到的结果如下。

```
const -298.915878
x1 46.410789
x2 -298.915878
x3 -0.746184
x4 -298.915878
x5 0.004253
dtype: float64
```

查看模型残差，代码如下。

```
result_updated.resid
```

得到的结果如下。

```
1 0.361438
2 -0.406769
3 -0.188013
4 -0.007807
5 0.108332
6 0.134888
7 0.046348
8 -0.182805
9 0.421913
10 -0.165011
11 0.030906
12 -0.015851
13 -0.330798
14 0.060551
15 0.132680
dtype: float64
```

查看残差的 std，代码如下。

```
result_updated.resid.std()
```

得到的结果如下。

```
0.2289960279142963
```

查看残差的统计量 DW，代码如下。

```
sm.stats.stattools.durbin_watson(result_updated.resid)
```

得到的结果如下。

```
2.3882056438253967
```

可以看出，结果约为 2.3882，所以模型残差序列不存在自相关性。

使用优化后的模型作图，代码如下。

```
plt.rcParams['font.family'] = 'simHei'
plt.scatter(df_women['height'], df_women['weight'])
plt.plot(df_women['height'], y_predict_result_updated)
plt.title("Linear regression analysis of female weight and height")
plt.xlabel('height')
plt.ylabel('weight')
plt.show()
```

使用优化后的模型所作的图如图 3-7 所示。

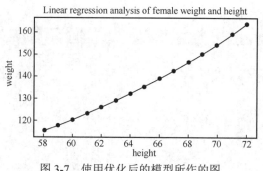

图 3-7　使用优化后的模型所作的图

由此图得知，预测值和实际值更加接近。

3.2.6　线性回归算法优缺点

线性回归是一种常用的统计分析方法，用于建立多个自变量与一个连续因变量之间的关系模型。它具有以下优点：

可以分析多个自变量对因变量的综合影响，能够考虑多个因素对结果的复杂影响；

可以提供定量的预测结果，对因变量的连续性问题有较好的适应性；

基于统计理论，能够提供模型的置信度和显著性检验结果；

相对简单易懂，易于实施和解释。

同时，它还具有以下缺点：

对非线性关系的拟合程度可能较差；

对异常值和离群点比较敏感，使得对模型的拟合结果产生较大影响；

需要满足一些前提条件，如自变量之间的独立性、线性关系、多重共线性等，不满足这些条件会导致结果不可靠；

无法处理非数值型自变量，需要进行适当的转换或使用其他方法进行处理。

3.3　泰坦尼克号数据集的逻辑回归预测

逻辑回归的基本思想是通过一个特殊的函数——逻辑函数（如 sigmoid 函数），将线性回归模型的输出转换为概率值，应用回归分析的计算过程，来解决线性回归无法解决的二元分类问题。逻辑回归虽然名字里带"回归"，它实际上是一种分类方法。目前在金融行业，大多使用逻辑回归来预判一个用户是否为好客户，因为它弥补了其他黑盒模型（如支持向量机、神经网络、随机森林等）不具解释性的缺点。

3.3.1　逻辑回归原理与应用场景

对于线性回归模型而言，$y = \boldsymbol{w}^{\mathrm{T}}\boldsymbol{x} + b$ 的因变量 y 是一个由 $\boldsymbol{w}$ 和 b 参数决定的连续数值，可以用来拟合和预测定量变量，如价格、温度、距离等目标值。但在许多实际问题中，经常出现预测目标为已知的离散目标值，如高/低、男/女、好/坏等。一个最直观的想法就是将线性回归的预测结果通过逻辑函数指向分类变量的概率，即

$$p = \text{logistic}(\boldsymbol{w}^{\text{T}}\boldsymbol{x} + b)$$

其中，logistic()表示逻辑函数，用于将结果压缩到[0, 1]的概率区间，以便在训练过程中使用最大似然估计法对参数求导来最小化模型的误差。这要求该逻辑函数必须满足单调可微及非线性特征，sigmoid()函数可以满足这个要求，而传统逻辑函数（如单位阶跃函数）无法满足这个要求，如图 3-8 所示。

如图 3-8 所示，sigmoid()函数将定义域在$(-\infty, +\infty)$的自变量映射到值域为$(0, 1)$的因变量上，并且其在定义域 0 附近有较大的梯度，这正符合逻辑回归的要求。sigmoid()函数的表达式为

$$\text{sigmoid}(z) = \frac{1}{1 + \text{e}^{-z}}$$

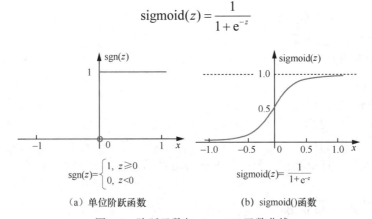

（a）单位阶跃函数　　　　　（b）sigmoid()函数

图 3-8　阶跃函数与 sigmoid()函数曲线

将线性回归方程代入 sigmoid()函数，即可得到逻辑回归模型的表达式为

$$y = \text{sigmoid}(z) = \frac{1}{1 + \text{e}^{-(\omega^{\text{T}}z + b)}}$$

其中，z 是一个线性函数，表达式如下。

$$z = \boldsymbol{w}^{\text{T}}\boldsymbol{x} + b = w_1 x_1 + w_2 x_2 + \cdots + w_n x_n + b$$

$w_0 x_0 + \cdots + w_n, b$ 是模型的参数，代表了每个特征对输出概率的影响。参数的估计过程通常使用最大似然估计，然后利用梯度下降进行迭代求解，具体算法都嵌入到 Python 的 LogisticRegression()函数中。

总体来讲，逻辑回归利用逻辑函数将输入变量与输出概率建立起关系，通过拟合已知数据来估计模型参数，最后利用模型进行分类预测。

3.3.2　任务描述

泰坦尼克号沉没是世界上非常著名的沉船事件之一。1912 年 4 月 15 日，在第一次航行期间，泰坦尼克号撞上冰山后沉没，2224 名乘客和船员中 1517 人死亡。这个事件中，

我们需要分析和判断出什么样的人更容易获救。最重要的是，要利用机器学习来预测出在这场灾难中哪些人会最终获救。

Titanic_Data 数据集中包含训练数据（train.csv）和测试数据（test.csv），其中训练数据是一些乘客的个人信息及被救情况。要求根据这些数据生成合适的逻辑回归模型，预测泰坦尼克号沉没事件测试数据中人员的存活状况。

训练数据中包含以下字段。

PassengerId：乘客 ID。

Pclass：乘客等级（一/二 / 三等舱位）。

Name：乘客姓名。

Sex：性别。

Age：年龄。

SibSp：堂兄弟/堂兄妹人数。

Parch：父母与小孩人数。

Ticket：船票信息。

Fare：票价。

Cabin：客舱。

Embarked：登船港口。

Survived：获救情况。

测试数据相较于训练数据，只少了 Survived 字段。

3.3.3 数据探索与可视化

输入下列代码，查看训练数据，开始我们的数据探索分析。

```
import pandas as pd
data_train = pd.read_csv('/home/ubuntu/Titanic_Data/train.csv')
print(data_train.info())
print(data_train.describe())
```

运行结果如图 3-9 所示。

```
<class 'pandas.core.frame.DataFrame'>
RangeIndex: 891 entries, 0 to 890
Data columns (total 12 columns):
PassengerId    891 non-null int64
Survived       891 non-null int64
Pclass         891 non-null int64
Name           891 non-null object
Sex            891 non-null object
Age            714 non-null float64
SibSp          891 non-null int64
Parch          891 non-null int64
Ticket         891 non-null object
Fare           891 non-null float64
Cabin          204 non-null object
Embarked       889 non-null object
dtypes: float64(2), int64(5), object(5)
memory usage: 83.7+ KB
None
       PassengerId    Survived      Pclass         Age       SibSp  \
count   891.000000  891.000000  891.000000  714.000000  891.000000
mean    446.000000    0.383838    2.308642   29.699118    0.523008
std     257.353842    0.486592    0.836071   14.526497    1.102743
min       1.000000    0.000000    1.000000    0.420000    0.000000
25%     223.500000    0.000000    2.000000   20.125000    0.000000
50%     446.000000    0.000000    3.000000   28.000000    0.000000
75%     668.500000    1.000000    3.000000   38.000000    1.000000
max     891.000000    1.000000    3.000000   80.000000    8.000000

            Parch        Fare
count  891.000000  891.000000
mean     0.381594   32.204208
std      0.806057   49.693429
min      0.000000    0.000000
25%      0.000000    7.910400
50%      0.000000   14.454200
75%      0.000000   31.000000
max      6.000000  512.329200
```

图 3-9 训练数据

由上述代码的 info()函数可知，训练数据中总共有 891 名乘客，但是有些属性的数据不全，比如说 Age（年龄）属性只有 714 名乘客记录，Cabin（客舱）更是只有 204 名乘客是已知的。

由上述代码的 describe()函数得到数值型数据的一些分布。因为有些属性，比如姓名，是文本型；而另外一些属性，比如登船港口是类别型，这些我们用 describe() 函数是看不到的。

下面利用 Matplotlib 包中的 Pyplot 作图来分析乘客各属性分布情况，具体代码如下。

```
import matplotlib.pyplot as plt
import matplotlib.font_manager as fm
fontPath = "/usr/share/fonts/truetype/wqy/wqy-microhei.ttc"
font = fm.FontProperties(fname = fontPath, size = 10)
fig = plt.figure()
fig.set(alpha = 0.2) # 设定图表颜色 alpha 参数
plt.subplot2grid((2, 3), (0, 0)) # 在一张大图中分列几个小图
data_train.Survived.value_counts().plot(kind = 'bar')# 柱状图
plt.title("获救情况 (1 为获救)", fontproperties = font) # 标题
plt.ylabel("人数",fontproperties = font)
plt.subplot2grid((2, 3), (0, 1))
data_train.Pclass.value_counts().plot(kind = "bar")
plt.ylabel("人数", fontproperties = font)
plt.title("乘客等级分布", fontproperties = font)
plt.subplot2grid((2, 3), (0, 2))
plt.scatter(data_train.Survived, data_train.Age)
plt.ylabel("年龄", fontproperties = font) # 设定纵坐标名称
plt.grid(b = True, which = 'major', axis = 'y')
plt.title("按年龄看获救分布 (1 为获救)",fontproperties = font)

plt.subplot2grid((2, 3),(1, 0), colspan = 2)
data_train.Age[data_train.Pclass == 1].plot(kind = 'kde')
data_train.Age[data_train.Pclass == 2].plot(kind = 'kde')
data_train.Age[data_train.Pclass == 3].plot(kind = 'kde')
plt.xlabel("年龄",fontproperties = font)# plots an axis lable
plt.ylabel("密度",fontproperties = font)
plt.title("各等级的乘客年龄分布",fontproperties = font)
plt.legend(('一等舱', '二等舱', '三等舱'), loc = 'best', prop = font)
# 设置图例

plt.subplot2grid((2, 3), (1, 2))
data_train.Embarked.value_counts().plot(kind = 'bar')
plt.title("各登船口岸上船人数", fontproperties = font)
plt.ylabel("人数", fontproperties = font)
plt.show()
```

运行结果如图 3-10 所示。

从图 3-10 中可以看出，被救的有 300 多人，不到总人数的一半；3 个不同舱的年龄总体分布一致。

下面利用 Matplotlib 包中的 Pyplot 作图，进行属性与获救结果的关联统计，具体代码如下。

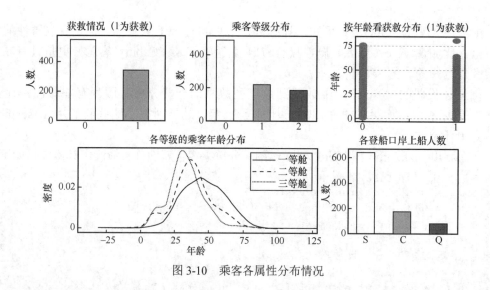

图 3-10　乘客各属性分布情况

```
import pandas as pd
import matplotlib.pyplot as plt
import matplotlib.font_manager as fm

fontPath = "/usr/share/fonts/truetype/wqy/wqy-microhei.ttc"
font = fm.FontProperties(fname = fontPath, size = 10)
data_train = pd.read_csv("/home/ubuntu/Titanic_Data/train.csv")

# 查看各等级乘客的获救情况
Survived_0 = data_train.Pclass[data_train.Survived == 0].value_counts()
Survived_1 = data_train.Pclass[data_train.Survived == 1].value_counts()
df = pd.DataFrame({'获救': Survived_1, '未救': Survived_0})
df.plot(kind = 'bar', stacked = True )
plt.legend(loc = 'upper left', prop = font)
plt.title("各等级乘客的获救情况", fontproperties = font)
plt.xlabel("乘客等级", fontproperties = font)
plt.ylabel("人数", fontproperties = font)
# plt.show()

# 查看各性别的获救情况
Survived_0 = data_train.Sex[data_train.Survived == 0].value_counts()
Survived_1 = data_train.Sex[data_train.Survived == 1].value_counts()
df = pd.DataFrame({'获救': Survived_1, '未救': Survived_0})
df.index = ['女', '男']
df.plot(kind = 'bar')
plt.title("不同性别的获救情况", fontproperties = font)
plt.xticks(fontproperties = font)
plt.xlabel("性别", fontproperties = font)
plt.ylabel("人数", fontproperties = font)
plt.legend(loc = 'best', prop = font)
```

运行结果如图 3-11 所示。

由图 3-11 可知，等级为 1 的乘客获救人数最多。由图 3-12 可知，女性获救人数明显比男性获救人数多。

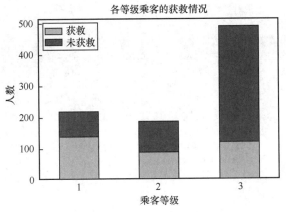

图 3-11 乘客等级分布情况

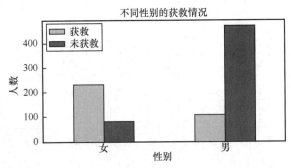

图 3-12 乘客不同性别分布情况

3.3.4 数据预处理

用 scikit-learn 中的随机森林[1]来拟合年龄的缺失数据，具体代码如下。

```
from sklearn.ensemble import RandomForestRegressor
import pandas as pd
data_train = pd.read_csv("/home/ubuntu/Titanic_Data/train.csv")
def set_missing_ages(df):
    # 把已有的数值型特征取出来，放入 RandomForestRegressor 中
    age_df = df[['Age','Fare', 'Parch', 'SibSp', 'Pclass']]
    # 乘客分成已知年龄和未知年龄两部分
    known_age = age_df[age_df.Age.notnull()].as_matrix()
    unknown_age = age_df[age_df.Age.isnull()].as_matrix()
    # y 表示目标年龄
    y = known_age[:, 0]
    # X 表示特征属性值
    X = known_age[:, 1:]
    # 和 RandomForestRegressor 中的数据进行适配
    rfr = RandomForestRegressor(random_state = 0, n_estimators = 2000, n_jobs = -1)
    rfr.fit(X, y)
```

---

[1] 随机森林是一种用于对原始数据进行不同采样，建立多棵决策树，再取均值降低过拟合，提高结果的机器学习算法。

```
    # 用得到的模型进行未知年龄结果预测
    predictedAges = rfr.predict(unknown_age[:, 1:])
    # 用得到的预测结果填补原缺失数据
    df.loc[ (df.Age.isnull()), 'Age' ] = predictedAges
    return df, rfr
def set_Cabin_type(df):
    df.loc[ (df.Cabin.notnull()), 'Cabin' ] = "Yes"
    df.loc[ (df.Cabin.isnull()), 'Cabin' ] = "No"
    return df
data_train, rfr = set_missing_ages(data_train)
data_train = set_Cabin_type(data_train)
print(data_train.head(5))
```

运行结果如图 3-13 所示。

```
   PassengerId  Survived  Pclass  \
0            1         0       3
1            2         1       1
2            3         1       3
3            4         1       1
4            5         0       3

                                                Name     Sex   Age  SibSp  \
0                            Braund, Mr. Owen Harris    male  22.0      1
1  Cumings, Mrs. John Bradley (Florence Briggs Th...  female  38.0      1
2                             Heikkinen, Miss. Laina  female  26.0      0
3       Futrelle, Mrs. Jacques Heath (Lily May Peel)  female  35.0      1
4                           Allen, Mr. William Henry    male  35.0      0

   Parch            Ticket     Fare Cabin Embarked
0      0         A/5 21171   7.2500    No        S
1      0          PC 17599  71.2833   Yes        C
2      0  STON/O2. 3101282   7.9250    No        S
3      0            113803  53.1000   Yes        S
4      0            373450   8.0500    No        S
```

图 3-13　数据预处理结果（拟合年龄的缺失数据）

由图 3-13 可知，年龄已经不存在缺失值。

因为逻辑回归模型在建立时，需要输入的特征都是数值型特征，所以我们需要使用 pandas 的 get_dummies 对类别型的特征进行因子化。具体代码如下。

```
dummies_Cabin = pd.get_dummies(data_train['Cabin'], prefix = 'Cabin')
dummies_Embarked = pd.get_dummies(data_train['Embarked'], prefix = 'Embarked')
dummies_Sex = pd.get_dummies(data_train['Sex'], prefix = 'Sex')
dummies_Pclass = pd.get_dummies(data_train['Pclass'], prefix = 'Pclass')
df = pd.concat([data_train, dummies_Cabin, dummies_Embarked, dummies_Sex,
dummies_Pclass], axis = 1)
df.drop(['Pclass', 'Name', 'Sex', 'Ticket', 'Cabin', 'Embarked'], axis = 1,
inplace = True)
print(df.head(4))
```

运行结果如图 3-14 所示。

```
   PassengerId  Survived   Age  SibSp  Parch     Fare  Cabin_No  Cabin_Yes  \
0            1         0  22.0      1      0   7.2500         1          0
1            2         1  38.0      1      0  71.2833         0          1
2            3         1  26.0      0      0   7.9250         1          0
3            4         1  35.0      1      0  53.1000         0          1

   Embarked_C  Embarked_Q  Embarked_S  Sex_female  Sex_male  Pclass_1  \
0           0           0           1           0         1         0
1           1           0           0           1         0         1
2           0           0           1           1         0         0
3           0           0           1           1         0         1

   Pclass_2  Pclass_3
0         0         1
1         0         0
2         0         1
3         0         0
```

图 3-14 数据预处理结果（类别型特征的因子化）

从图 3-14 中可以看出，Age 和 Fare 这两个特征的数值范围很大。对于逻辑回归与梯度下降模型，各特征值之间差距太大将对收敛速度造成很大伤害，甚至不收敛，所以我们用 scikit-learn 的 preprocessing 模块对 Age 和 Fare 这两个特征做一个 scaling。所谓 scaling，其实就是将一些数值范围较大的值特征化到[-1, 1]之内。具体代码如下。

```
import sklearn.preprocessing as preprocessing
scaler = preprocessing.StandardScaler()
age_scale_param = scaler.fit(df['Age'])
df['Age_scaled'] = scaler.fit_transform(df['Age'], age_scale_param)
fare_scale_param = scaler.fit(df['Fare'])
df['Fare_scaled'] = scaler.fit_transform(df['Fare'], fare_scale_param)
print(df.head(5))
```

运行结果如图 3-15 所示。

图 3-15　数值特征化到[-1, 1]的运行结果

按照上述思路，我们对 test.csv 的数据进行相同的处理，完整代码如下。

```
from sklearn.ensemble import RandomForestRegressor
import pandas as pd
import numpy as np
data_train = pd.read_csv("/home/ubuntu/Titanic_Data/train.csv")
def set_missing_ages(df):
    # 把已有的数值型特征取出来，放入 RandomForestRegressor 中
    age_df = df[['Age', 'Fare', 'Parch', 'SibSp', 'Pclass']]
    # 乘客分成已知年龄和未知年龄两部分
    known_age = age_df[age_df.Age.notnull()].as_matrix()
    unknown_age = age_df[age_df.Age.isnull()].as_matrix()
    # y 表示目标年龄
    y = known_age[:, 0]
    # X 表示特征属性值
    X = known_age[:, 1:]
    # 和 RandomForestRegressor 中的数据进行适配
    rfr = RandomForestRegressor(random_state = 0, n_estimators = 2000, n_jobs = -1)
    rfr.fit(X, y)
    # 用得到的模型进行未知年龄结果预测
    predictedAges = rfr.predict(unknown_age[:, 1:])
    # 用得到的预测结果填补原缺失数据
    df.loc[ (df.Age.isnull()), 'Age' ] = predictedAges
    return df, rfr
def set_Cabin_type(df):
    df.loc[ (df.Cabin.notnull()), 'Cabin' ] = "Yes"
    df.loc[ (df.Cabin.isnull()), 'Cabin' ] = "No"
    return df
```

```
data_train, rfr = set_missing_ages(data_train)
data_train = set_Cabin_type(data_train)
# print(data_train.head(5))
dummies_Cabin = pd.get_dummies(data_train['Cabin'], prefix = 'Cabin')
dummies_Embarked = pd.get_dummies(data_train['Embarked'], prefix = 'Embarked')
dummies_Sex = pd.get_dummies(data_train['Sex'], prefix = 'Sex')
dummies_Pclass = pd.get_dummies(data_train['Pclass'], prefix = 'Pclass')
df = pd.concat([data_train, dummies_Cabin, dummies_Embarked, dummies_Sex,
                dummies_Pclass], axis = 1)
df.drop(['Pclass', 'Name', 'Sex', 'Ticket', 'Cabin', 'Embarked'], axis = 1,
         inplace = True)
# print(df.head(5))
import sklearn.preprocessing as preprocessing
scaler = preprocessing.StandardScaler()
age_scale_param = scaler.fit(df['Age'])
df['Age_scaled'] = scaler.fit_transform(df['Age'], age_scale_param)
fare_scale_param = scaler.fit(df['Fare'])
df['Fare_scaled'] = scaler.fit_transform(df['Fare'], fare_scale_param)
df.to_csv('/home/ubuntu/train_feature.csv', index = False)
#print(df.head(5))
data_test = pd.read_csv("/home/ubuntu/Titanic_Data/test.csv")
data_test.loc[ (data_test.Fare.isnull()), 'Fare' ] = 0
# 对 test_data 进行和 train_data 中一致的特征变换
# 同样在 RandomForestRegressor 模型上填入丢失的年龄
tmp_df = data_test[['Age','Fare', 'Parch', 'SibSp', 'Pclass']]
null_age = tmp_df[data_test.Age.isnull()].as_matrix()
# 根据特征属性 X 预测年龄并补上
X = null_age[:, 1:]
predictedAges = rfr.predict(X)
data_test.loc[ (data_test.Age.isnull()), 'Age' ] = predictedAges
data_test = set_Cabin_type(data_test)
dummies_Cabin = pd.get_dummies(data_test['Cabin'], prefix = 'Cabin')
dummies_Embarked = pd.get_dummies(data_test['Embarked'], prefix = 'Embarked')
dummies_Sex = pd.get_dummies(data_test['Sex'], prefix = 'Sex')
dummies_Pclass = pd.get_dummies(data_test['Pclass'], prefix = 'Pclass')
df_test = pd.concat([data_test, dummies_Cabin, dummies_Embarked, dummies_Sex,
                     dummies_Pclass], axis = 1)
df_test.drop(['Pclass', 'Name', 'Sex', 'Ticket', 'Cabin', 'Embarked'], axis = 1,
              inplace = True)
df_test['Age_scaled'] = scaler.fit_transform(df_test['Age'], age_scale_param)
df_test['Fare_scaled'] = scaler.fit_transform(df_test['Fare'], fare_scale_param)
df_test.to_csv("/home/ubuntu/test_feature.csv", index = False)
```

3.3.5 模型的建立与预测

我们用 scikit-learn 的 cross_validation 把 train.csv 中的数据分成两部分,一部分用于训练模型,另一部分用于检测预测效果,以进一步建立模型。之后,我们用模型对 test.csv 中的数据进行预测,并将预测结果保存。具体代码如下。

```
import pandas as pd
import numpy as np
from sklearn import linear_model, model_selection
```

```
train_feature = pd.read_csv('/home/ubuntu/Titanic_Data/train.csv')
test_feature = pd.read_csv('/home/ubuntu/Titanic_Data/test.csv')
data_test = pd.read_csv("/home/ubuntu/Titanic_Data/test.csv")
# 用正则取出我们要的属性值
split_train, split_cv = model_selection.train_test_split(train_feature,
                        test_size = 0.3, random_state = 0)
train_df = split_train.filter(
        regex = 'Survived|Age_.*|SibSp|Parch|Fare_.*|Cabin_.*|Embarked_.*|
        Sex_.*|Pclass_.*')
# 生成模型
clf = linear_model.LogisticRegression(C = 1.0, penalty = 'l1', tol = 1e-6)
clf.fit(train_df.as_matrix()[:, 1:], train_df.as_matrix()[:, 0])
# 对 cross validation 数据进行预测
cv_df = split_cv.filter(
      regex = 'Survived|Age_.*|SibSp|Parch|Fare_.*|Cabin_.*|Embarked_.*|Sex_.*|
      Pclass_.*')
predictions = clf.predict(cv_df.as_matrix()[:, 1:])
print(model_selection.cross_val_score(clf, cv_df.as_matrix()[:, 1:],
cv_df.as_matrix()[:,0], cv = 5))
origin_data_train = pd.read_csv("/home/ubuntu/Titanic_Data/train.csv")
bad_cases = origin_data_train.loc[origin_data_train['PassengerId'].isin
        (split_cv[predictions != cv_df.as_matrix()[:,0]]['PassengerId'].values)]
print(bad_cases.head(5))
    train_df = train_feature.filter(
    regex = 'Survived|Age_.*|SibSp|Parch|Fare_.*|Cabin_.*|Embarked_.*|Sex_.*|
          Pclass_.*')
train_np = train_df.as_matrix()
# y 表示 Survival 结果
y = train_np[:, 0]
# X 表示特征属性值
X = train_np[:, 1:]
# 和 LogisticRegression 中的数据进行适配
clf = linear_model.LogisticRegression(C = 1.0, penalty = 'l1', tol = 1e-6)
clf.fit(X, y)
test = test_feature.filter(regex = 'Age_.*|SibSp|Parch|Fare_.*|Cabin_.*|
                           Embarked_.*|Sex_.*|Pclass_.*')
predictions = clf.predict(test)
result = pd.DataFrame({'PassengerId':data_test['PassengerId'].as_matrix(),
                       'Survived':predictions.astype(np.int32)})
result.to_csv("/home/ubuntu/logistic_regression_predictions.csv", index = False)
```

运行结果如图 3-16 所示。

```
[0.53703704 0.57407407 0.62962963 0.60377358 0.60377358]
    PassengerId  Survived  Pclass  \
1             2         1       1
2             3         1       3
10           11         1       3
31           32         1       1
39           40         1       3

                                                 Name     Sex   Age  SibSp  \
1   Cumings, Mrs. John Bradley (Florence Briggs Th...  female  38.0      1
2                              Heikkinen, Miss. Laina  female  26.0      0
10                     Sandstrom, Miss. Marguerite Rut  female   4.0      1
31      Spencer, Mrs. William Augustus (Marie Eugenie)  female   NaN      1
39                         Nicola-Yarred, Miss. Jamila  female  14.0      1

    Parch            Ticket      Fare Cabin Embarked
1       0          PC 17599   71.2833   C85        C
2       0  STON/O2. 3101282    7.9250   NaN        S
10      1           PP 9549   16.7000    G6        S
31      0          PC 17569  146.5208   B78        C
39      0              2651   11.2417   NaN        C
```

图 3-16　数据预测运行结果

第4章　分类算法与应用

本章首先讨论数据挖掘中分类的基本概念、数据挖掘中的机器学习及数据挖掘中常见的数据集；然后介绍并实现 KNN、空间向量模型、支持向量机、决策树、随机森林等算法及应用；最后介绍模型的评判和保存。本章还将使用许多 Python 程序模块，如 NumPy、scikit-learn、Matplotlib 等。现在，请确保计算机已经安装了所需的程序包，并回顾构建一个机器学习模型的基本步骤：

数据的加载；

选择模型；

模型的训练；

模型的预测；

模型的评测；

模型的保存。

本章的主要内容如下。

（1）数据挖掘分类。

（2）KNN 算法的应用。

（3）空间向量模型的应用。

（4）支持向量机的应用。

（5）决策树的应用。

（6）随机森林的应用。

（7）模型的评判和保存。

4.1　数据挖掘

4.1.1　数据挖掘分类

分类分析是一种重要的数据挖掘技术，在行为分析、物品识别、图像检测等很多方面有着广泛的应用，其目的是根据已知类别的训练集数据，建立分类模型，并利用该分类模型预测未知类别数据对象所属的类别。例如，鸢尾花数据集的分类、电子邮件的分类（垃圾邮件和非垃圾邮件等）、新闻稿件的分类、手写数字识别、个性化营销中的客户群分类、图像/视频的场景分类等都属于分类分析应用。

分类问题是最为常见的监督学习问题，遵循监督学习的基本架构和流程。一般地，分类问题的基本流程可以分为训练和预测两个阶段。

在训练阶段，我们首先准备训练数据，训练数据可以是文本、图像、音频、视频等；其次，抽取所需要的特征，形成特征数据（也称样本属性，一般用向量形式表示）；最后，将这些特征数据连同对应的类别标记一起送入分类学习算法中，通过训练得到一个预测模型。

在预测阶段，我们首先将与训练阶段相同的特征抽取算法作用于测试数据，得到对应的特征数据；其次，使用预测模型对测试数据的特征数据进行预测；最后，得到测试数据的类别标记。

分类问题中非常常见的情况是，一个样本所属的类别互不相交，即每个输入样本被分到唯一的一个类别中。最基础的分类问题是二类分类（又称二分类）问题，即从两个类别中选择一个作为预测结果，一般对应"是/否"问题或"非此即彼"的情况，例如，判断一幅图像中是否存在猫。超过两个类别的分类问题一般称为多类分类问题（又称多分类问题、多类问题），例如，判断一幅图像中的动物是"猫""狗""鼠"中的哪一种。

此外，一个样本所属类别存在相交的情况，对应的是多标签分类问题，即判断一个样本是否同时属于多个不同类别。例如，一篇文章既可以是"长文/短文"中的"短文"，同时也可以是"散文/小说/诗歌"中的"散文"。

4.1.2　常见的分类数据集

本小节介绍几个比较常见的分类数据集，并对数据集的加载方式、数据集的特征和类别信息进行介绍。在不同的数据集上进行机器学习建模，有助于更好地掌握相关算法模型。

1. 鸢尾花数据集

鸢尾花（Iris）数据集 150 个样本，每行数据包含每个样本的 4 个特征和样本的类别信息。鸢尾花数据集的数据形式是一个 150 行 5 列的二维表。

通俗地说，鸢尾花数据集是用来给花进行分类的数据集，每个样本包含花萼长度、花萼宽度、花瓣长度、花瓣宽度 4 个特征（前 4 列）。我们需要建立一个分类器，分类器可以通过样本的 4 个特征来判断样本属于山鸢尾花（Iris Setosa）、变色鸢尾花（Iris Versicolor）还是维吉尼亚鸢尾花（Iris Virginica）。鸢尾花数据集的每个样本都包含品种信息，即目标属性（第 5 列，也叫 target 或 label）。由此可知，鸢尾花数据集每行包括 4 个输入变量和 1 个输出变量，它们的变量名分别是：花萼长度（单位为 cm）、花萼宽度（单位为 cm）、花瓣长度（单位为 cm）、花瓣宽度（单位为 cm）、类别（Iris Setosa、Iris Versicolor、Iris Virginica）。

Python 的机器学习库 scikit-learn 已经内置了鸢尾花数据集，图 4-1 展示了部分样本。

花萼长度⇕	花萼宽度⇕	花瓣长度⇕	花瓣宽度⇕	属种 ⇕
5.1	3.5	1.4	0.2	Iris Setosa
4.9	3.0	1.4	0.2	Iris Setosa
4.7	3.2	1.3	0.2	Iris Setosa
4.6	3.1	1.5	0.2	Iris Setosa
5.0	3.6	1.4	0.2	Iris Setosa
5.4	3.9	1.7	0.4	Iris Setosa
4.6	3.4	1.4	0.3	Iris Setosa
5.0	3.4	1.5	0.2	Iris Setosa

图 4-1　Iris 数据集部分样本

打开 Python 集成开发环境，输入以下代码。

```
from sklearn import datasets
iris = datasets.load_iris()
# data 对应样本的 4 个特征，有 150 行 4 列
print(iris.data.shape)
# 显示样本特征的前 5 行
print(iris.data[:5])
# target 对应样本的类别（目标属性），有 150 行 1 列
print(iris.target.shape)
# 显示所有样本的目标属性
print(iris.target)
```

运行结果如下。

```
(150, 4)
[[5.1 3.5 1.4 0.2]
 [4.9 3.  1.4 0.2]
 [4.7 3.2 1.3 0.2]
 [4.6 3.1 1.5 0.2]
 [5.  3.6 1.4 0.2]]
(150, )
[0 0 0 0 0 0 0 0 0 0 0 0 0 0 0 0 0 0 0 0 0 0 0 0 0 0 0 0 0 0 0 0 0 0 0 0 0
 0 0 0 0 0 0 0 0 0 0 0 0 0 1 1 1 1 1 1 1 1 1 1 1 1 1 1 1 1 1 1 1 1 1 1 1 1
 1 1 1 1 1 1 1 1 1 1 1 1 1 1 1 1 1 1 1 1 1 1 1 1 1 1 2 2 2 2 2 2 2 2 2 2 2
 2 2 2 2 2 2 2 2 2 2 2 2 2 2 2 2 2 2 2 2 2 2 2 2 2 2 2 2 2 2 2 2 2 2 2 2 2
 2 2]
```

其中，iris.target 用 0、1 和 2 这 3 个整数分别表示花的 3 个品种。

2. 手写数字数据集

手写数字数据集包括 1797 个 0~9 的手写数字数据，每个数字由维度为 8×8 的矩阵表示，矩阵中元素值的范围是 0~16，表示颜色的深度。

使用 sklearn.datasets.load_digits 加载数据，代码如下。

```
from sklearn.datasets import load_digits
digits = load_digits()
print(digits.data.shape)
print(digits.target.shape)
print(digits.images.shape)
```

运行结果如下。

```
(1797, 64)
(1797)
(1797, 8, 8)
```

3. MNIST 数据集

MNIST 数据集是一个手写体数据集，由 4 个部分组成，分别是 1 个训练图像集、1 个训练标签集、1 个测试图像集、1 个测试标签集。这个数据集不是普通的文本文件或是图像文件，而是一个包含 60000 幅手写体数字图像的压缩文件。

MNIST 数据集训练样本共有 60000 个，其中，55000 个用于训练，另外 5000 个用于验证（评估训练过程中的准确度）。

MNIST 数据集测试样本共有 10000 个，用于评估最终模型的准确度。MNIST 数据集中的所有数字图像已经进行尺寸归一化、数字居中处理，固定尺寸为 28 像素 × 28 像素。

4. 乳腺癌数据集

scikit-learn 内置的乳腺癌数据集是一个共有 569 个样本、30 个输入变量和 2 个分类的数据集。

乳腺癌数据集的相关统计如下。

数据集样本实例数：569 个。

特征（属性）个数：30 个特征属性和 2 个分类目标，2 个分类目标分别是恶性（malignant）、良性（benign）。

特征（属性）信息：30 个数值型测量结果由细胞核的 10 个不同特征的均值、标准差和最差值（即最大值）构成。这 10 个不同的特征分别是半径、质地、周长、面积、光滑度、致密性、凹度、凹点、对称性、分形维数，30 个特征属性如图 4-2 和图 4-3 所示。

序号	属性	最小值	最大值
1	radius (mean) ——半径（平均值）	6.981	28.11
2	texture (mean) ——质地（平均值）	9.71	39.28
3	perimeter (mean) ——周长（平均值）	43.76	188.5
4	area (mean) ——面积（平均值）	143.5	2501.0
5	smoothness (mean) ——光滑度（平均值）	0.053	0.163
6	compactness (mean) ——致密性（平均值）	0.019	0.345
7	concavity (mean) ——凹度（平均值）	0	0.427
8	concave points (mean) ——凹点（平均值）	0	0.201
9	symmetry (mean) ——对称性（平均值）	0.106	0.304
10	fractal dimension (mean) ——分形维数（平均值）	0.05	0.097
11	radius (standard error) ——半径（标准差）	0.112	2.873
12	texture (standard error) ——质地（标准差）	0.36	4.885
13	perimeter (standard error) ——周长（标准差）	0.757	21.98
14	area (standard error) ——面积（标准差）	6.802	542.2
15	smoothness (standard error) ——光滑度（标准差）	0.002	0.031

图 4-2　乳腺癌数据集 30 个特征属性（前 15 个属性）

序号	属性	最小值	最大值
16	compactness（standard error）——致密性（标准差）	0.002	0.135
17	concavity（standard error）——凹度（标准差）	0	0.396
18	concave points（standard error）——凹点（标准差）	0	0.053
19	symmetry（standard error）——对称性（标准差）	0.008	0.079
20	fractal dimension（standard error）——分形维数（标准差）	0.001	0.03
21	radius（worst）——半径（最大值）	7.93	36.04
22	texture（worst）——质地（最大值）	12.02	49.54
23	perimeter（worst）——周长（最大值）	50.41	251.2
24	area（worst）——面积（最大值）	185.2	4254.0
25	smoothness（worst）——光滑度（最大值）	0.071	0.223
26	compactness（worst）——致密性（最大值）	0.027	1.058
27	concavity（worst）——凹度（最大值）	0	1.252
28	concave points（worst）——凹点（最大值）	0	0.291
29	symmetry（worst）——对称性（最大值）	0.156	0.664
30	fractal dimension（worst）——分形维数（最大值）	0.055	0.208

图 4-3　乳腺癌数据集 30 个特征属性（后 15 个属性）

使用 sklearn.datasets 包的 load_breast_cancer 即可加载相关数据，具体代码如下。

```
from sklearn.datasets import load_breast_cancer
# 加载 scikit-learn 自带的乳腺癌数据集
dataset = load_breast_cancer()
# 提取特征数据和目标数据，都是 numpy.ndarray 类型
x = dataset.data
y = dataset.target
print(x)
print(y)
```

运行结果如下。

```
[[1.799e+01 1.038e+01 1.228e+02 ... 2.654e-01 4.601e-01 1.189e-01]
 [2.057e+01 1.777e+01 1.329e+02 ... 1.860e-01 2.750e-01 8.902e-02]
 [1.969e+01 2.125e+01 1.300e+02 ... 2.430e-01 3.613e-01 8.758e-02]
 ...
 [1.660e+01 2.808e+01 1.083e+02 ... 1.418e-01 2.218e-01 7.820e-02]
 [2.060e+01 2.933e+01 1.401e+02 ... 2.650e-01 4.087e-01 1.240e-01]
 [7.760e+00 2.454e+01 4.792e+01 ... 0.000e+00 2.871e-01 7.039e-02]]
[0 0 0 0 0 0 0 0 0 0 0 0 0 0 0 0 1 1 0 0 0 0 0 0 0 0 0 0 0 0 0 0 0 0
 1 0 0 0 0 0 0 0 1 0 1 1 1 1 1 0 0 1 0 0 1 1 1 1 0 1 0 0 1 1 1 1 0 1 0 0
 1 0 1 0 0 1 1 1 0 1 0 0 0 1 1 0 1 1 0 1 1 1 1 0 1 1 0 1 1 0 1 1
 1 1 1 1 1 0 0 0 0 0 1 0 1 0 1 0 1 0 1 0 1 1 1 0 1 1 0 1 1 1 1 1 1 0 1
 1 1 1 1 1 1 1 0 1 1 1 1 0 0 1 0 0 0 1 1 0 0 1 1 1 1 0 1 1 1 1 1 1 0 1
 1 0 1 1 0 1 1 0 0 0 1 1 1 1 1 1 1 0 0 0 0 0 0 0 0 1 1 0 0 0 1 1
 1 0 1 1 0 1 1 0 1 0 0 0 0 1 1 1 1 1 1 1 1 1 1 1 1 1 0 0 0 0 0 0 0 0
 0 0 0 0 0 0 0 1 1 1 0 1 1 1 1 0 1 1 1 1 1 1 1 1 1 1 1 1 1 1 1 1
 1 0 0 1 1 0 1 0 1 1 1 0 1 1 1 1 1 0 1 1 1 0 0 1 1 1 1 1 1 0 0 0 1 1
 1 1 0 1 0 1 1 1 1 0 1 1 1 1 1 1 1 1 1 1 1 1 1 1 1 1 1 0 0 1 0 0]
```

```
 0 1 0 0 1 1 1 1 1 0 1 1 1 1 1 0 1 1 1 0 1 1 0 0 1 1 1 1 1 1 0 1 1 1 1 1 1
 1 0 1 1 1 1 1 0 1 1 0 1 1 1 1 1 1 1 1 1 1 0 1 0 0 1 0 1 1 1 1 1 1 0 1 1
 0 1 0 1 1 0 1 0 1 1 1 1 1 1 1 0 0 1 1 1 1 1 1 0 1 1 1 1 1 1 1 1 1 1 0 1
 1 1 1 1 1 0 1 0 1 0 1 1 1 1 1 0 1 0 1 1 1 1 1 0 1 1 0 1 1 0 1 0 1 0 0
 1 1 1 0 1 1 1 1 1 1 1 1 1 1 1 1 0 1 1 1 1 1 1 1 1 1 1 1 1 1 1 1 1 1
 1 1 1 1 1 1 0 0 0 0 0 0 1]
```

4.2 使用 KNN 算法实现电影分类

4.2.1 KNN 算法的基本原理

KNN 算法的基本思想是寻找与待分类的样本在特征空间中距离最近的 k 个已标记样本（即 k 个近邻），以这些样本的标记为参考，通过投票等方式，将占比例最高的类别标记赋给待标记样本。该算法被形象地描述为"近朱者赤，近墨者黑"。

由算法的基本思想可知，KNN 分类决策需要将待标记样本与所有训练样本进行比较，不具有显式的参数学习过程，在训练阶段仅仅是将样本保存起来，训练时间为 0，可以看作直接预测。

KNN 算法需要确定 k 值、距离度量和分类决策规则。

需要注意的是，随着 k 值的不同，我们会获得不同的分类结果。如图 4-4 所示，位于中心的+表示待分类样本，当 $k=3$ 时，待分类样本点的近邻都为■，可被判定类别为■；当 $k=9$ 时，该样本的近邻中■与▲的比例为 5：4，仍可被判定为■；当 $k=13$ 时，该样本近邻中■与▲的比例为 6：9，此时，该样本被判定为▲。一般地，当 k 值过小时，只有少量的训练样本对预测起作用，容易发生过拟合，或者受含噪声训练数据的干扰导致预测错误。反之，k 值过大，过多的训练样本对预测起作用，当不同类别样本数量不均衡时，结果偏向数量占优的样本，也容易产生预测错误。在实际应用中，k 值一般取较小的奇数。一般以分类错误率或者平均误差等为评价标准，采用交叉验证法选取最优的 k 值。当 $k=1$ 时，该算法又称为最近邻算法。

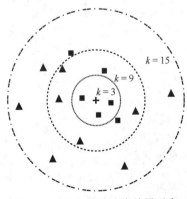

图 4-4 KNN 算法分类结果示意

　　两个样本的距离反映的是这两个样本的相似程度。KNN 算法要求数据的所有特征都可以进行量化比较，若数据特征中存在非数值的类型，则必须采取手段将其量化为数值，再进行距离计算。KNN 模型的特征空间一般是 n 维实数向量空间。常用的距离度量为欧氏距离，也可以是一般的 L_p 距离、离散余弦距离等。不同的距离度量所确定的最近邻点是不同的，对分类的精度影响较大。

　　KNN 算法的优点有以下几个。

　　① 简单，易于理解，易于实现。

　　② 只需要保存训练样本和标记，不需要估计参数，也不需要训练模型。

　　③ 不易受最小错误概率的影响。理论证明，最近邻的渐进错误率最坏时不会超过 2 倍的贝叶斯错误率，最好时可接近或达到贝叶斯错误率。

　　KNN 算法的缺点有以下几个。

　　① k 值的选择不固定。

　　② 预测结果容易受含噪声数据的影响。

　　③ 当样本不平衡时，新样本的类别偏向于训练样本中数量占优的类别，容易导致预测错误。

　　④ 具有较高的计算复杂度和内存消耗，因为对每一个待分类的文本都要计算它到其他所有已知样本的距离，才能求得它的 k 个近邻点。

4.2.2　使用 Python 实现 KNN 算法

　　基于以上对 KNN 算法的介绍，下面带领大家使用 Python 实现 KNN 算法，代码如下。

```python
# 导入所需要的包
import numpy as np
from math import sqrt
from collections import Counter
# 定义 KNN_distance() 函数
def KNN_distance(k, X_train, Y_train, x):
    # 保证 k 有效
    assert 1 <= k <= X_train.shape[0]
    # X_train 的值必须等于 Y_train 的值
    assert X_train.shape[0] == Y_train.shape[0]
    # x 的特征号必须等于 X_train
    assert X_train.shape[1] == x.shape[0]
    # 计算距离
    distance = [sqrt(np.sum((x_train - x)**2)) for x_train in X_train]
    # 返回距离值从小到大排序后的索引值的数组
    nearest = np.argsort(distance)
    # 获取距离最小的前 k 个样本的标签
    topk_y = [Y_train[i] for i in nearest[:k]]
    # 统计前 k 个样本的标签类别及对应的频数
    votes = Counter(topk_y)
    # 返回频数最多的类别
```

```
        return votes.most_common(1)[0][0]
if __name__ == "__main__":
    # 使用 NumPy 生成 8 个点
    X_train = np.array([[1.0, 3.5],
                        [2.0, 7],
                        [3.0, 10.5],
                        [4.0, 14],
                        [5, 25],
                        [6, 30],
                        [7, 35],
                        [8, 40]])
    # 使用 NumPy 生成 8 个点对应的类别
    Y_train = np.array([0, 0, 0, 0, 1, 1, 1, 1])
    # 使用 NumPy 生成待分类样本点
    x = np.array([8, 21])
    # 调用 KNN_distance() 函数,并传入参数
    label = KNN_distance(3, X_train, Y_train, x)
    # 显示待测样本点的分类结果
    print(label)
```

运行结果如下。

```
1
```

由此可以得出结论:待测样本点[8, 21]的类别标签为 1。

4.2.3　KNN 算法在电影分类中的应用

众所周知,电影可以按照题材分类,然而题材本身是如何定义的?动作片中会存在接吻镜头,爱情片中也会存在打斗镜头,我们不能单纯依靠是否存在打斗或者亲吻镜头来判断影片的类型。但是,爱情片中的亲吻镜头更多,动作片中的打斗镜头更多。

图 4-5 显示了 7 部电影打斗和接吻镜头的数量,其中有一部未标记类型的电影,如何确定它是爱情片还是动作片呢?我们可以使用 KNN 算法建模,基于电影中亲吻、打斗镜头出现的次数来划分电影的类型。

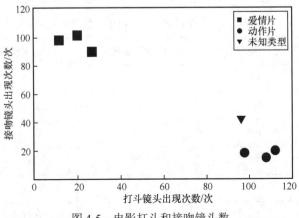

图 4-5　电影打斗和接吻镜头数

以《大话西游》为例，我们先需要知道这部电影存在多少个打斗镜头和接吻镜头。图 4-5 中"▼"表示《大话西游》中打斗和接吻镜头的数量，具体如表 4-1 所示。

表 4-1　电影的打斗、接吻镜头出现次数及类型

电影名称	打斗镜头出现次数/次	接吻镜头出现次数/次	电影类型
《无问西东》	20	101	爱情片
《后来的我们》	27	89	爱情片
《前任 3》	12	97	爱情片
《红海行动》	108	15	动作片
《唐人街探案》	112	19	动作片
《战狼 2》	98	18	动作片
《大话西游》	96	40	?

人们凭借观影经验可以很容易地得出《大话西游》这部电影应当属于爱情片，然而计算机不行。接下来，我们使用欧氏距离找出距《大话西游》比较近的电影，然后根据已有电影的类型来确定其题材。

在二维空间中，$d(x,y)$ 为点 (x_2,y_2) 与点 (x_1,y_1) 之间的欧氏距离（直线距离），其计算式为

$$d(x,y)=\sqrt{(x_2-x_1)^2+(y_2-y_1)^2}$$

在 n 维空间，$d(X,Y)$ 为两个 n 维向量 $X=(x_{11},x_{12},\cdots,x_{1n})$ 与 $Y=(y_{21},y_{22},\cdots,y_{2n})$ 之间的欧氏距离，其计算式为

$$d(X,Y)=\sqrt{(x_1-y_1)^2+(x_2-y_2)^2+\cdots+(x_n-y_n)^2}=\sqrt{\sum_{i=1}^{n}(x_i-y_i)^2}$$

现在我们根据欧氏距离公式，分别计算《大话西游》与其他 6 部电影之间的距离，并将这 6 部电影按照距离进行升序排序。得到的结果如表 4-2 所示。

表 4-2　《大话西游》与其他电影的欧氏距离

电影名称	打斗镜头出现次数/次	接吻镜头出现次数/次	电影类型	欧氏距离
《战狼 2》	98	18	动作片	22.090722
《唐人街探案》	112	19	动作片	26.400758
《红海行动》	108	15	动作片	27.730849
《后来的我们》	27	89	爱情片	84.628600
《无问西东》	20	101	爱情片	97.452553
《前任 3》	12	97	爱情片	101.513546

令 $k = 3$，则与《大话西游》欧氏距离较小的 3 部电影依次是《战狼2》《唐人街探案》和《红海行动》。KNN 算法按照欧氏距离较小的 3 部电影的类型，决定《大话西游》的类型，而这 3 部电影全是动作片，因此判定是动作片。具体代码如下。

```python
# 导入包
import pandas as pd
from sklearn.neighbors import KNeighborsClassifier


# 构建 KNN 分类器
# dataSet: 特征空间样本集
# labels:特征空间样本集对应的分类标签
# k: KNN 算法中 k 的取值
# testSet: 预测样本数据
def KNNClassifier(dataSet, labels, k, testSet):
    # 获得 KNN 分类器
    KNN = KNeighborsClassifier(n_neighbors = k)
    # 导入数据进行训练
    KNN.fit(dataSet, labels)
    # 返回分类结果
    return KNN.predict(testSet)


# 构建本例所需数据
def createDataSet():
    return pd.DataFrame({
        '电影名称': ['《战狼2》', '《唐人街探案》', '《红海行动》', '《后来的我们》',
                   '《无问西东》','《前任3》'],
        '打斗镜头': [98, 112, 108, 27, 20, 12],
        '接吻镜头': [18, 19, 15, 89, 101, 97],
        '电影类型': ['动作片', '动作片', '动作片', '爱情片', '爱情片', '爱情片']
    })

# 生成数据
movieDatas = createDataSet()
dataSet = movieDatas[['打斗镜头', '接吻镜头']].values
labels = movieDatas['电影类型'].values
testSet = [[96, 40]]

# k = 1 时，《大话西游》的分类结果
predict1 = KNNClassifier(dataSet, labels, 1, testSet)
print('k = 1 时，《大话西游》的分类结果为: ', predict1)

# k = 3 时，《大话西游》的分类结果
predict3 = KNNClassifier(dataSet, labels, 3, testSet)
print('k = 3 时，《大话西游》的分类结果为: ', predict3)

# k = 5 时，《大话西游》的分类结果
predict5 = KNNClassifier(dataSet, labels, 5, testSet)
print('k = 5 时，《大话西游》的分类结果为: ', predict5)
```

运行结果如下。

```
k = 1 时,《大话西游》的分类结果为: ['动作片']
k = 3 时,《大话西游》的分类结果为: ['动作片']
k = 5 时,《大话西游》的分类结果为: ['动作片']
```

结果分析如下。

程序中以测试样本《大话西游》对应的数据[96, 40]为例,结合程序运行结果与表 4-2 中的数据可知,分别对 $k=1$、$k=3$ 和 $k=5$ 时的分类情况进行预测。

当 $k=1$ 时,与《大话西游》欧氏距离较小的影片为《战狼 2》(动作片),因此可判断《大话西游》为动作片。

当 $k=3$ 时,与《大话西游》欧氏距离较小的影片为《战狼 2》《唐人街探案》和《红海行动》,皆属于动作片,因此可判断《大话西游》也是动作片。

当 $k=5$ 时,与《大话西游》欧氏距离较小的 5 部影片中有 3 部属于动作片,2 部属于爱情片,动作片所占比例更高,因此遵循少数服从多数的思想,仍可以判断其类型为动作片。

4.2.4 电影分类的可视化

为让结果更加直观,我们在上例的基础上进行可视化操作。代码如下。

```python
import numpy as np
import pandas as pd
import matplotlib.pyplot as plt
from sklearn.neighbors import NearestNeighbors
from sklearn.neighbors import KNeighborsClassifier
# 构建 KNN 分类器
# dataSet: 特征空间样本集
# labels:特征空间样本集对应的分类标签
# testSet: 预测样本数据
# k: KNN 算法中 k 的取值
def KNNClassifier(dataSet, labels, testSet, k):
    # 获得 KNN 分类器
    KNN = KNeighborsClassifier(n_neighbors = k)
    # 导入数据进行训练
    KNN.fit(dataSet, labels)
    # 返回分类结果
    return KNN.predict(testSet)


# 获得距离预测数据最近 k 个样本的索引编号和的距离信息
def getNeighbors(dataSet, testSet, k):
    # 构建 NearestNeighbors
    neigh = NearestNeighbors(n_neighbors = k)
    # 导入数据进行训练
    neigh.fit(dataSet)
    # 使用 NearestNeighbors 的 kneighbors() 方法, 可从 dataSet 获得距离预测数据较近的 k
    # 个样本的索引编号和距离信息
    rsts = neigh.kneighbors(testSet, k)
    # 距离较近的 k 个样本的距离信息, 从近到远
    rsts0 = rsts[0]
```

```
    # 距离较近的 k 个样本的索引编号，从近到远
    rsts1 = rsts[1]
    return rsts0, rsts1

# 构建本例所需数据
def createDataSet():
    return pd.DataFrame({
        '电影名称': ['《战狼2》', '《唐人街探案》', '《红海行动》', '《后来的我们》',
'《无问西东》','《前任3》'],
        '打斗镜头': [98, 112, 108, 27, 20, 12],
        '接吻镜头': [18, 19, 15, 89, 101, 97],
        '电影类型': ['动作片', '动作片', '动作片', '爱情片', '爱情片', '爱情片']})

# 生成数据
movieDatas = createDataSet()
dataSet = movieDatas[['打斗镜头', '接吻镜头']].values
labels = movieDatas['电影类型'].values
test_movie_name = '《大话西游》'
testSet = [[96, 40]]
# 测试样本的 x 坐标
test_x = testSet[0][0]
# 测试样本的 y 坐标
test_y = testSet[0][1]
# k = 3时，《大话西游》的分类结果
k = 3
predict3 = KNNClassifier(dataSet, labels, testSet, k)
print('k = {0}时，{1}的分类结果为：{2}'.format(k, test_movie_name, predict3[0]))
rsts = getNeighbors(dataSet, testSet, k)
# 距离较近的 k 个样本的距离信息，从近到远
disDatas = rsts[0][0]
# 距离较近的 k 个样本的索引编号，根据距离从近到远
indexDatas = rsts[1][0]
for dis, index in zip(disDatas, indexDatas):
    movie_name = movieDatas['电影名称'][index]
    print('k = {0}时，{1}与{2}的距离为{3}: '.format(k, test_movie_name, movie_name,
                                    dis))
# 数据可视化
aiqing = movieDatas.query("电影类型 == '爱情片'")
dongzuo = movieDatas.query("电影类型 == '动作片'")
plt.rcParams['font.sans-serif'] = ['Microsoft YaHei']
plt.rcParams['axes.unicode_minus'] = False
plt.rcParams.update({"font.size": 14})    # 此处必须添加此句代码方可改变标题字体大小
plt.scatter(x = aiqing['打斗镜头'], y = aiqing['接吻镜头'], marker = 's',
        s = 150, c = 'black', label = "爱情片")
plt.scatter(x = dongzuo['打斗镜头'], y = dongzuo['接吻镜头'], s = 150, c = 'black',
        label="动作片")
plt.scatter(x = test_x, y = test_y, marker = 'v', s = 150, c = 'black')
plt.text(x = test_x, y = test_y + 10, s = '{0}属于\n{1}'.format(test_movie_name,
        predict3[0]), verticalalignment='bottom', horizontalalignment='center')

# 绘制测试点与邻居间的连线
```

```
for i in indexDatas:
    line_x = [movieDatas['打斗镜头'][i], test_x]
    linx_y = [movieDatas['接吻镜头'][i], test_y]
    plt.plot(line_x, linx_y, ':')
plt.title('电影分类预测结果', fontsize = 14)
plt.xlabel('打斗镜头')
plt.ylabel('接吻镜头')
plt.xlim(0, 120)
plt.ylim(0, 120)
plt.legend()
plt.show()
```

运行结果如图 4-6 所示。

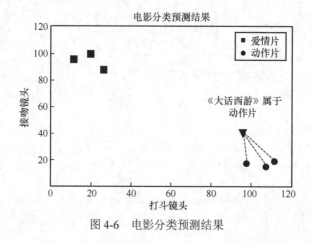

图 4-6　电影分类预测结果

4.3　基于文档的空间向量模型应用

4.3.1　空间向量原理与应用场景

机器学习算法让计算机自己去学习已经分类好的训练集,然而计算机是很难按人类理解文章那样来学习文章的,因此,要使计算机能够高效地处理真实文本,就必须找到一种理想的形式化表示方法,这个过程就是文档建模。文档建模一方面要能够真实地反映文档的内容,另一方面又要具有对不同文档的区分能力。文档建模比较通用的方法包括布尔模型、空间向量模型和概率模型,其中最为广泛使用的是空间向量模型。

经典的空间向量模型由 Salton 等人于 20 世纪 60 年代提出,并成功地应用于著名的 SMART 文本检索系统。空间向量模型将文本描述为以一系列关键词的权重为分量的 N 维向量,这样,每一篇文本的量化结果都有相同的长度(这里的长度由语料库的词汇总量决定),从而把对文本内容的处理简化为向量空间中的向量运算。空间向量模型以空间上的相似度表达语义的相似度,直观易懂。用 D 表示文本,t 表示关键词(即出现在文本 D 中且能够代表该文本内容的基本语言单位，主要是由词或者短语构成），则文本可以用关键词集表示为 $D(T_1, T_2, \cdots, T_n)$，其中 T_k 是特征项，要求满足 $1 \leqslant k \leqslant n$。例如，一篇文档中有 a、b、c、d 这 4 个特征项，那么这篇文档就可以表示为 $D(a, b, c, d)$。

对含有 n 个特征项的文本而言，每个特征项通常会赋予一定的权重，表示其重要程度，即 $\boldsymbol{D}_{\mathrm{v}} = D_{\mathrm{w}}(T_1, W_1; T_2, W_2; \cdots; T_n, W_n)$，简记为 $\boldsymbol{D}_{\mathrm{v}} = D_{\mathrm{w}}(W_1, W_2, \cdots, W_n)$。我们把它叫作文本 D 的权值向量表示，其中 W_k 是 T_k 的权重，$1 \leqslant k \leqslant n$。如果 a、b、c、d 的权重分别为 10、20、30、10，那么该文本的向量表示为 $D = (10, 20, 30, 10)$。

在空间向量模型中，两个文本 D_1 和 D_2 之间的内容相关度 $\mathrm{Sim}(\boldsymbol{D}_{\mathrm{v1}}, \boldsymbol{D}_{\mathrm{v2}})$ 常用向量之间夹角的余弦值表示为

$$\mathrm{Sim}(\boldsymbol{D}_{\mathrm{v1}}, \boldsymbol{D}_{\mathrm{v2}}) = \cos\theta = \frac{\displaystyle\sum_{k-1}^{n} W_{1k} \times W_{2k}}{\sqrt{\left(\displaystyle\sum_{k-1}^{n} W_{1k}^2\right) \times \left(\displaystyle\sum_{k-1}^{n} W_{2k}^2\right)}}$$

其中，W_{1k}、W_{2k} 分别表示文本 D_1 和 D_2 第 k 个特征项的权值，$1 \leqslant k \leqslant n$。

在自动归类中，我们可以利用类似的方法来计算待归类文档和某类目的相关度。

假设文本 D_1 的特征项为 a、b、c、d，权值分别为 10、20、30、10；文本 D_2 的特征项为 a、c、d、e，权值分别为 10、30、20、10，则 D_1 的向量表示为 $\boldsymbol{D}_{\mathrm{v1}} = (10, 20, 30, 10, 0)$，$D_2$ 的向量表示为 $\boldsymbol{D}_{\mathrm{v2}} = (10, 0, 30, 20, 10)$，则根据上式计算出来的文本 D_1 与类目 D_2 相关度是 0.80。

4.3.2　文档的空间向量模型应用实现

Gensim 是一个免费的 Python 工具包，致力于处理原始的、非结构化的数字文本（普通文本），可以用于从文档中自动提取语义主题。Gensim 中用到的算法，如潜在语义分析（latent semantic analysis，LSA）、隐狄利克雷分布（latent Dirichlet allocation，LDA）或随机预测等，是通过检查单词在训练语料库的同一文档中的统计共现模式来发现文档的语义结构。

安装 Gensim 有以下两种命令。

（1）sudo apt-get install python-numpy python-scipy。

（2）pip install gensim。

让我们从用字符串表示的文档开始学习 Gensim 包的内容，具体如下。

```
>>> from gensim import corpora
>>> documents = ["Human machine interface for lab abc computer applications",
>>>              "A survey of user opinion of computer system response time",
>>>              "The EPS user interface management system",
>>>              "System and human system engineering testing of EPS",
>>>              "Relation of user perceived response time to error measurement",
>>>              "The generation of random binary unordered trees",
>>>              "The intersection graph of paths in trees",
```

```
>>>              "Graph minors IV Widths of trees and well quasi ordering",
>>>              "Graph minors A survey"]
```

这是一个由 9 篇文档组成的微型语料库,每个文档仅有一个句子组成。我们需要对这些文档进行标记处理,删除常用词(利用停用词表)和整个语料库中仅出现一次的词,具体如下。

```
>>> # 删除常用词并分词
>>> stoplist = set('for a of the and to in'.split())
>>> texts = [[word for word in document.lower().split() if word not in stoplist]
>>>          for document in documents]
>>> # 删除仅出现一次的词
>>> from collections import defaultdict
>>> frequency = defaultdict(int)
>>> for text in texts:
>>>     for token in text:
>>>         frequency[token] += 1
>>>
>>> texts = [[token for token in text if frequency[token] > 1]
>>>          for text in texts]
>>> from pprint import pprint  # pretty-printer
>>> pprint(texts)
[['human', 'interface', 'computer'],
 ['survey', 'user', 'computer', 'system', 'response', 'time'],
 ['eps', 'user', 'interface', 'system'],
 ['system', 'human', 'system', 'EPS'],
 ['user', 'response', 'time'],
 ['trees'],
 ['graph', 'trees'],
 ['graph', 'minors', 'trees'],
 ['graph', 'minors', 'survey']]
```

读者可以使用不同的方式处理文件。上述代码中仅利用空格切分字符串来标记化,并将它们都转成小写。

一个文档必须由从其中提取出来的特征表示,而不是字符串的表示形式。

为了将文档转换为向量,我们采用一种称为词袋的文档表示方法。在这种表示方法中,每个文档由一个向量表示,该向量的每个元素表示这样一个问答对:"system 这个单词出现了多少次? 1 次"。

我们用这些问题的(整数)编号来代替这些问题,具体代码如下。问题与编号之间的映射,我们称其为字典(dictionary)。

```
>>> dictionary = corpora.Dictionary(texts)
>>> dictionary.save('/tmp/deerwester.dict')   # 把字典保存起来,方便以后使用
>>> print(dictionary)
Dictionary(12 unique tokens)
```

在上述代码中,我们利用 gensim.corpora.dictionary.Dictionary 类为每个出现在语料库中的单词分配了一个独一无二的编号。这个操作收集了单词计数及其他相关的统计信息。在代码结尾,我们看到语料库中有 12 个不同的单词,这表明每个文档将用 12 个数字表示(即 12 维向量)。以下代码用于查看单词与编号之间的映射关系。

```
>>> print(dictionary.token2id)
```

```
{'minors': 11, 'graph': 10, 'system': 5, 'trees': 9, 'eps': 8, 'computer': 0,
 'survey': 4, 'user': 7, 'human': 1, 'time': 6, 'interface': 2, 'response': 3}
```

为了将标记化的文档转换为向量，我们需要生成稀疏向量，代码如下。

```
>>> new_doc = "Human computer interaction"
>>> new_vec = dictionary.doc2bow(new_doc.lower().split())
>>> print(new_vec)  # interaction 没有在 dictionary 中出现，因此会被忽略
[(0, 1), (1, 1)]
```

doc2bow()方法简单地对每个不同单词的出现次数进行了计数，并将单词转换为其编号，然后以稀疏向量的形式返回结果。稀疏向量[(0, 1), (1, 1)]表示：在 "Human computer interaction" 中 "computer" (编号 0)和 "human" (编号 1)各出现 1 次，其他 10 个 dictionary 中的单词没有出现过。

我们采用上述方法对前文中用 9 篇文档组成的微型语料库进行处理，代码如下。

```
>>> corpus = [dictionary.doc2bow(text) for text in texts]
>>> corpora.MmCorpus.serialize('/tmp/deerwester.mm', corpus)
# 存入硬盘，以备后需
>>> print(corpus)
[(0, 1), (1, 1), (2, 1)]
[(0, 1), (3, 1), (4, 1), (5, 1), (6, 1), (7, 1)]
[(2, 1), (5, 1), (7, 1), (8, 1)]
[(1, 1), (5, 2), (8, 1)]
[(3, 1), (6, 1), (7, 1)]
[(9, 1)]
[(9, 1), (10, 1)]
[(9, 1), (10, 1), (11, 1)]
[(4, 1), (10, 1), (11, 1)]
```

从上面的输出可以看出，对于前 6 个文档，编号为 10 的属性值为 0，即表示问题 "graph 这个单词出现了多少次" 的答案是 "0"；而对于其他文档，该问题的答案是 "1"。

在所有的语料库格式中，一种非常出名的格式是 Market Matrix。想要将语料库保存为这种格式，使用的代码如下。

```
>>> from gensim import corpora
>>> # 创建一个小语料库
>>> corpus = [[(1, 0.5)], []]
>>> corpora.MmCorpus.serialize('/tmp/corpus.mm', corpus)
```

其他格式还有 Joachim's SVMlight、Blei's LDA-C 等，所用代码如下。

```
>>> corpora.SvmLightCorpus.serialize('/tmp/corpus.svmlight', corpus)
>>> corpora.BleiCorpus.serialize('/tmp/corpus.lda-c', corpus)
>>>
```

Gensim 包提供许多高效的工具函数，帮助读者实现语料库与 NumPy 矩阵之间互相转换，示例如下。

```
>>> corpus = gensim.matutils.Dense2Corpus(numpy_matrix)
>>> numpy_matrix = gensim.matutils.corpus2dense(corpus, num_terms =
                                            number_of_corpus_features)
```

Gensim 包还可实现语料库与 scipy 稀疏矩阵之间的转换，示例如下。

```
>>> corpus = gensim.matutils.Sparse2Corpus(scipy_sparse_matrix)
>>> scipy_csc_matrix = gensim.matutils.corpus2csc(corpus)
```

4.4 使用支持向量机进行数据分类

4.4.1 支持向量机原理与应用

本节将介绍支持向量机，在介绍支持向量机之前，我们先学习一下什么是多分割平面问题。如图 4-7 所示，对于一个二分类问题，或许存在众多分割平面可以将数据完全划分为不同的类别，但是否每一个分割平面都有价值？或者在众多分割平面中，我们该选择哪个分割平面？它们之间是否存在"最优"分割超平面？如果存在，我们将如何定义两个集合的"最优"分割超平面？

直观上看，应该去找位于两类训练样本"正中间"的划分超平面，即图 4-7 中加粗的那条线，因为该划分超平面对训练样本局部扰动的"容忍"性最好。例如，由于训练集的局限性或噪声的因素，训练集外的样本可能比图 4-7 中的训练样本更接近两个类的分隔界，这将使许多划分超平面出现错误，而加粗的超平面受到的影响最小。换言之，这个划分超平面所产生的分类结果是最稳健的，对未见示例的泛化能力是最强的。

支持向量机是建立在统计学习理论的 VC（Vapnik-Chervonenkis，万普尼克–泽范兰杰斯）维理论和结构风险最小原理基础上的，根据有限的样本信息在模型的复杂性（即对特定训练样本的学习精度）和学习能力（即无错误地识别任意样本的能力）之间寻求最佳折中，以求获得最好的推广能力。换言之，对于图 4-8 所示内容，实线分割平面即是我们寻找出的支持向量机分割超平面。如何确定超平面，具体如下。

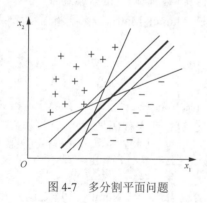

图 4-7　多分割平面问题

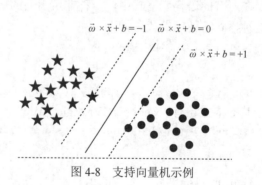

图 4-8　支持向量机示例

分割超平面可以通过如下方程描述。

$$\boldsymbol{\omega}^{\mathrm{T}} \boldsymbol{X} + b = 0$$

其中，$\boldsymbol{\omega}$ 表示法向量，决定了方向；b 表示位移。而我们的目标为 $\min(\omega b)\dfrac{1}{2}\|\boldsymbol{\omega}\|^2$ 的超平面。

支持向量机可用于监督学习算法分类、回归和异常检测。

支持向量机的优势有以下 3 点。

（1）在高维空间中非常高效。

（2）即使在数据维度比样本数量大的情况下仍然有效。

（3）在决策函数（也称为支持向量）中使用训练集的子集，因此它也是高效利用内存的。

支持向量机的缺点包括以下 3 点。

（1）如果特征数量比样本数量大得多，在选择核函数时要避免过拟合。

（2）正则化项是非常重要的。

（3）支持向量机不直接提供概率估计，这些都是使用 5 折交叉验法计算的。

1．支持向量机实现分类

下面我们一起来学习使用支持向量机来实现分类过程，使用 scikit-learn 中 svm.SVC() 方法可以实现。

使用 svm.SVC() 方法将两个数组作为输入：将维度为[n_samples, n_features]的数组 X 作为训练样本，将维度为[n_samples]的数组 y 作为类别标签（字符串或者整数），代码如下。

```
>>> from sklearn import svm
>>> X = [[0, 0], [1, 1]]
>>> y = [0, 1]
>>> clf = svm.SVC()
>>> clf.fit(X, y)
SVC(C = 1.0, cache_size = 200, class_weight = None, coef0 = 0.0,
    decision_function_shape = 'ovr', degree = 3, gamma = 'auto', kernel =
    'rbf', max_iter = -1, probability = False, random_state = None,
    shrinking = True, tol = 0.001, verbose = False)
```

在训练完成后，使用模型预测新的值，代码如下。

```
>>> clf.predict([[2., 2.]])
array([1])
```

支持向量机决策函数取决于训练集的一些子集，称作支持向量。这些支持向量的部分特性可以在属性 support_vectors_、support_ 和 n_support 找到。

```
>>> # 获得支持向量
>>> clf.support_vectors_array([[ 0., 0.], [ 1., 1.]])
>>> # 获得支持向量的索引 get indices of support vectors
>>> clf.support_array([0, 1]...)
>>> # 为每一个类别获得支持向量的数量
>>> clf.n_support_array([1, 1]...)
```

2．支持向量机实现回归

支持向量机实现回归有 3 种不同的实现形式，分别为 SVR 和 LinearSVR、NuSVR。

分类与回归是十分相似的，同样，我们可以调用回归中 fit() 方法实现对输入参数 X、y 的训练。此时的 y 是连续型数据，而不是离散型数据。具体代码如下。

```
from sklearn import svm
X = [[0, 0], [2, 2]]
y = [0.5, 2.5]
clf = svm.SVR(C = 1.0, cache_size = 200, coef0 = 0.0, degree = 3, epsilon = 0.1,
```

```
            gamma = 'auto', kernel = 'rbf', max_iter = -1, shrinking = True,
            tol = 0.001,
verbose=False)
clf.fit(X, y)
clf.predict([[1, 1]])
```

运行结果如下。

```
array([1.5])
```

3. 支持向量机异常检测

支持向量机同样可以用于异常值的检测，即给定一个样例集，它会生成这个样例集的支持边界，因此，当遇到一个新的数据点时，我们可以通过支持边界检测该数据点是否属于这个样例集。

下面使用 one-class SVM()方法实现异常检测，得到的结果如图 4-9 所示。

```
>>> print(__doc__)
>>> import numpy as np
>>> import matplotlib.pyplot as plt
>>> import matplotlib.font_manager
>>> from sklearn import svm
>>> xx, yy = np.meshgrid(np.linspace(-5, 5, 500), np.linspace(-5, 5, 500))
# 生成训练数据
>>> X = 0.3 * np.random.randn(100, 2)
>>> X_train = np.r_[X + 2, X - 2]
# 生成规律的正常观测点
>>> X = 0.3 * np.random.randn(20, 2)
>>> X_test = np.r_[X + 2, X - 2]
# 生成规律的异常观测点
>>> X_outliers = np.random.uniform(low = -4, high = 4, size = (20, 2))
# 训练模型
>>> clf = svm.OneClassSVM(nu = 0.1, kernel = "rbf", gamma = 0.1)
>>> clf.fit(X_train)
>>> y_pred_train = clf.predict(X_train)
>>> y_pred_test = clf.predict(X_test)
>>> y_pred_outliers = clf.predict(X_outliers)
>>> n_error_train = y_pred_train[y_pred_train == -1].size
>>> n_error_test = y_pred_test[y_pred_test == -1].size
>>> n_error_outliers = y_pred_outliers[y_pred_outliers == 1].size
# 将直线、点和最近的向量绘制到平面上
>>> Z = clf.decision_function(np.c_[xx.ravel(), yy.ravel()])
>>> Z = Z.reshape(xx.shape)
>>> plt.title("Novelty Detection")
>>> plt.contourf(xx, yy, Z, levels = np.linspace(Z.min(), 0, 7),
                 cmap = plt.cm.PuBu)
>>> a = plt.contour(xx, yy, Z, levels = [0], linewidths = 2, colors = 'darkred')
>>> plt.contourf(xx, yy, Z, levels = [0, Z.max()], colors = 'palevioletred')
>>> s = 40
>>> b1 = plt.scatter(X_train[:, 0], X_train[:, 1], c = 'white', s = s,
                     edgecolors = 'k')
>>> b2 = plt.scatter(X_test[:, 0], X_test[:, 1], c = 'blueviolet', s = s,
                     edgecolors = 'k')
>>> c = plt.scatter(X_outliers[:, 0], X_outliers[:, 1], c = 'gold', s = s,
```

```
                      edgecolors = 'k')
>>> plt.axis('tight')
>>> plt.xlim((-5, 5))
>>> plt.ylim((-5, 5))
>>> plt.legend([a.collections[0], b1, b2, c],
               ["learned frontier",
                "training observations",
                "new regular observations",
                "new abnormal observations"],
                loc = "upper left",
           prop = matplotlib.font_manager.FontProperties(size = 11))
>>> plt.xlabel(
    "error train: %d/200 ; errors novel regular: %d/40 ; "
    "errors novel abnormal: %d/40"
    % (n_error_train, n_error_test, n_error_outliers))
>>> plt.show()
```

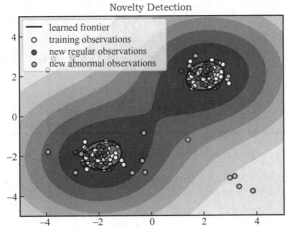

error train: 19/200；errors novel regular：5/40；errors novel abnormal：1/40

图 4-9　异常检测示例

4.4.2　线性可分与线性不可分

图 4-7 中展示的样本是线性可分的，此时我们可以使用支持向量机通过线性分类器来训练数据。但在实际任务中，原始样本空间往往找不出一个分割超平面可以完美地划分样本。例如，在图 4-10 所示的空间中，样本○和样本●找不到一个分割超平面，这种现象称为线性不可分。

为了能够找出非线性数据的线性决策边界，我们可以采用升维的思想，将数据从原始的空间 x 映射到新空间 $\Phi(x)$ 中。$\Phi(x)$ 是一个映射函数，它表示某种非线性变换。不过数据空间映射将带来巨大的计算量，解决这个问题的方式称为核技巧（kernel trick）。这是一种能够使用数据原始空间中的向量计算来表示升维后空间中的点积结果的数学方式，具体表示为：$K(u,v) = \phi(u) \cdot \phi(v)$。而这个原始空间中的点积函数 $K(u,v)$ 被称为核函数。常见的核函数包括线性核函数、多项式核函数、双曲正切核函数、高斯径向基核函数等。

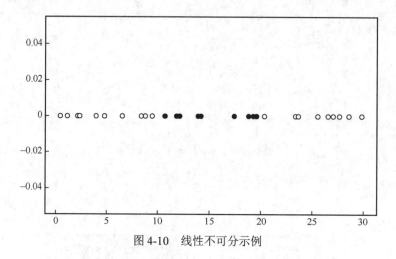

图4-10　线性不可分示例

针对图 4-10 所示的线性不可分问题，我们可以引入二次多项式核函数来解决，得到的结果如图 4-11 所示。二次多项式核函数的表达式如下。

$$g(x) = w_0 + w_1 x + w_2 x^2$$

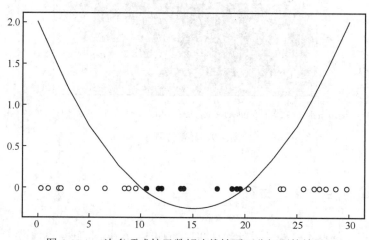

图4-11　二次多项式核函数解决线性不可分问题的结果

为了演示不同核函数对分类的影响，这里给出一个示例，大致步骤如下。

步骤 1：导入包，代码如下。

```
import numpy as np
import matplotlib.pyplot as plt
from matplotlib.colors import ListedColormap
from sklearn.model_selection import train_test_split
from sklearn.preprocessing import StandardScaler
from sklearn.datasets import make_circles
```

```
from sklearn.svm import SVC
```

相关参数解释如下。

颜色映射类 ListedColormap 是为画等高线做准备；train_test_split()是数据集划分的一个快捷函数；StandardScaler()是为了对数据进行标准化而引入的；make_circles()是 dataset 模块提供的一个构建圆形数据集的快捷函数；scikit-learn 中的支持向量机算法在 svm 模块中，SVC 是一种常用的非线性多维支持向量分类算法。

步骤 2：数据准备，代码如下。运行结果如图 4-12 所示。

```
X, y = make_circles(noise = 0.2, factor = 0.5, random_state = 1)
X_ = StandardScaler().fit_transform(X)
X_train, X_test, y_train, y_test = \
train_test_split(X_, y, test_size = .4, random_state = 42)
plt.figure(figsize = (6,6), dpi = 100)
plt.scatter(X[y == 0,0], X[y == 0,1], marker = 'o')
plt.scatter(X[y == 1,0], X[y == 1,1], marker = '+')
```

相关参数解释如下。

① 本示例的数据集采用 dataset 模块的构建函数自行构建，在构建数据的过程中，加入了 noise 来产生高斯噪声数据；factor 用于指定内、外圆的伸缩因子；random_state 指定随机状态，以便于复现。

② 使用 StandardScaler()对生成的样本数据进行标准化，这个操作又称为 Z-score 标准化。

③ train_test_split()函数是一个快速数据集分割函数，其中的 test_size 指定测试集的比例，同样指定了随机状态，以便于复现。

④ plt.scatter()将内圈数据标识成 +，将外圈数据标识成 ●。

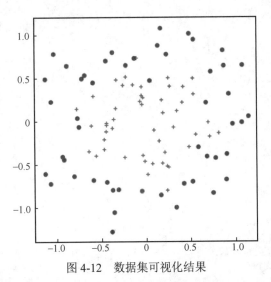

图 4-12　数据集可视化结果

步骤 3：模型构建，代码如下。

```
names = ["Linear SVM", "RBF SVM", "Poly SVM",'Sigmoid SVM']
classifiers = [
                SVC(kernel = "linear", C = 0.025),
```

```
                    SVC(gamma = 2, C = 1),
                    SVC(kernel = 'poly', degree = 4),
                    SVC(kernel = 'sigmoid')]
```

相关参数解释如下。

使用线性核函数、高斯径向基核函数、多项式核函数和双曲正切核函数构建了 4 个支持向量机分类器。gamma 参数定义了单个训练样本的影响达到多大的程度，即它定义了径向基函数（radial basis function，RBF）、poly（多项式）和 sigmoid 核函数的系数。构建 4 个支持向量机分类器的参数 degree，其值为 4。

步骤 4：进行模型训练、评估以及结果可视化，代码如下。

```
x_min, x_max = X_[:, 0].min() - .5, X_[:, 0].max() + .5
y_min, y_max = X_[:, 1].min() - .5, X_[:, 1].max() + .5
xx, yy = np.meshgrid(np.arange(x_min, x_max, 0.2),
                     np.arange(y_min, y_max, 0.2))

figure = plt.figure(figsize = (36, 9))
def plt_scatter(ax, X,y):
    ax.scatter(X[y == 0, 0], X[y == 0, 1], marker = 'o', s = 120, c = 'w',
            edgecolors = 'k')
    ax.scatter(X[y == 1, 0], X[y == 1, 1], marker = 'o', s = 120, c = 'k')
    ax.set_xticks(())
    ax.set_yticks(())

# 迭代每个分类器
for i, v in enumerate(zip(names, classifiers)):
    name, clf = v
    # 创建子图
    ax = plt.subplot(1, len(classifiers) , i + 1)
    # 模型训练
    clf.fit(X_train, y_train)
    # 模型打分，默认打分方式为准确率
    score = clf.score(X_test, y_test)
    Z = clf.decision_function(np.c_[xx.ravel(), yy.ravel()])
    Z = Z.reshape(xx.shape)
    # 画带填充的等高线
    ax.contourf(xx, yy, Z, cmap = 'RdBu', alpha = .7)
    # 画样本散点图
    plt_scatter(ax, X_, y)
    # 设置每个子图的名称
    ax.set_title(name)
    # 显示每个模型的准确率
    ax.text(xx.max() - .3, yy.min() + .3,
            ('%.2f' % score).lstrip('0'),
             Size = 20,
             Horizontalalignment = 'right')
```

运行结果如图 4-13 所示。

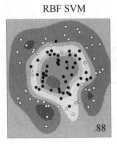
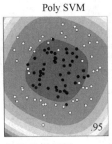
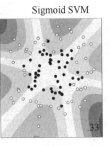

图 4-13　4 种核函数的分类结果

从图 4-13 中可以看出，线性核函数不能很好地分类，而其他核函数在一定程度上解决了这个问题。针对本例的数据集，高斯径向基和多项式核函数表现较好。除了核函数的选择，核函数的相关参数设置同样重要。对于本例的数据，如果将 degree 的值修改成其他值，性能可能将大幅度下降。

4.4.3　基于支持向量机的乳腺癌数据分类实现

下面对乳腺癌数据进行支持向量机建模，整体步骤包括包的导入、数据准备、支持向量机建模、模型训练及评估。

导入包的代码如下。

```
from sklearn.svm import SVC
from sklearn.datasets import load_breast_cancer
from sklearn.model_selection import train_test_split
```

数据准备代码如下。为了简化数据处理过程，这里直接使用 scikit-learn 的 dataset 模块导入乳腺癌数据。

```
Cancer = load_breast_cancer()
X = cancer.data
Y = cancer.target
X_train, X_test, y_train, y_test = train_test_split(X, y, test_size = 0.2)
```

支持向量机建模代码如下。

```
clfs = [
        SVC(C = 15, kernel = 'rbf', gamma = 10),
        SVC(C = 0.1, kernel = 'linear' ),
        SVC(C = 0.1, kernel = 'poly',degree = 5 )]
```

这里分别使用高斯径向基、线性核函数和多项式核函数构建了 3 个支持向量机分类器。在进行分类器的构建时，参数 gamma、degree 和 coef0 是关于核函数的参数，但这些参数并不是对所有的核都有效。表 4-3 列出了关于核函数参数的相关说明。

表 4-3　核函数参数的相关说明

参数	含义	核函数的表达式	gamma 参数	degree 参数	coef0 参数
linear	线性核函数	$K(x, y) = \boldsymbol{x}^\mathrm{T}\boldsymbol{y} = \boldsymbol{x} \cdot \boldsymbol{y}$	无	无	无

续表

参数	含义	核函数的表达式	gamma 参数	degree 参数	coef0 参数
poly	多项式核函数	$K(\boldsymbol{x}, \boldsymbol{y}) = (\gamma(\boldsymbol{x} \cdot \boldsymbol{y}) + r)^d$	有	有	有
sigmoid	双曲正切核函数	$K(\boldsymbol{x}, \boldsymbol{y}) = \tanh(\gamma(\boldsymbol{x} \cdot \boldsymbol{y}) + r)$	有	无	有
rbf	高斯径向基	$K(\boldsymbol{x}, \boldsymbol{y}) = \mathrm{e}^{-\gamma\|x-y\|^2}, \ \gamma > 0$	有	无	无

模型训练及评估代码如下。

```python
for clf in clfs:
    print('-'*20)
    clf.fit(X_train, y_train)
    print('分类器: ', clf)
    # 训练集准确率
    train_accscore = clf.score(X_train, y_train)
    print('训练集准确率: ', train_accscore)
    # 测试集准确率
    test_accscore = clf.score(X_test, y_test)
    print('测试集准确率: ', test_accscore)
    print('支持向量数目: ', clf.n_support_)
```

运行结果如下。

```
--------------------
分类器: SVC(C = 15, gamma = 10)
训练集准确率: 1.0
测试集准确率: 0.5964912280701754
--------------------
分类器: SVC(C = 0.1, kernel = 'linear')
训练集准确率: 0.9582417582417583
测试集准确率: 0.9649122807017544
--------------------
分类器: SVC(C = 0.1, degree = 5, kernel = 'poly')
训练集准确率: 0.8923076923076924
测试集准确率: 0.8947368421052632
支持向量数目: [62 62]
```

对 3 个支持向量机分类器进行训练，并分别评估模型在训练集和测试集上的性能表现，这样做的好处是可以观察模型是否有过拟合现象。通过上面的结果可以看出，高斯径向基分类器有过拟合现象，因为训练集上的准确率远远高于测试集上的准确率。此外，对于一个模型，如果模型的属性名以下划线 "_" 结尾，则表示这个属性是模型训练以后所得到的模型系数，比如 clf.n_support_。

4.4.4　确定超参数

通过前面的学习，我们发现一个模型的参数取值不同，模型的效果就会不同。对于支持向量机模型，C 参数可以对训练样本的误分类进行有价转换，较小值会使决策边界更简单，较高值可以正确地对所有训练样本进行分类；gamma 参数的值会影响样本分布，值越大，支持向量越少，而支持向量的个数会影响训练和预测的速度。选择合适的 C 值和

gamma 值会对模型的性能起到关键作用，否则模型可能会出现欠拟合或者过拟合。

为了方便超参数的确定，scikit-learn 的 model_selection 模块提供了网格搜索 GridSearchCV 类，用于查找一定范围内的超参数对结果的影响，以便选择最佳的参数值。下面针对鸢尾花数据集，应用 GridSearchCV() 方法寻找最优支持向量机模型，代码如下。

```python
from sklearn.svm import SVC
from sklearn.model_selection import GridSearchCV
from sklearn import datasets
import numpy as np

data = datasets.load_breast_cancer ()
X = data.data
y = data.target

# 参数范围设定
param_grid = {'C': [0.1, 1, 10, 100, 1000],
              'gamma': [1, 0.1, 0.01, 0.001, 0.0001],
              'kernel': ['rbf']}

grid = GridSearchCV(SVC(), param_grid = param_grid, cv = 5)
grid.fit(X, y)

print('最佳参数: ', grid.best_params_)
print('最佳分数: ', grid.best_score_)
```

运行结果如下。

```
最佳参数: {'C': 100, 'gamma': 0.0001, 'kernel': 'rbf'}
最佳分数: 0.9384412358329453
```

通过上面的结果可看出，对于数据分类，如果 kernel 参数为高斯径向基时，最佳的参数 C 为 100，最佳的 gamma 值为 0.0001，此时得到的 5 折交叉验证的准确率平均分可以达到 0.9384（约）。

接下来通过分类器交叉验证准确率的热图，观察不同的 C 值和 gamma 值对准确率的影响，代码如下。

```python
import matplotlib.pyplot as plt

plt.figure(figsize = (12, 4),dpi = 100)
plt.subplots_adjust(left = .2, right = 0.95, bottom = 0.15, top = 0.95)

plt.imshow(grid.cv_results_['mean_test_score'].reshape(13,13),
           interpolation = 'nearest', cmap = plt.cm.hot)
plt.xlabel('gamma')
plt.ylabel('C')
plt.colorbar()
plt.xticks(range(13), np.logspace(-9, 3, 13), rotation = 45)
plt.yticks(range(13), np.logspace(-2, 10, 13) )
plt.title('Validation accuracy')
plt.show()
```

运行结果如图 4-14 所示。

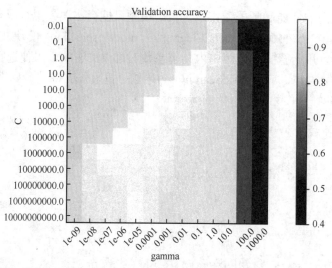

图 4-14　分类器交叉验证准确率热图

可以观察到，对于 gamma 的某些中间值，当 C 变得非常大时，得到的模型性能基本相同，不必通过强制较大的余量来进行正则化，仅高斯径向基的半径就可以充当良好的结构调整器。此外，当 gamma 值大于 100 时，模型的性能将急剧下降。

4.4.5　过拟合问题的解决

1. 过拟合

在实际运作中，我们希望得到的是在新样本上能表现得很好的模型。为了达到这个目的，模型应该从训练样本中尽可能多地学习到适用于所有潜在样本的"普遍规律"，这样才能在遇到新样本时做出正确的判别。然而，当模型把训练样本学得"太好"时，它可能已经把训练样本自身的一些特点当作所有潜在样本具有的一般性质，这样就会导致泛化性能下降。这种现象在机器学习中称为过拟合。与过拟合相对的是欠拟合，指对训练样本的一般性质尚未学好，具体表现就是最终模型在训练集上效果好，而在测试集上效果差。图 4-15 展示了对过拟合、最佳拟合与欠拟合的类比。

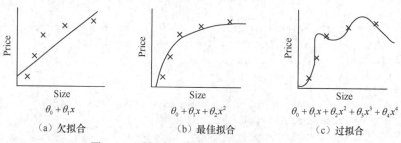

图 4-15　过拟合、最佳拟合与欠拟合的类比

拟合问题的产生原因有：

使用的模型比较复杂，学习能力过强；

有噪声存在；

数据量有限。

解决过拟合的方法有以下几种。

（1）提前终止

提前终止是一种使用迭代次数截断的方法来防止过拟合的方法，即在模型对训练集迭代收敛之前停止迭代。

提前终止方法的具体做法是，在每一个 epoch（一个 epoch 即为对所有的训练数据的一轮遍历）结束时计算验证数据的精度，当精度不再提高时，就停止训练。这种做法很符合直观感受，因为精度都不再提高了，再继续训练也是无益的，只会增加训练的时间。那么该做法的一个重点便是怎样才认为精度不再提高了呢？并不是说精度一降下来便认为不再提高了，因为可能经过这个 epoch，精度降低了，但是随后的 epoch 又让精度又提高了，所以不能根据一两次的连续降低就判断精度不再提高。一般的做法是，在训练的过程中，记录到目前为止最好的精度，当连续 10 次（或者更多次）epoch 没达到最佳精度时，则可以认为精度不再提高了，此时，便可以停止迭代。

（2）数据集扩增

在数据挖掘领域流行着这样的一句话：拥有更多的数据往往胜过一个好的模型。我们在使用训练数据训练模型，并通过这个模型对将来的数据进行拟合，而在这之间有一个假设，那便是训练数据与将来的数据是独立分布的，也就是使用当前的训练数据来对将来的数据进行估计与模拟。数据越多，得到的估计与模拟结果越准确，因此，数据越多，模型的性能越好。这时可以采取一些方式，在已有的数据集上进行处理，以得到更多的数据。

（3）最优参数

最优参数是一种选择合适的学习算法和超参数，以使得偏差和方差都尽可能低的方法。通俗地理解，我们可以认为一个模型的最优参数意味着模型的复杂度更低。

2. 学习曲线和验证曲线解决过拟合

我们通过提前终止与最优参数这两种方法来解决过拟合问题。要使用此思想，我们必须先了解学习曲线和验证曲线。学习曲线显示了对不同数量的训练数据的估计器的验证和训练评分。它可以帮助我们了解从增加更多的训练数据中能获益多少，以及估计是否受到来自方差误差或偏差误差的影响，掌握数据对模型的性能影响。

首先通过学习曲线变化寻找最优参数，解决过拟合问题，代码如下。

```
>>> from sklearn.learning_curve import learning_curve
# 学习曲线(learning_curve)模块
>>> from sklearn.datasets import load_digits
>>> from sklearn.svm import SVC
# 可视化模块
>>> import matplotlib.pyplot as plt
>>> import numpy as np
>>> digits = load_digits()
>>> X = digits.data
```

```
>>> y = digits.target
>>> train_sizes, train_loss, test_loss = learning_curve(
        SVC(gamma = 0.001), X, y, cv = 10, scoring = 'mean_squared_error',
        train_sizes = [0.1, 0.25, 0.5, 0.75, 1])
# 计算平均方差(共5轮，分别为训练数据总量的10%、25%、50%、75%、100%)
>>> train_loss_mean = -np.mean(train_loss, axis = 1)
>>> test_loss_mean = -np.mean(test_loss, axis = 1)
>>> plt.plot(train_sizes, train_loss_mean, 'o-', color = "r",
             Label = "Training")
>>> plt.plot(train_sizes, test_loss_mean, 'o-', color = "g",
             Label = "Cross-validation")
>>> plt.xlabel("Training examples")
>>> plt.ylabel("Loss")
>>> plt.legend(loc = "best")
>>> plt.show()
```

运行结果如图 4-16 所示，其内容为训练数据量与损失关系的学习曲线。

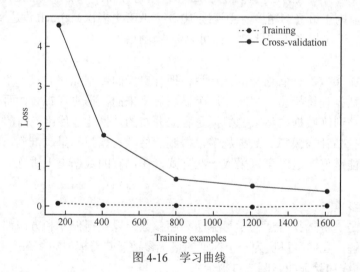

图 4-16　学习曲线

然后通过验证曲线变化寻找最优参数，解决过拟合问题，代码如下。

```
>>> from sklearn.learning_curve import validation_curve
# 验证曲线(validation_curve)模块
>>> from sklearn.datasets import load_digits
>>> from sklearn.svm import SVC
>>> import matplotlib.pyplot as plt
>>> import numpy as np
# digits 数据集
>>> digits = load_digits()
>>> X = digits.data
>>> y = digits.target
# 建立参数测试集
>>> param_range = np.logspace(-6, -2.3, 5)
# 使用 validation_curve 快速找出参数对模型的影响
>>> train_loss, test_loss = validation_curve(
```

```
    SVC(), X, y, param_name = 'gamma', param_range = param_range, cv = 10,
    scoring = 'mean_squared_error')
# 计算平均方差
>>> train_loss_mean = -np.mean(train_loss, axis = 1)
>>> test_loss_mean = -np.mean(test_loss, axis = 1)
# 可视化图形
>>> plt.plot(param_range, train_loss_mean, 'o-', color = "r", Label = "Training")
>>> plt.plot(param_range, test_loss_mean, 'o-', color = "g",
             Label = "Cross-validation")
>>> plt.xlabel("gamma")
>>> plt.ylabel("Loss")
>>> plt.legend(loc = "best")
>>> plt.show()
```

运行结果如图 4-17 所示。我们可以在模型性能拐点处找到最优参数。

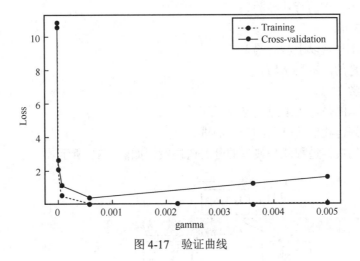

图 4-17　验证曲线

4.5　使用决策树进行数据分类

4.5.1　决策树概述

随机森林是基于树的机器学习算法，该算法利用多棵决策树进行决策。为什么要称其为"随机森林"呢？这是因为它是由随机创造的决策树组成的森林。决策树中的每一个节点是特征的一个随机子集，用于计算输出。随机森林将单个决策树的输出整合起来生成最后的输出结果。简单来说，随机森林算法用多棵（随机生成的）决策树来生成最后的输出结果，故在介绍随机森林之前，我们先介绍一下决策树算法。

1. 决策树原理

树形结构大家都比较熟悉，知道是由节点和边两种元素组成的结构。决策树利用树结构进行决策，每一个非叶节点是一个判断条件，每一个叶子节点是结论，从根节点开始，经过多次判断得出结论。图4-18展示了决策树原理。

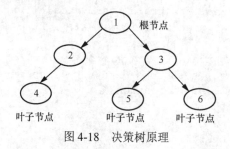

图4-18 决策树原理

2．决策树案例

企业：有多少年的行业经验？

求职者：5年。

企业：是本科及以上学历吗？

求职者：是的，本科学历。

企业：所学专业？

求职者：学的是电子信息类专业吗？

企业：那好，我们找时间约一个面试。

这个企业的决策过程就是典型的分类树决策，如图4-19所示。

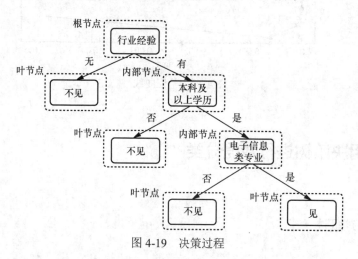

图4-19 决策过程

图4-19完整表达了企业决定是否会邀请求职者参加面试的策略，其中右边节点表示判断条件，左边节点表示决策结果，箭头表示一个判断条件在不同情况下的决策路径。

3．决策树构造

决策树的构造根据属性来选择和确定各个特征之间的结构，其关键是分裂属性。分裂属性是在某个节点处按照某一特征属性的不同划分构造不同的分支，其目标是让各个分裂子集尽可能地"纯"，也就是尽量让一个分裂子集中的待分类项属于同一类别。

根据属性的不同，决策的分裂有不同的策略，具体如下。

属性是离散值且不要求生成二叉决策树：此时用属性的每一个划分作为一个分支。

属性是离散值且要求生成二叉决策树：此时用属性划分的一个子集进行测试，按照"属于此子集"和"不属于此子集"生成两个分支。

属性是连续值：此时确定一个值作为分裂点（split_point），按照大于 split_point 和小于或等于 split_point 生成两个分支。

4.5.2　ID3 算法

1．ID3 算法概述

从信息论知识中我们知道，期望信息越小，信息增益越大。ID3 算法的核心思想就是以信息增益度量作为依据，选择信息增益最大的属性进行分裂。

熵的概念：熵是表示随机变量不确定性的度量，俗称物体内部的混乱程度。

例如，对于集合 $A[1, 1, 1, 2, 2]$，集合 $B[1, 2, 3, 4, 5]$，显然 A 集合的熵值要低，因为它只有两种类别，相对稳定一些。而 B 集合的类别太多，它的熵值就会大很多。

设 M 为用类别对训练元组所进行的划分，则 M 的熵可表示为

$$\text{info}(M) = -\sum_{i=1}^{m} p_i \text{ lb } p_i$$

其中，p_i 表示第 i 个类别在整个训练元组中出现的概率，可以用属于此类别元素的数量除以训练元组元素总数来计算；m 表示类别总数。

熵的实际意义表示是 M 中元组的类标号所需要的平均信息量。现在我们假设将训练元组 M 按属性 A 进行划分，则 A 对 M 划分的期望信息为

$$\text{info}_A(M) = \sum_{j=1}^{v} \frac{|M_j|}{M} \text{info}(M_j)$$

2．ID3 算法信息增益

信息增益即为两者的差值，具体如下。

$$\text{gain}(A) = \text{info}(D) - \text{info}_A(D)$$

ID3 算法就是在每次需要分裂时，计算每个属性的信息增益，然后选择信息增益最大的属性进行分裂。

3．ID3 算法案例

ID3 算法案例属性如表 4-4 所示。

表 4-4　ID3 算法案例属性

日志密度	好友密度	是否使用真实头像	账号是否真实
s	s	no	no
s	l	yes	yes
l	m	yes	yes

续表

日志密度	好友密度	是否使用真实头像	账号是否真实
m	m	yes	yes
l	m	yes	yes
m	l	no	yes
m	s	no	no
l	m	no	yes
m	s	no	yes
s	s	yes	no

注：s、m和l分别表示小、中和大。

设 L、F、H 和 R 表示日志密度、好友密度、是否使用真实头像和账号是否真实，根据信息增益计算式，我们可得日志密度的信息增益是 0.276，H 和 F 的信息增益分别为 0.033 和 0.553。因为 F 具有最大的信息增益，所以第一次分裂选择 F 为分裂属性。

在图 4-18 的基础上，递归使用这个方法计算子节点的分裂属性，最终就可以得到一棵决策树，如图 4-20 所示。

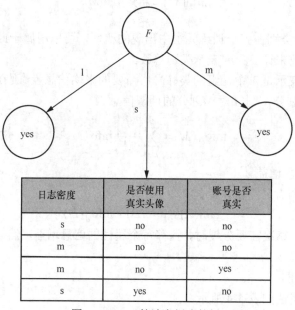

图 4-20 ID3 算法案例决策树

4.5.3 基于决策树的乳腺癌数据分类实现

1．调用决策树过程
调用决策树代码如下。

```
>>>from sklearn.datasets import  load_breast_cancer
>>> from sklearn import tree
# 加载数据
>>> cancer = load_breast_cancer()
# 训练数据
>>> clf = tree.DecisionTreeClassifier()
>>> clf = clf.fit(cancer.data, cancer.target)
```

2. 实现乳腺癌数据分类决策树

应用 scikit-learn 库中 tree 包的 DecisionTreeClassifier()方法，实现乳腺癌数据分类的分类决策树。

导入包代码如下。

```
# 导入相关包
from sklearn.datasets import load_breast_cancer
# 从 scikit-learn 自带数据库加载乳腺癌数据集
from sklearn.model_selection import train_test_split
# train_test_split()是交叉验证中常用的函数，功能是从样本中随机地按比例选取 train data
# 和 test data
from sklearn.tree import DecisionTreeClassifier
# DecisionTreeClassifier 分类树
```

读取数据代码如下。

```
# 导入 load_breast_cancer()数据
cancer = load_breast_cancer()
x = cancer['data']
y = cancer['target']
print(x)
print(y)
```

读取结果如图 4-21 所示。

```
[[1.799e+01 1.038e+01 1.228e+02 ... 2.654e-01 4.601e-01 1.189e-01]
 [2.057e+01 1.777e+01 1.329e+02 ... 1.860e-01 2.750e-01 8.902e-02]
 [1.969e+01 2.125e+01 1.300e+02 ... 2.430e-01 3.613e-01 8.758e-02]
 ...
 [1.660e+01 2.808e+01 1.083e+02 ... 1.418e-01 2.218e-01 7.820e-02]
 [2.060e+01 2.933e+01 1.401e+02 ... 2.650e-01 4.087e-01 1.240e-01]
 [7.760e+00 2.454e+01 4.792e+01 ... 0.000e+00 2.871e-01 7.039e-02]]
[0 0 0 0 0 0 0 0 0 0 0 0 0 0 0 0 0 0 0 1 1 1 0 0 0 0 0 0 0 0 0 0 0 0 0 0 0
 1 0 0 0 0 0 0 0 0 1 0 1 1 1 1 1 0 0 1 0 0 1 1 1 1 0 1 0 0 1 1 1 1 0 1 0 0
 1 0 1 0 0 1 1 1 0 0 1 0 0 0 1 1 1 0 1 1 0 0 1 1 1 0 0 1 1 1 1 0 1 1 0 1 1
 1 1 1 1 1 1 0 0 0 1 0 0 1 1 1 0 0 1 0 1 0 0 1 0 0 1 1 0 1 1 0 1 1 1 1 0 1
 1 1 1 1 1 1 1 1 0 1 1 1 1 0 0 1 0 1 1 0 0 1 1 0 0 1 1 1 1 0 1 1 0 0 0 1 0
 1 0 1 1 1 0 1 1 0 0 1 0 0 0 0 1 0 0 0 1 0 1 0 1 1 0 1 0 0 0 0 1 1 0 0 1 1
 1 0 1 1 1 1 1 0 0 1 1 0 1 1 0 0 1 0 1 1 1 1 0 1 1 1 1 1 0 1 0 0 0 0 0 0 0
 0 0 0 0 0 0 0 1 1 1 1 1 1 0 1 0 1 1 0 1 1 0 1 0 0 1 1 1 1 1 1 1 1 1 1 1 1
 1 0 1 1 0 1 0 1 1 1 1 1 1 1 1 1 1 1 1 1 1 0 1 1 1 0 1 0 1 1 1 1 0 0 0 1 1
 1 1 0 1 0 1 0 1 1 1 0 1 1 1 1 1 1 1 0 0 0 1 1 1 1 1 1 1 1 1 1 1 0 0 1 0 0
 0 1 0 0 1 1 1 1 1 0 1 1 1 1 1 0 1 1 1 0 1 1 0 0 1 1 1 1 1 1 0 1 1 1 1 1 1
 1 0 1 1 1 1 1 0 1 1 0 1 1 1 1 1 1 1 1 1 1 1 1 0 1 0 0 1 0 1 1 1 1 1 0 1 1
 0 1 0 1 1 0 1 0 1 1 1 1 1 1 1 1 0 0 1 1 1 1 1 1 0 1 1 1 1 1 1 1 1 1 1 0 1
 1 1 1 1 1 1 0 1 0 1 1 0 1 1 1 1 1 0 0 1 0 1 0 1 1 1 1 1 0 1 1 0 1 0 1 0 0
 1 1 1 0 1 1 1 1 1 1 1 1 1 1 1 0 1 0 0 1 1 1 1 1 1 1 1 1 1 1 1 1 1 1 1 1 1
 1 1 1 1 1 1 1 0 0 0 0 0 0 1]
```

图 4-21　乳腺癌数据集读取结果

注：数据标签 0 表示良性，1 表示恶性。

将数据划分为训练集、测试集，代码如下。

```
x_train, x_test, y_train, y_test = train_test_split(x, y, test_size = 0.2,
```

```
                                                            random_state = 22)
# train_test_split(train_data, train_target,test_size, random_state)
# 括号内的参数分别表示所要划分的样本特征集、所要划分的样本结果、样本占比、随机数种子
```

训练决策树代码如下。将构建的决策树分类模型对鸢尾花数据的分类结果用二维图像进行描述,实现代码如下。

```
dt_model = DecisionTreeClassifier(criterion = 'entropy')
dt_model.fit(x_train, y_train)    # 训练模型
print('建立的决策树模型为: \n', dt_model)
```

预测测试集结果代码如下。

```
test_pre = dt_model.predict(x_test)
print('前 10 条记录的预测值为: \n', test_pre[:10])
print('前 10 条记录的实际值为: \n', y_test[:10])
```

运行结果如下。

```
前 10 条记录的预测值为:
[1  0  0  0  1  1  1  1  1  1]
前 10 条记录的实际值为:
[1  0  0  0  1  1  1  1  1  1]
```

求出预测准确率和混淆矩阵,代码如下。

```
from sklearn.metrics import accuracy_score, confusion_matrix
print("预测结果准确率为: ", accuracy_score(y_test, test_pre))
print("预测结果混淆矩阵为: \n", confusion_matrix(y_test, test_pre))
```

运行结果如下。

```
预测结果准确率为: 0.9385964912280702
预测结果混淆矩阵为:
[[38   5]
 [ 2  69]]
```

3. 决策树深度与过拟合

决策树的深度直接影响决策树的分类结果,如果设置不当,将会导致模型过拟合,所以,在进行建模之前,我们有必要先介绍决策树深度与过拟合之间的关系。

构建决策树深度与学习错误率的模型的代码如下。

```
# 过拟合: 学习错误率
depth = np.arange(1, 15)
err_list = []
for d in depth:
clf = DecisionTreeClassifier(criterion = 'entropy', max_depth = d)
clf = clf.fit(x_train, y_train)
# 测试数据
y_test_hat = clf.predict(x_test)
# True 表示预测正确, False 表示预测错误
    result = (y_test_hat == y_test)
err = 1 - np.mean(result)
err_list.append(err)
    print(d, '错误: %.2f%%' % (100 * err))
plt.figure(facecolor = 'w')
plt.plot(depth, err_list, 'ro-', lw = 2)
plt.xlabel(u'决策树深度', fontsize = 15)
```

```
plt.ylabel(u'错误率', fontsize = 15)
plt.title(u'决策树深度与过拟合', fontsize = 17)
plt.grid(True)
plt.show()
```

运行结果如下，绘制的图如图 4-22 所示。

```
1   错误率: 44.44%
2   错误率: 40.00%
3   错误率: 20.00%
4   错误率: 24.44%
5   错误率: 24.44%
6   错误率: 26.67%
7   错误率: 35.56%
8   错误率: 40.00%
9   错误率: 35.56%
10  错误率: 40.00%
11  错误率: 37.78%
12  错误率: 37.78%
13  错误率: 40.00%
14  错误率: 37.78%
```

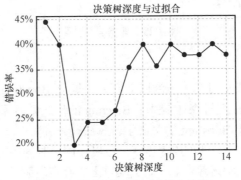

图 4-22　决策树深度与过拟合结果

通过图 4-22 中可以看到，当决策树深度等于 3 时，错误率最低；当决策树深度大于或等于 6 时，错误率超过了 35%，即出现了过拟合现象。由此可知，对于乳腺癌数据集，最恰当的决策树深度应为 3。

4.6　使用随机森林进行波士顿房价回归预测

4.6.1　集成学习概述

在机器学习的监督学习算法中，我们的目标是学习得到一个稳定的且在各个方面表现较好的模型。但实际情况往往不理想，有时我们只能得到多个有偏好的模型（弱监督模型，即在某些方面表现得比较好）。集成学习就是将多个弱监督模型进行组合，以期得到一个更好、更全面的强监督模型。集成学习的思想是即使某一个弱监督模型（分类器）得到了错误的预测，其他的弱监督模型（分类器）也可以将错误纠正。

1. 集成学习原理

集成学习本身并不是一种单独的机器学习算法，而是通过组合多个分类器来完成学习任务，以获得比单个分类器更好的学习效果的机器学习算法。

如果把单个分类器比作一个决策者，那么集成学习相当于多个决策者共同进行一项决策。图 4-23 展示了集成学习的原理。

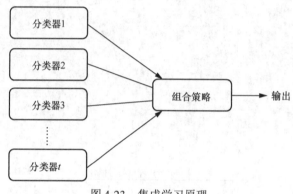

图 4-23 集成学习原理

2. 集成学习算法

目前较为主流的集成学习算法分为以下两类：基于 Boosting 的集成学习算法和基于 Bagging 的集成学习算法。随机森林是基于 Bagging 的集成学习算法，AdaBoost（提升树）、XGBoost 则是典型的基于 Boosting 的集成学习算法。

单个分类器之间并没有较强的依赖关系，可以在同一时间内并行生成的集成学习算法称为基于 Bagging 的集成学习算法。单个分类器之间存在较强的依赖关系，需要串行生成的序列化算法称为基于 Boosting 的集成学习算法。

3. 基于 Boosting 的集成学习算法

从图 4-24 中可以看出，首先，算法对训练集用初始权重训练出一个弱分类器 1，根据弱分类器的学习误差率来更新训练样本的权重，使得弱分类器 1 中学习误差率高的训练样本的权重变高，让这些样本在后面的弱分类器 2 中得到更多的重视。然后，算法基于调整权重后的训练集来训练弱分类器 2。如此重复，直到弱分类器数达到事先指定的数目 T 为止，之后算法将这 T 个弱分类器通过集合策略进行组合后输出。

（1）AdaBoost 波士顿房价预测

AdaBoost 算法根据训练集中每个样本的分类是否正确，以及上次分类的准确率来确定每个样本的权值，然后将修改过权值的新数据集送给下层分类器进行训练，最后将每次训练得到的分类器组合起来，作为最终的决策分类器。

本案例使用 scikit-learn 自带的波士顿房价数据集，构建决策树和 AdaBoost 的特征两两组合分类的模型。具体如下。

数据导入代码如下。

```
from sklearn.model_selection import train_test_split
from sklearn.metrics import mean_squared_error
from sklearn.datasets import load_boston
from sklearn.ensemble import AdaBoostRegressor

boston =  load_boston()
X_train, X_test, y_train, y_test = train_test_split(boston.data,
                                                    boston.target,
                                                    test_size = 0.25,
                                                    random_state = 33
                                                    )
```

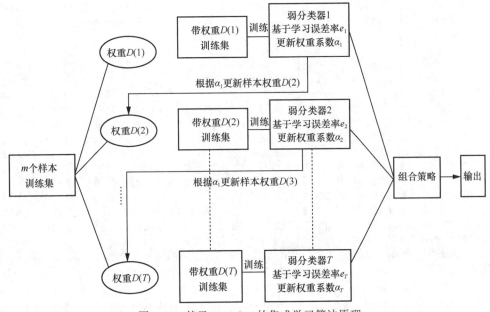

图 4-24　基于 Boosting 的集成学习算法原理

在两个模型中，将 4 个特征两两对应进行模型的训练，其中，决策树和 AdaBoost 分类器中树的深度都设为 3，即树桩。AdaBoost 在构建时指定基本评估器个数为 100。模型构建代码如下。

```
# 使用 AdaBoost 回归模型
regressor=AdaBoostRegressor()
regressor.fit(train_x, train_y)
pred_y = regressor.predict(test_x)
mse = mean_squared_error(test_y, pred_y)
print(" 房价预测结果 ", pred_y)
print(" AdaBoost 均方误差 = ", round(mse, 2))
# 使用决策树回归模型
dec_regressor = DecisionTreeRegressor()
dec_regressor.fit(train_x, train_y)
pred_y = dec_regressor.predict(test_x)
mse = mean_squared_error(test_y, pred_y)
```

```
print(" 决策树均方误差 = ", round(mse,2))
# 使用 KNN 回归模型
knn_regressor = KNeighborsRegressor()
knn_regressor.fit(train_x,train_y)
pred_y = knn_regressor.predict(test_x)
mse = mean_squared_error(test_y, pred_y)
print("KNN 均方误差 = ",round(mse,2))
```

运行结果如下。

```
房价预测结果    [19.40384615 10.43902439 13.49090909 17.36666667 24.3826087
 22.06603774  30.20945946 18.37714286 30.776      19.92318841 0.21875
 32.85405405  10.925      23.87894737 12.98769231 24.46875    17.82857143
 16.915       28.07153285 23.9279476  17.82857143 18.37714286 18.32727273
 19.92318841  31.38164557 18.46666667 22.08873239 24.46875    11.0515625
 30.776       17.05828571 25.76016949 10.52888889 20.49419355 25.04444444
 32.21034483  25.04444444 11.0515625  14.89433962 24.46875    14.89433962
 11.0515625   30.13483146 17.46415094 26.18486842 18.65228426 18.46666667
 19.40384615  25.90232558 19.13756345 17.05828571 33.56923077 16.48181818
 17.46415094  24.46875    20.25106383 24.46875    16.69210526 23.9279476
 22.50680272  18.65228426 16.88918919 46.29189189 21.25       17.05828571
 26.04401914  24.62896552 10.925      18.29       30.13483146 23.49915966
 18.37714286  17.82857143 26.78829268 19.49101124 45.16190476 15.6375
 10.925       18.37714286 23.87894737 20.25106383 14.89433962 11.42
 24.46875     20.00769231 22.08873239 47.81904762 17.05828571 43.91
 33.1972973   30.21875    18.65228426 18.7        17.05828571 14.30714286
 33.61363636  23.87894737 24.07966102 18.37714286 18.37714286 15.73
 19.608       26.78829268 24.46875    11.0515625  16.48181818 10.925
 26.21041667  12.22906977 25.74925373 50.        12.87931034 17.82857143
 24.46875     31.6825      23.87894737 22.06603774 20.825      27.40483092
 20.73333333  19.92318841 17.73333333 12.3        20.25106383 22.1
 18.37714286  43.07142857]
AdaBoost 均方误差 = 16.05
决策树均方误差 = 27.06
KNN 均方误差 = 27.87
```

从运行结果可以看出，AdaBoost 的均方误差更小，也就是结果更优。虽然 AdaBoost 使用了弱分类器，但是通过 50 个甚至更多的弱分类器组合起来而形成的强分类器，在很多情况下结果都优于其他算法。因此 AdaBoost 也是常用的分类和回归算法之一。

（2）XGBoost 波士顿房价预测

XGBoost（eXtreme gradient boosting）是陈天奇等人开发的一个开源 Boosted Tree 工具包，它高效地实现了 GBDT（gradient boosting decision tree）算法并进行了算法和工程上的许多改进，比常见的工具包处理速度快 10 倍以上。该算法被广泛应用在 Kaggle 竞赛及其他许多机器学习竞赛中并取得了不错的成绩。之所以叫 XGBoost，是因为该算法本质上还是一个 GBDT。

下面使用 scikit-learn 自带的波士顿房价数据集，分别构建 KNN 个体学习器、决策树个体学习器和 XGBoost 集成学习器的分类模型。

① 环境准备

需要安装 XGBoost，可以在命令行中使用 pip 进行安装，如下所示。

```
pip install xgboost
```

② 数据导入

读取波士顿房价数据集，并进行数据集的划分，代码如下。

```
import numpy as np
import pandas as pd
from sklearn.datasets import load_boston
from sklearn.model_selection import train_test_split
from xgboost import XGBRegressor
from sklearn.metrics import mean_squared_error

# 加载波士顿房价数据
boston = load_boston()
X, y = boston.data, boston.target
feature_names = boston.feature_names

# 将数据转换为 DataFrame，以便于操作（虽然 XGBoost 可以直接处理 numpy 数组）
X_df = pd.DataFrame(X, columns = feature_names)

# 划分训练集和测试集
X_train, X_test, y_train, y_test = train_test_split(X_df, y, test_size = 0.2,
random_state = 42)
```

③ 模型构建

构建模型代码如下。

```
# 初始化 XGBoost 回归器
xgb_reg = XGBRegressor(objective = 'reg:squarederror', n_estimators = 100,
                       learning_rate = 0.1, colsample_bytree = 0.8,
                       subsample = 0.8, max_depth = 3, random_state = 42)

# 训练模型
xgb_reg.fit(X_train, y_train)

# 预测测试集
y_pred = xgb_reg.predict(X_test)

# 计算并打印均方误差
mse = mean_squared_error(y_test, y_pred)
rmse = np.sqrt(mse)
print(f"MSE: {mse}")
print(f"RMSE: {rmse}")

# 可选：打印特征重要性
print("Feature Importances:")
for feature, importance in zip(feature_names, xgb_reg.feature_importances_):
print(f"{feature}: {importance:.4f}")
```

运行结果如下。

```
MSE: 9.559455535737175
RMSE: 3.091836919330833
Feature Importances:
CRIM: 0.0292
ZN: 0.0033
INDUS: 0.0275
CHAS: 0.0116
```

```
NOX: 0.1278
RM: 0.2494
AGE: 0.0154
DIS: 0.0351
RAD: 0.0101
TAX: 0.0282
PTRATIO: 0.0850
B: 0.0197
LSTAT: 0.3576
```

从运行结果可以看出，从 MSE 值和 RMSE 值来看，模型的预测性能可以接受，但仍有改进的空间。读者可以通过调整 XGBoost 的参数（如增加树的数量、调整学习率、改变树的深度等）来尝试提高模型的性能，LSTAT 和 RM 是最重要的特征，这符合我们的直觉，因为房间数和社会经济地位通常是影响房价的关键因素。同时，环境质量和学校质量也是购买者考虑的重要因素，因此 NOX 和 PTRATIO 的重要性也较高。总的来说，该XGBoost 模型在波士顿房价数据集上表现良好，但仍有一定的改进空间。通过调整模型参数和进行更深入的特征工程，可以进一步提高模型的预测性能。

4. 基于 Bagging 的集成学习算法

个体弱学习器的训练集是通过随机采样得到的。通过 T 次的随机采样，我们就可以得到 T 个采样集，对于这 T 个采样集，我们可以分别独立的训练出 T 个弱学习器，再对这 T 个弱学习器通过组合策略进行组合。Bagging 原理如图 4-25 所示。

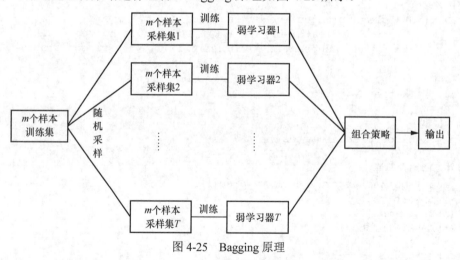

图 4-25　Bagging 原理

弱学习器指分类或回归的准确率仅比随机猜测略高的学习算法。在概率近似正确学习框架下，弱学习器指的是泛化性能略高于随机猜测的学习器。例如，在二分类问题上，精度略高于 50% 的分类器就可以被视为弱学习器。弱学习器虽然单个性能不强，但通过集成学习的方法，可以将其提升为强学习器。

个体学习器是集成学习中集成之前的学习器，也被称为基学习器或弱学习器。在集成学习的框架下，多个个体学习器被训练出来，并通过某种策略（如多数投票、加权平均等）进行组合，以形成一个更强的学习器。个体学习器可以是任何类型的机器学习模型，如决策树、神经网络、支持向量机等。

强学习器指的是识别准确率高并且能在多项式时间内完成的学习器。与弱学习器相比，强学习器具有更高的泛化性能和更强的预测能力。在集成学习中，通过将多个弱学习器进行集成，可以达到强学习器的效果。

集成学习器并不是指单一的学习器，而是指通过构建并合并多个学习器（即个体学习器或基学习器）来完成学习任务的系统。集成学习器通过结合多个学习器的预测结果，以提高整体的泛化性能和预测准确率。集成学习器的主要优势在于能够利用不同学习器的多样性，从而减小单一学习器可能存在的偏差和方差。

（1）Bagging 实现鸢尾花数据分类

在 scikit-learn 中，BaggingClassifier 类实现了 Bagging 分类功能，BaggingRegressor 类实现了 Bagging 回归功能。

BaggingClassifier 类在构建的时候除了可以指定基评估器，还可以设置采样子集的方式和策略，其中，base_estimator 用来指定基评估器，n_estimators 指定基评估器的个数，max_samples 和 max_features 控制子集的大小（包括样本数和特征数），bootstrap 和 bootstrap_features 控制样本和特征的抽样是否采用可放回抽样方式。

下面对鸢尾花数据集采用基于 Bagging 的集成学习算法构建模型，完整代码如下。

```python
import numpy as np
import pandas as pd
from sklearn import datasets
from sklearn.model_selection import train_test_split
from sklearn.tree import DecisionTreeClassifier
from sklearn.ensemble import BaggingClassifier
from sklearn import metrics

# 导入数据
iris = datasets.load_iris()
X = iris.data
y = iris.target
# 数据集分割
X_train,X_test,y_train,y_test = train_test_split(X, y, test_size = 0.5,
                                                 random_state = 0,stratify = y )

# 构建决策树模型
clf = DecisionTreeClassifier()
# 构建基于决策树的 Bagging 分类器
bagging = BaggingClassifier(DecisionTreeClassifier(),
                            n_estimators = 100,
                            max_samples = 0.3,
                            max_features = 3,
                            random_state = 12
                            )
# 模型训练评估
clf.fit(X_train, y_train)
dt_y_test = clf.predict(X_test)
dt_y_train = clf.predict(X_train)
bagging.fit(X_train, y_train)
bagging_y_test = bagging.predict(X_test)
bagging_y_train = bagging.predict(X_train)
```

```
print('决策树分类在训练集上的准确率: ',
      metrics.accuracy_score(y_train, dt_y_train))
print('决策树分类在测试集上的准确率: ',
      metrics.accuracy_score(y_test, dt_y_test))
print('基于 Bagging 的集成学习在训练集上的准确率: ',
      metrics.accuracy_score(y_train, bagging_y_train))
print('基于 Bagging 的集成学习在测试集上的准确率: ',
      metrics.accuracy_score(y_test, bagging_y_test))
```

运行结果如下。

```
决策树分类在训练集上的准确率: 1.0
决策树分类在测试集上的准确率: 0.8933333333333333
基于 Bagging 的集成学习在训练集上的准确率: 0.9866666666666667
基于 Bagging 的集成学习在测试集上的准确率: 0.9333333333333333
```

该例中，基评估器[1]选择了决策树，在集成学习中，生成了 100 个基评估器，每个基评估器都建立在 30%样本随机子集和 3 个特征随机子集上。Bagging 构建的 100 个基评估器之间不存在依赖关系，可并行生成。运行结果表明，基于 Bagging 的集成学习大大加强了分类效果。

这里特意选择了决策树作为基评估器，我们知道，没有进行任何剪枝设置的决策树很容易出现过拟合问题；通过结果可以发现，基于 Bagging 的集成学习算法在一定程度上解决了过拟合问题。

4.6.2　随机森林概述

1. 随机森林

在上一节中提到，随机森林是基于树的机器学习算法，该算法利用了多棵决策树的力量来进行决策。为什么要称其为"随机森林"呢？这是因为它是由随机创造的决策树组成的森林。决策树中的每一个节点是特征的一个随机子集，用于计算输出。随机森林将单个决策树的输出组合起来，生成最后的输出结果。简单来说，随机森林算法用多棵（随机生成的）决策树来生成最后的输出结果。在机器学习中，随机森林是一个包含多棵决策树的分类器，并且它输出的类别是由每棵决策树输出的类别的众数而定的。

2. 随机森林举例

下面通过一个例子，帮助读者理解随机森林。

有一个决策公司（集成学习器），公司里有许多的预测大师（个体学习器），我们现在要找这个决策公司对某堆西瓜（测试集）的好坏做预测（分类）或者定量预测西瓜的甜度（回归）。当然，我们先要拿一堆西瓜中的 N 个（训练集）给这些预测大师。每个西瓜有 M 个属性（比如颜色、纹路等）。

每次从 N 个西瓜中随机选择几个西瓜（子集），对某个预测大师进行训练，预测大师学习西瓜的各种 M 个属性与结果的关系，比如先判断颜色，再判断纹路。预测大师开始预测然后自我调节学习，最后成为研究西瓜的人才。所有的预测大师都采用这种

---

[1]　在集成学习的语境下，个体学习器和基评估器通常指的是同一类对象，即用于构建集成模型的单个学习器或评估器。

训练方式，学成归来。测试的时候，每拿出一个西瓜，所有专家一致投票，我们把最高投票的结果作为最终结果。

3.随机森林的生成算法

随机森林的生成算法过程如下。

（1）从样本集中通过重采样的方式产生 n 个样本；

（2）假设样本特征数目为 a，对 n 个样本选择 a 中的 k 个特征，用建立决策树的方式获得最佳分割点；

（3）重复 m 次，产生 m 棵决策树；

（4）使用多数投票机制来进行预测。

需要注意的一点是，这里 m 指循环的次数，n 指样本的数目，n 个样本构成了训练集，而 m 次循环中又会产生 m 个这样的训练集。

随机森林算法原理示意如图 4-26 所示。

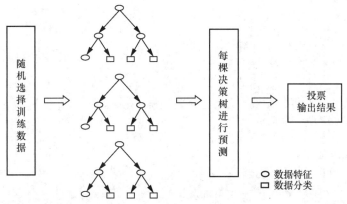

图 4-26　随机森林算法原理示意

4.随机森林算法的调用过程

随机森林算法的调用代码如下。

```
>>> from sklearn.ensemble import RandomForestClassifier
>>> X = [[0, 0], [1, 1]]
>>> Y = [0, 1]
>>> clf = RandomForestClassifier(n_estimators = 10)
>>> clf = clf.fit(X, Y)
```

5.随机森林的随机性

集合中的每一棵树都是从训练集替换出来的样本中构建的。在树构建期间分割节点，所选择的分割不再是所有特征之间最好的分割，相反，被选中的分割才是特征的随机子集之间最好的分割。由于随机森林的这种随机性，森林的偏差通常略微会有一定程度上的增加。但是，由于取其平均值，其方差也会随之减小，故一般情况下可以产生一个整体上相对较好的模型。

6.随机森林优势

（1）随机森林算法几乎不需要输入的准备。它们不需要测算就能够处理二分特征、分类特征、数值特征的数据。随机森林算法能完成隐含特征的选择，并且提供一个很好的特征重要度的选择指标。

（2）随机森林算法训练速度快。性能优化过程又提高了模型的准确性。

（3）通用性。随机森林可以应用于很多类别的模型任务。它们可以很好地处理回归问题，也能对分类问题应付自如（甚至可以产生合适的标准概率值），它们还可以用于聚类分析问题。

（4）简洁性。对于随机森林来说，模型比较简洁，算法原理本身也很简洁。基本的随机森林学习算法仅使用几行代码就可以实现。

4.6.3　使用随机森林进行波士顿房价回归预测的实现

使用随机森林进行波士顿房价回归预测，具体过程如下。

导入包的代码如下。

```
import numpy as np
import pandas as pd
from sklearn import datasets
from sklearn.model_selection import train_test_split
from sklearn.tree import DecisionTreeRegressor
from sklearn import metrics
from sklearn.ensemble import RandomForestRegressor
import matplotlib as mpl
import matplotlib.pyplot as plt
```

数据导入代码如下。

```
boston = datasets.load_boston()
X = boston.data
y = boston.target
X_train,X_test,y_train,y_test = train_test_split(X,
                                                 y,
                                                 test_size = 0.3,
                                                 random_state = 10 )
```

模型构建代码如下。

```
def model_train(model, X_train, X_test, y_train, y_test):
    model.fit(X_train, y_train)
    order = y_test.argsort(axis = 0)
    y_test = y_test[order]
    X_test = X_test[order, :]
    y_pred = model.predict(X_test)
    mse = metrics.mean_squared_error(y_test,y_pred)
    return mse, y_pred, y_test


model_tree = DecisionTreeRegressor()
model_rf = RandomForestRegressor(n_estimators = 50)
mse, y_test_tree, y_test_ = model_train(model_tree, X_train,X_test,y_train,
                                        y_test)
print('决策树均方误差：', mse)
mse, y_test_rf, _ = model_train(model_rf, X_train, X_test, y_train, y_test)
print('随机森林均方误差：', mse)
```

运行结果如下。

```
决策树均方误差： 24.100723684210525
随机森林均方误差： 11.917953342105264
```

这段代码先使用 argsort()方法进行排序，该方法返回的不是排序后的数组，而是数组值从小到大的索引值；然后使用花式索引获取指定顺序的数据。

结果可视化代码如下。

```
def drawplot(y_test, y_test_tree, y_test_rf):
    t = np.arange(len(y_test))
    mpl.rcParams['font.sans-serif'] = ['simHei']
    mpl.rcParams['axes.unicode_minus'] = False
    plt.figure(figsize = (15,6))
    plt.plot(t, y_test, 'r-', label = '真实值')
    plt.plot(t, y_test_tree, 'g--', label = '决策树预测值')
    plt.plot(t, y_test_rf, 'b:', label = '随机森林预测值')
    plt.legend(loc = 'best', fontsize = 18)
    plt.xlabel('房屋', fontsize = 18)
    plt.ylabel('价格', fontsize = 18)
    plt.xticks(fontsize = 16)
    plt.yticks(fontsize = 16)
    plt.grid()
    plt.show()
drawplot(y_test_, y_test_tree, y_test_rf)
```

运行结果如图 4-27 所示。

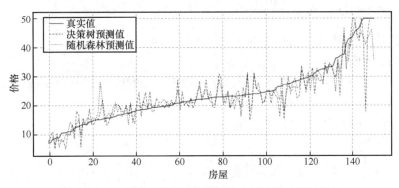

图 4-27　决策树与随机森林预测波士顿房价结果可视化

4.7　模型的评判和保存

1. 模型的评判指标

一般地，我们把模型的实际预测输出与样本的真实输出之间的差异称为误差，把模型在训练集上的误差称为训练误差或经验误差，把在新样本上的误差称为泛化误差。显然，我们希望得到泛化误差小的模型。然而，我们事先并不知道新样本是什么样的，实际能做的是努力使经验误差最小。在很多情况下，我们可以学得一个经验误差很小、在训练集上表现很好的模型，甚至这个模型对所有训练样本的分类都正确，即分类错误率为 0，分类精度为 100%，但这是不是我们想要的模型呢?遗憾的是，这样的模型在多数情况下的表现不好。

在介绍在如何评判一个机器学习模型的性能之前，我们先讨论一下性能指标。当处理机器学习模型时，我们需要依据不同的模型选择不同的评测指标。也就是说，没有一个评判指标能完全适用于分类、回归、聚类等模型。在分类中，常用的指标有以下两个。

准确率（accuracy）：指对于给定的测试集，分类器正确分类的样本数与总样本数之比。假设分类正确的样本数量为 70，而总分类样本数量为 100，那么精度为 70 / 100 = 70.00%。

AUC（area under curve）：是一个概率值，随机挑选一个正样本和一个负样本，当前的分类算法根据计算得到的 score 值将这个正样本排在负样本前面的概率就是 AUC 值。作为一个数值，AUC 值更大的分类器效果更好。

在回归分析中，常用的指标有以下两个。

均方误差：是反映估计量与被估计量之间差异程度的一种度量，其计算式为

$$\mathrm{MSE}(y, \widehat{y}) = \frac{1}{n_{\mathrm{sample}}} \sum_{i=0}^{n_{\mathrm{sample}}-1} (y_i, \ \widehat{y}_i)^2 \ .$$

可析方差得分是变异度量数学模型对给定数据集的变异（分散）的比例，其计算式为

$$\mathrm{explained\_variance}(y, \ \widehat{y}) = 1 - \frac{\mathrm{var}\{y - \widehat{y}\}}{\mathrm{var}\{y\}} \ , \ 其中，\ \mathrm{var} \ 表示方差。$$

对于聚类模型的指标，我们将会在聚类相关内容中进行介绍。

2. 分类、回归指标

本节中我们将实现对分类模型和回归模型的评测，使用的是 scikit-learn 中的 metrics() 方法。

分类模型的评测指标的调用代码如下。

```
# 使用 Sklearn 模块实现精确度计算
>>> import numpy as np
>>> from sklearn.metrics import accuracy_score
>>> y_pred = [0, 2, 1, 3]
>>> y_true = [0, 1, 2, 3]
>>> accuracy_score(y_true, y_pred)
0.5
>>> accuracy_score(y_true, y_pred, normalize = False)
2
# 使用 Sklearn 模块计算 AUC 值
>>> import numpy as np
>>> from sklearn import metrics
>>> y = np.array([1, 1, 2, 2])
>>> pred = np.array([0.1, 0.4, 0.35, 0.8])
>>> fpr, tpr, thresholds = metrics.roc_curve(y, pred, pos_label = 2)
>>> metrics.auc(fpr, tpr)
0.75
```

回归模型的评测指标的调用代码如下。

```
# 使用 Sklearn 模块实现均方误差计算
>>> from sklearn.metrics import precision_recall_curve
>>> from sklearn.metrics import mean_squared_error
>>> y_true = [3, -0.5, 2, 7]
>>> y_pred = [2.5, 0.0, 2, 8]
>>> mean_squared_error(y_true, y_pred)
0.375
>>> y_true = [[0.5, 1], [-1, 1], [7, -6]]
>>> y_pred = [[0, 2], [-1, 2], [8, -5]]
>>> mean_squared_error(y_true, y_pred)
0.708...
>>> mean_squared_error(y_true, y_pred, multioutput = 'raw_values')
...
array([ 0.416..., 1. ])
>>> mean_squared_error(y_true, y_pred, multioutput = [0.3, 0.7])
...
0.824...
# 使用 Sklearn 模块实现可析方差得分计算
>>> from sklearn.metrics import explained_variance_score
>>> y_true = [3, -0.5, 2, 7]
>>> y_pred = [2.5, 0.0, 2, 8]
>>> explained_variance_score(y_true, y_pred)
0.957...
>>> y_true = [[0.5, 1], [-1, 1], [7, -6]]
>>> y_pred = [[0, 2], [-1, 2], [8, -5]]
>>> explained_variance_score(y_true, y_pred, multioutput = 'uniform_average')
...
0.983...
```

3. 交叉验证

从之前的学习中我们了解到模型会先在训练集上进行训练,通过对模型参数进行调整来使模型的性能达到最佳状态。但是,模型即使在训练集上表现良好,在测试集上也可能会出现表现不佳的情况。为了解决这个问题,我们必须准备另一个被称为验证集的数据集。当完成模型后,我们在验证集中评估模型。如果验证集上的评估实验成功,则在测试集上执行最终评估,但是,如果我们将原始数据划分为我们所说的训练集、验证集、测试集,那么我们可用的数据量将会大大减少,为了解决这个问题,我们提出了交叉验证这样的解决办法。

交叉验证指将数据集 D 划分为 k 个大小相似的互斥子集,即 $D = D_1 \bigcup D_2 \bigcup \cdots \bigcup D_k$,其中,$D_i \bigcap D_j = \varnothing$,且 $i \neq j$。每个子集 D_i 都尽可能保持数据分布的一致性,即从 D 中通过分层采样得到。每次用 $k-1$ 个子集的并集作为训练集,余下的那个子集作为测试集,这样就获得 k 组训练/测试集,可进行 k 次训练和测试,返回这 k 个测试结果的均值作为结果。显然,交叉验证法评估结果的稳定性和保真性在很大程度上取决于 k 的取值。为强调这一点,人们通常把交叉验证法称为 k 折交叉验证。k 常用的取值是 10,此时称为 10 折交叉验证,其他常用的值有 5、20 等。图 4-28 给出了 10 折交叉验证的示意。

4. 交叉验证辅助函数

本节中我们将使用 scikit-learn 模块实现交叉验证,最简单的方法是在模型和数据集上调用 cross_val_score() 辅助函数。下面我们展示如何分割数据。

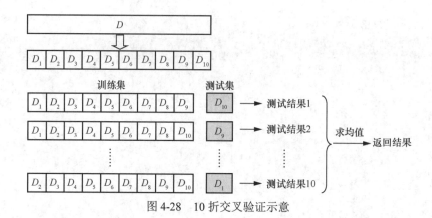

图 4-28 10 折交叉验证示意

首先，拟合模型和计算连续 5 次的分数（每次分割不同），估计 linear kernel 支持向量机在鸢尾花数据集上的精度，具体代码如下。

```
>>> from sklearn.model_selection import cross_val_score
>>> clf = svm.SVC(kernel = 'linear', C = 1)
>>> scores = cross_val_score(clf, iris.data, iris.target, cv = 5)
>>> scores
array([ 0.96..., 1. ..., 0.96..., 0.96..., 1. ])
```

其次，评分估计的平均得分和 95% 置信区间由此以下代码实现。

```
>>> print("Accuracy: %0.2f (+/-%0.2f)" % (scores.mean(), scores.std() * 2))
Accuracy: 0.98 (+/- 0.03)
```

再次，在默认情况下，每次 cross_val_score 迭代计算的指标结果保存在属性 scores 中，具体代码如下。当然，我们可以通过使用 scoring 参数来选择不同的指标。

```
>>> from sklearn import metrics
>>> scores = cross_val_score(
...     clf, iris.data, iris.target, cv = 5, scoring = 'f1_macro')
>>> scores
array([ 0.96..., 1. ..., 0.96..., 0.96..., 1. ])
```

最后，当 cv 参数是一个整数 k 时，cross_val_score 使用 k 折交叉验证策略。同时，我们也可以通过传入一个交叉验证迭代器来使用其他交叉验证策略。具体代码如下。

```
>>> from sklearn.model_selection import ShuffleSplit
>>> n_samples = iris.data.shape[0]
>>> cv = ShuffleSplit(n_splits = 3, test_size = 0.3, random_state = 0)
>>>cross_val_score(clf, iris.data, iris.target, cv = cv)...
array([0.97..., 0.97..., 1.])
```

5. 模型的保存

当模型训练完成后，我们可以将模型永久化，这样就可以直接使用该模型。我们通过下面的两种方法来保存一个模型。

（1）通过使用 Python 的内置持久化模块（pickle）保存模型，具体代码如下。

```
>>> import pickle
>>> s = pickle.dumps(KNN)
>>> KNN2 = pickle.loads(s)
>>> KNN2.predict(KNN2.predict(X[0:1]))
```

（2）使用 joblib 模块替换 pickle 模块（joblib.dump & joblib.load）保存模型，这种方

法对大数据更有效。具体代码如下。

```
# jbolib 模块
>>> from sklearn.externals import joblib
# 保存模型(注：save 文件夹要预先建立，否则系统会报错)
>>> joblib.dump(KNN, 'filename.pkl')
# 加载已保存的模型
>>> KNN = joblib.load('filename.pkl')
# 测试读取后的模型
print(clf3.predict(X[0:1]))
```

第 5 章　聚类算法与应用

本章首先讨论数据挖掘中无监督学习的基本概念，然后介绍层次聚类、k-means 算法等基础知识和实现方法。

本章将使用许多 Python 程序模块，如 NumPy、scikit-learn、Matplotlib 等。现在，请读者确保计算机已经安装了所需的程序包，并回顾构建一个机器学习框架的基本步骤：

（1）数据的加载；

（2）选择模型；

（3）模型的训练；

（4）模型的评测；

（5）模型的保存。

本章的主要内容如下。

（1）无监督学习。

（2）k-means 算法。

（3）层次聚类。

5.1　无监督学习问题

5.1.1　无监督学习

在展开无监督学习的内容之前，我们先了解一下无监督学习的概念。

无监督学习指我们不设置所谓的"正确答案"去教机器如何去学习，而是让机器自己发现数据中的规律，其中训练数据由没有任何标记的一组输入向量 x 组成。无监督学习的两个非常重要的研究方向是聚类和降维，本节先介绍聚类。

在实现聚类算法前，我们给出聚类的定义与聚类的一些案例，以更好地理解聚类算法。

5.1.2　聚类的基本概念与原理

聚类指将数据对象的集合分成由类似的对象组成的多个组别的过程，即将一系列的数据集分成多个子集或簇，其目标是建立类内紧密、类间分散的多个簇。也就是说，聚类的结果要求簇内的数据之间要尽可能相似，而簇间的数据之间要尽可能不相似。

乍看起来，聚类和分类的区别并不大，毕竟这两种任务都会将数据分到不同的子集或簇中。然而，我们将会看到，它们之间存在着本质上的差异。分类是监督学习的一种算法，其目标是对人类赋予数据的类别差异进行学习或复制。而以聚类为重要代表的无监督学习中并没有这样的类别差异进行引导。

聚类是一种重要的数据挖掘技术，已经广泛地应用于多个领域，例如，解决检索系统中文档的自动分类问题。检索系统中文档数据量巨大，当使用关键词进行搜索时经常会返回大量符合条件的对象。此时，我们可以使用聚类算法对返回的结果进行划分，使结果简洁明了，方便用户阅读。此外，聚类分析也可用于客户群体的划分。再如，微信的图像自动归类、动/植物分组、基因分组、保险行业分组、客户群特征刻画、图像/视频的压缩等，它们都是聚类的典型应用。

聚类模型是常见的机器学习模型。一般地，聚类模型的基本构建流程可以分为训练和评测两个阶段。

训练阶段。首先，准备训练数据，这里的数据可以是文本、图像、音频、视频等；其次，抽取所需要的特征，形成特征数据（也称样本属性，一般用向量形式表示）；最后，将这些特征数据连同对应的类别标记一起送入聚类算法中，训练得到一个无监督学习模型以及相应的聚类结果。

评测阶段。度量聚类模型性能不能简单地统计错误的数量，而应通过分析聚类的结果，例如通过结果的准确度、紧凑度、分离度等指标来评判。对于常见的无类别（即不知道数据类别）的情况，没有唯一的评价指标。这时，我们只能通过将类内聚合度、类间低耦合作为评判标准。此外，还有另一种情况称为有标别的情况。在有标别的情况下，我们会计算一个所谓外部准则，即计算聚类结果和已有的标准分类结果的吻合程度。

5.1.3　常见的聚类数据集

（1）3D 道路网络数据集

3D 道路网络数据集是通过将海拔信息添加到日德兰半岛的 2D 道路网络而构建的。高程值是从丹麦公开的激光扫描点云中提取的。该数据集可为生态路线、骑车路线等规划更精确的路线。对于数据挖掘和机器学习，此数据集可用于空间挖掘技术和卫星图像处理中的"地面真相"验证。它没有类别标签，但可用于无监督学习和回归分析，以猜测道路上某些点缺失的海拔信息。

该数据集一共有 434874 个观察值、4 个输入变量。变量名如下。

OSM_ID：图形中每个路段或边的 OpenStreetMap ID。

经度：Web Mercaptor（Google 格式）经度。

纬度：Web Mercaptor（Google 格式）纬度。

高程：以某种标准测量的海拔高度，它以米为单位。

（2）AAAI 2014 接收论文数据集

AAAI 2014 接收论文数据集提取了 2014 年 AAAI 会议接收论文的元数据，其中包括论文的标题、作者、摘要和不同粒度的关键字。该数据集采用 CSV 格式，其中的每一行都是一个论文样本，每一列都是属性值，一共有 399 个观察值、6 个输入变量。变量名如下。

标题：论文标题。

作者：该论文的作者。

群组：作者选择的高级关键字。

关键字：作者生成的关键字。

主题：作者选择的低级别关键字。

摘要：论文摘要。

（3）BuddyMove 数据集

BuddyMove 数据集是由某网站的 249 位审阅者在 2014 年 10 月之前发布的南印度旅行目的地评论所组成的，其中的变量名如下。

属性 1：唯一的用户 ID。

属性 2：体育馆等的评论数。

属性 3：对宗教机构的评论数量。

属性 4：海滩、湖泊、河流等的评论数。

属性 5：关于剧院、展览会等的评论数。

属性 6：购物中心、购物场所等的评论数。

属性 7：公园、野餐点等的评论数。

（4）鲍鱼数据集

鲍鱼数据集，通过物理测量预测鲍鱼的年龄。该数据集有 4177 个观察值、8 个输入变量和 1 个输出变量，其前 5 行的数据如图 5-1 所示。

```
1  1,0,0.99539,-0.05889,0.85243,0.02306,0.83398,-0.37708,1,0.037
2  1,0,1,-0.18829,0.93035,-0.36156,-0.10868,-0.93597,1,-0.04549,
3  1,0,1,-0.03365,1,0.00485,1,-0.12062,0.88965,0.01198,0.73082,6
4  1,0,1,-0.45161,1,1,0.71216,-1,0,0,0,0,0,-1,0.14516,0.54094,
5  1,0,1,-0.02401,0.94140,0.06531,0.92106,-0.23255,0.77152,-0.16
```

图 5-1　鲍鱼数据集前 5 行数据

5.2 使用划分聚类对航空客户群进行分析

5.2.1 划分聚类基本原理

划分聚类是聚类算法中最简单的一种算法。通过划分聚类，我们可以把输入的数据集划分为多个互斥的（子集）簇。为了方便描述问题与讲解，假设划分的簇的个数已经确定，也就是把数据集划分为 n 个簇。

对于给定的数据集和簇的个数 n，划分聚类做的事情是将数据集中的数据分配到这 n 个簇中，并且通过设定目标函数来驱使算法趋向于目标，使得簇中的数据尽可能相似，且与其他簇内的数据尽可能相异。也就是说，目标函数的目的是求取同簇内数据的高相似度和异簇内的高相异度。

对于划分聚类，我们作如下定义。

（1）一系列数据 $D = \{d_1, \cdots, d_n\}$。

（2）期望的簇数目 n。

（3）选择用于评估聚类质量的目标函数，计算一个分配映射 $\gamma{:}D{\to}\{1, \cdots, K\}$，并使该分配下的目标函数值极小化或者极大化。大部分情况下，我们要求 γ 是一个满射，也就是说，K 个簇中的每一个簇都不为空。

1．k-means 算法

k-means 算法是划分聚类算法中的一种算法，其中，k 表示子集的数量，means 表示均值。该算法通过预先设定的 k 值及每个子集的初始质心对所有的数据点进行划分。并通过划分后均值的迭代优化获得最优的聚类结果。在详细剖析算法之前，我们通过一个案例来了解算法的运行过程。

假设有一些没加标签的数据，为了将这些数据分成 2 个簇，现在运行 k-means 算法，算法的运行过程如图 5-2 所示。首先随机选 2 个点，它的目的是聚集出两个类别。这 2 个点叫作聚类中心，即图中的两个叉号。k-means 算法是一种迭代算法，每一次要做两件事情：第一件是簇划分，第二件是移动聚类中心。在 k-means 算法的每次迭代循环中，先做的是簇划分，即遍历所有的数据样本，依据某个划分策略（如依据距离最近原则），将每个数据划分到与其最接近的聚类中心的簇中。之后，当所有数据划分完成后，算法移动聚类中心，具体的操作方法如下：找出同簇的数据，计算它们的质心，并将聚类中心移动到质心。完成这个操作意味着聚类中心的位置发生了改变，同时意味着此次迭代循环的结束。k-means 算法会周而复始地进行迭代，直到聚类中心不再发生改变为止。

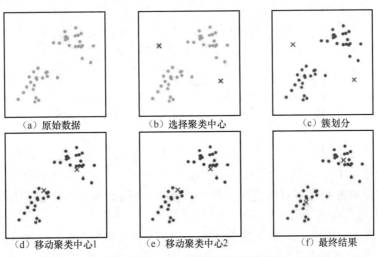

（a）原始数据　　　　　（b）选择聚类中心　　　　　（c）簇划分

（d）移动聚类中心1　　　（e）移动聚类中心2　　　　（f）最终结果

图 5-2　k-means 算法的运行过程

k-means 算法看似简单，但是我们在实现的时候不能忽略以下几个关键内容。

（1） k 值的选择

k 表示聚类结果中簇的数量，简单来说，就是我们希望将数据划分的簇的数量。k 值为几，就要有几个质心。k 值的不同，对输出的结果是有影响的，如图 5-3 所示。我们发现，当 k 值为 4 时，其效果并不是很理想。

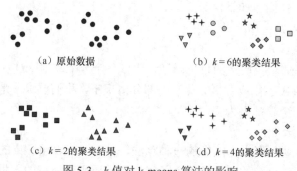

| （a）原始数据 | （b） $k=6$ 的聚类结果 |
| （c） $k=2$ 的聚类结果 | （d） $k=4$ 的聚类结果 |

图 5-3　k 值对 k-means 算法的影响

最优 k 值的选择没有固定的计算式或方法，需要人工指定。我们建议根据实际的业务需求，或以层次聚类获得的数据类别数量，作为选择 k 值的参考。这里需要注意的是选择较大的 k 值可以降低数据的误差，但会增加过拟合的风险。

（2）初始质心（代表点）的选择方法

不同的初始质心对最后的结果是会产生影响的，我们通过图 5-4 所示例子来说明这个问题。

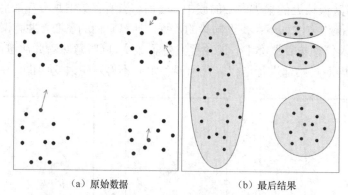

（a）原始数据　　　　　　　　　　（b）最后结果

图 5-4　初始质心对 k-means 算法最后结果的影响示例

在随机获取初始质心的情况下，k-means 算法最终收敛。也就是说，最后的结果符合算法的结束条件，但是，我们发现这个聚类结果并不是一个最优的输出结果。

由此可见，初始质心对算法的输出是有影响的。那我们如何选择合适的初始质心呢？可以参考以下几个准则。

① 凭经验选择代表点。根据问题的性质，用经验的办法确定类别数，从数据中找出直观上看来是较合适的代表点。

② 将全部数据随机地分为 k 类，计算各类数据的重心，将这些重心作为对应类的代表点。

③ "密度"法选择代表点。基于密度的方法通过计算数据集中每个点的局部密度，然后选择密度最高的点作为初始质心。这种方法能够有效地识别出数据中的自然聚类结构，并减少初始质心选择对聚类结果的影响。

④ 使用一种基于距离的策略来选择初始质心，例如，首先选择最远的点作为第一个质心，然后依次选择距离已选质心最远的点作为新的质心，直到选择了 k 个质心。这种方法旨在使初始质心尽可能分散。

2. scikit-learn 中 k-means 算法的应用

前文我们已经了解 k-means 算法的基本理论，现在我们使用该算法进行聚类分析。

scikit-learn 中 k-means 算法的调用接口函数为 KMeans()，详细步骤如下。

步骤 1：导入相关模块，代码如下。

```
>>>import numpy as np
>>>import matplotlib.pyplot as plt
>>>from sklearn.cluster import KMeans
>>>from sklearn.datasets import make_blobs
>>>plt.figure(figsize = (12, 12))
```

步骤 2：使用 make_blobs()函数生成随机聚类数据，代码如下。

```
>>>n_samples = 1500
>>>random_state = 170
>>>X, y = make_blobs(n_samples = n_samples, random_state = random_state)
```

步骤 3：通过 KMeans()函数创建实例，查看错误的簇数对 k-means 算法聚类结果的影响，代码如下。

```
>>>y_pred = KMeans(n_clusters = 2, random_state = random_state).fit_predict(X)
>>>plt.subplot(221)
>>>plt.scatter(X[:, 0], X[:, 1], c = y_pred)
>>>plt.title("Incorrect Number of Blobs")
```

步骤 4：查看分布式数据对 k-means 算法聚类结果的影响，代码如下。

```
>>>transformation = [[0.60834549, -0.63667341], [-0.40887718, 0.85253229]]
>>>X_aniso = np.dot(X, transformation)
>>>y_pred = KMeans(n_clusters = 3,
                   random_state = random_state).fit_predict(X_aniso)
>>>plt.subplot(222)
>>>plt.scatter(X_aniso[:, 0], X_aniso[:, 1], c = y_pred)
>>>plt.title("Anisotropicly Distributed Blobs")
```

步骤 5：查看不同的方差对 k-means 聚类算法的影响，代码如下。

```
>>>X_varied, y_varied = make_blobs(n_samples = n_samples,
                                   cluster_st = [1.0, 2.5, 0.5],
                                   random_state = random_state)
>>>y_pred = KMeans(n_clusters= 3,
                   random_state = random_state).fit_predict(X_varied)
>>>plt.subplot(223)
>>>plt.scatter(X_varied[:, 0], X_varied[:, 1], c = y_pred)
>>>plt.title("Unequal Variance")
```

步骤 6：查看不同大小的数据对 k-means 算法聚类结果的影响，代码如下。

```
>>>X_filtered = np.vstack((X[y == 0][:500], X[y == 1][:100], X[y == 2][:10]))
>>>y_pred = KMeans(n_clusters = 3,
                   random_state = random_state).fit_predict(X_filtered)
>>>plt.subplot(224)
>>>plt.scatter(X_filtered[:, 0], X_filtered[:, 1], c = y_pred)
>>>plt.title("Unevenly Sized Blobs")
>>>plt.show()
```

5.2.2　任务描述

民航的竞争除了三大航空公司之间的竞争之外，还将加入新崛起的各类小型航空公司、民营航空公司，甚至国外航空巨头。航空产品生产过剩，产品同质化特征愈加明显，于是航空公司从价格、服务间的竞争逐渐转向对客户的竞争。

通过建立合理的客户价值评估模型，对客户群体进行分类，分析比较不同的客户群的客户价值，并制定相应的营销策略，对不同的客户群体提出个性化的服务是必须和有效的。目前航空公司已经累积了大量的会员档案信息和其乘坐航班的概率，根据相关记录实现以下目标。

① 借助航空公司数据，对客户进行分类。
② 对不同的客户类进行特征分析，比较不同的客户价值。
③ 针对不同的客户提供个性化服务，指定相应的营销策略。

5.2.3　航空客户群数据预处理

1．处理数据缺失值与异常值
从业务以及建模的相关需要方面考虑，筛选出需要的数据，丢弃票价为空的数据、丢弃票价为 0、平均折扣率不为 0、总飞行公里数大于 0 的数据。具体代码如下。

```
# 导入相关库
import os
import numpy as np
import pandas as pd
# 导入航空数据
airline_data = pd.read_csv("/home/ubuntu/Documents/air_data.csv",
                           encoding = "gb18030",engine = 'python')
print(' 原始数据的形状为: ',airline_data.shape)

# 去除票价为空的记录
airline_notnull =
airline_data.loc[airline_data["SUM_YR_1"].notnull() & airline_data["SUM_YR_2"].notnull(), :]
print(' 删除缺失记录后数据的形状为: ', airline_notnull.shape)
```

运行结果如下。

```
原始数据的形状为: (62988, 44)
删除缺失记录后数据的形状为: (62299, 44)
```

获取删除异常记录后数据形状，代码如下。

```
# 只保留票价非零的，或者平均折扣率不为 0 且总飞行公里数大于 0 的记录。
index1 = airline_notnull['SUM_YR_1'] != 0
index2 = airline_notnull['SUM_YR_2'] != 0
index3 = (airline_notnull['SEG_KM_SUM']> 0) &
        (airline_notnull['avg_discount'] != 0)
airline = airline_notnull[(index1 | index2) & index3]
print(' 删除异常记录后数据的形状为: ',airline.shape)
```

运行结果如下。

```
删除异常记录后数据的形状为: (62044, 44)
```

2. 构建航空客户价值分析关键特征

广泛用于分析客户价值的是 RFM 模型，是通过 3 个指标——最近消费时间间隔（recency）、消费频率（frequency）、消费金额（monetary）——进行客户细分，识别出高价值的客户。因消费金额指标在航空公司中不适用，故选择客户在一定时间内累积的飞行里程 M 和客户乘坐舱位折扣系数的平均值 C 两个指标代替消费金额。此外，考虑航空公司会员加入时间在一定程度上能够影响客户价值，所以在模型中增加客户关系长度 L，作为区分客户的另一指标，因此构建 LRFMC 模型。

由于原始数据中并没有直接给出 LRFMC 模型的 5 个特征，需要通过原始数据获得这 5 个特征，具体如下。

会员入会时间距观测窗口结束的月数 L = 观测窗口的结束时间–入会时间，即 L = LOAD_TIME – FFP_DATE。

客户最近一次乘坐公司飞机距观测窗口结束的月数 R = 最后一次乘机时间至观察窗口末端时长，即 R = LAST_TO_END。

客户在观测窗口内飞行次数 F = FLIGHT_COUNT。

客户在观测窗口内飞行里程 M = 观测窗口总飞行千米数，即 M = SEG_KM_SUM。

客户在观测窗口乘坐舱位对应的折扣系数的平均值 C = 平均折扣率，即 C = avg_discount。

```
# 选取需求特征
airline_selection = airline[["FFP_DATE", "LOAD_TIME", "FLIGHT_COUNT",
                        "LAST_TO_END", "avg_discount", "SEG_KM_SUM"]]
# 构建 L 特征
L = pd.to_datetime(airline_selection["LOAD_TIME"]) -
                pd.to_datetime(airline_selection["FFP_DATE"])
L = L.astype("str").str.split().str[0]
L = L.astype("int")/30
# 合并特征
airline_features = pd.concat([L, airline_selection.iloc[:, 2:]], axis = 1)
print(' 构建的 LRFMC 特征前 5 行为: \n', airline_features.head())
```

构建的 LRFMC 特征前 5 行如下。

	0	FLIGHT_COUNT	LAST_TO_END	avg_discount	SEG_KM_SUM
0	90.200000	210	1	0.961639	580717
1	86.566667	140	7	1.252314	293678
2	87.166667	135	11	1.254676	283712

3	68.233333	23	97	1.090870	281336
4	60.533333	152	5	0.970658	309928

3. 标准化 LRFMC 特征

由于聚类模型并不需要将数据集划分为训练集和测试集，因此标准化 LRFMC 特征可以使用 scikit-learn 的 preprocessing 模块实现，也可以使用自定义函数的方法来实现。使用 preprocessing 模块实现的代码如下。

```
from sklearn.preprocessing import StandardScaler
data = StandardScaler().fit_transform(airline_features)
np.savez('/home/ubuntu/Documents/airline_scale.npz', data)
print(' 标准化后 LRFMC 特征为: \n', data[:5,:])
```

代码运行结果如下。

```
标准化后 LRFMC 特征为:
[[1.43571897  14.03412875  -0.94495516   1.29555058   26.76136996]
 [1.30716214   9.07328567  -0.9119018    2.86819902   13.1269701]
 [1.32839171   8.71893974  -0.88986623   2.88097321   12.65358345]
 [0.65848092   0.78159082  -0.41610151   1.99472974   12.54072306]
 [0.38603481   9.92371591  -0.92291959   1.3443455    13.89884778]]
```

5.2.4 模型的建立

采用 k-means 聚类算法对客户数据进行分群，将其聚成 5 类（需要结合业务的理解与分析来确定客户的类别数量），代码如下。

```
# 导入库
import os
import numpy as np
import pandas as pd
from sklearn.cluster import KMeans # 导入 k-means 算法
# 读取数据
airline_scale = np.load('/home/ubuntu/Documents/airline_scale.npz')['arr_0']
k = 5 # 确定聚类中心数
kmeans_model = KMeans(n_clusters = k, n_jobs = 4, random_state = 123) # 构建模型
fit_kmeans = kmeans_model.fit(airline_scale) # 模型训练
kmeans_model.cluster_centers_ # 查看聚类中心
```

运行结果如下。

```
out[1]array([[1.16094184e+00,   -8.66355853e-02, -3.77438378e-01,
        -1.56893014e-01,  -9.45420456e-02],
       [4.83551752e-01,    2.48315495e+00, -7.99413281e-01,
         3.09787292e-01,   2.42425727e+00],
       [4.07521844e-01,   -2.32407891e-01, -2.32993527e-03,
         2.16900461e+00,  -2.36767589e-01],
       [-3.13072314e-01,   -5.73910449e-01,  1.68707882e+00,
        -1.75466654e-01,  -5.36725346e-01],
       [-7.00318428e-01,   -1.60626736e-01, -4.15128221e-01,
        -2.58203510e-01, -1.60330905e-01]]),
```

查看样本的类别标签，代码如下。

```
kmeans_model.labels_
```

运行结果如下。

```
In[3]: kmeanx_model.labels_ # 查看样本的类别标签
Out[3]: array([1, 1, 1, ..., 4, 3, 3], dtype = int32)
r1 = pd.Series(kmeans_model.labels_).value_counts() # 统计不同类别样本的数目
print('最终每个类别的数目为: \n', r1)
```

输出结果如下。

```
最终每个类别的数目为:
4    24611
0    15730
3    12111
1     5337
2     4255
dtype: int64
```

对数据进行聚类分群的结果如表 5-1 所示。

表 5-1　对数据进行聚类分群的结果

聚类类别	聚类个数/个	聚类中心				
		L	*R*	*F*	*M*	*C*
客户群 1	5337	0.483	−0.799	2.483	2.424	0.308
客户群 2	15735	1.160	−0.377	−0.087	−0.095	−0.158
客户群 3	12130	−0.314	1.686	−0.574	−0.537	−0.171
客户群 4	24644	−0.701	−0.415	−0.161	−0.165	−0.255
客户群 5	4198	0.057	−0.006	−0.227	−0.230	2.191

5.3　使用层次聚类挖掘运营商基站信息

5.3.1　层次聚类算法原理

层次聚类指对于给定的数据集对象,通过层次聚类算法获得一个具有层次结构的数据集的过程。依据层次结构生成的不同过程,层次聚类可以分为凝聚层次聚类和分裂层次聚类。凝聚层次聚类是一个自底向上进行的过程。层次聚类算法一开始将每个数据看成一个子集,然后不断地对子集进行两两合并,直到所有数据都聚成一个子集或者满足某些设定的终止条件为止。分裂层次聚类的过程刚好相反,它是一个自顶向下进行的过程。层次聚类算法一开始将所有数据看成一个子集,然后不断地对子集进行分裂,直到所有数据都在单独的子集中或者满足某些设定的终止条件为止。

本小节主要介绍凝聚层次聚类,凝聚层次聚类是一种自底向上的聚类算法。所谓的自底向上的算法,是指每次找到距离最短的两个簇,然后将它们合并成一个大的簇,直到全部合并为一个簇为止。常用的距离计算式为欧氏距离。凝聚层次聚类过程就是建立一个树结构，如图 5-5 所示。在图 5-5 所示例子中，算法开始时将每个数据视为一个簇，此时簇集合为 $\{\{p_1\}, \{p_2\}, \{p_3\}, \{p_4\}\}$。紧接着，算法找到距离最短的两个簇 $\{p_2\}$ 和 $\{p_3\}$，将它们进行合并。合并完成后的簇集合为 $\{\{p_1\}, \{p_2, p_3\}, \{p_4\}\}$。之后算法再次从簇集合中寻找距离最短的两个簇进行合并，此时距离最短的两个簇为 $\{p_2, p_3\}$ 和 $\{p_4\}$。这次合并后的簇集合为 $\{\{p_1\}, \{p_2, p_3, p_4\}\}$。最终算法将这两个簇合并终止。

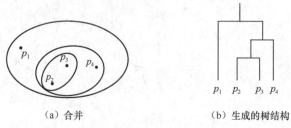

（a）合并 　　　　　　　　　（b）生成的树结构

图 5-5　凝聚层次聚类过程

那么，当我们采用欧氏距离作为距离计算式时，如何判断两个簇之间的距离呢？一开始每个数据点独自作为一个类，它们的距离就是这两个点之间的距离。而对于包含不止一个数据点的簇的距离，即计算两个组合数据点间的距离，常用的方法有 3 种，分别为单链接、全链接和组平均。在开始计算距离之前，我们先介绍这 3 种计算方法。

单连接是一种简单而直观的合并策略。在单连接中，两个簇之间的相似度被定义为它们中距离最近的两个样本的距离。当进行聚类合并时，将计算所有可能的簇对之间的距离，并选择距离最近的两个簇进行合并，如图 5-6 所示。

全链接是一种相对严格的合并策略。在全链接中，两个簇之间的相似度被定义为它们中距离最远的两个样本的距离。当进行聚类合并时，将计算所有可能的簇对之间的距离，并选择距离最远的两个簇进行合并，如图 5-7 所示。

组平均是一种折中的合并策略。在组平均链接中，两个簇之间的相似度被定义为它们中所有样本之间距离的平均值。当进行聚类合并时，将计算所有可能的簇对之间的距离，并选择平均距离最小的两个簇进行合并，如图 5-8 所示。

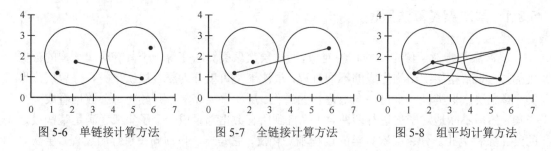

图 5-6　单链接计算方法　　　　图 5-7　全链接计算方法　　　　图 5-8　组平均计算方法

5.3.2　任务描述

随着个人手机和网络的普及，手机已经成为绝大多数人使用的工具。根据手机信号在地理空间的覆盖情况，并结合时间序列的手机定位数据，我们便可以完整地还原手机持有人的活动轨迹，从而得到人口空间分布与活动联系的特征信息商圈。该商圈是现代市场中的重要企业活动空间，商圈划分的目的之一是研究潜在的顾客分布，以制定适宜的商业对策。

data.csv 中存储了基站数据，部分运营商数据如图 5-9 所示。

基站编号	工作日上班时间人均停留时间/min	凌晨人均停留时间/min	周末人均停留时间/min	日均人流量/人次
0	78	521	602	2863
1	144	600	521	2245
2	95	457	468	1283
3	69	596	695	1054
4	190	527	691	2051

图 5-9　运营商基站数据（部分）

下面我们对这份数据进行聚类。

5.3.3　导入数据

导入数据的代码如下。

```
import pandas as pd
data = pd.read_csv('/data.csv')
```

接着使用散点矩阵图将数据表示出来。由于人流量和时间属于不同的计量单位，因此需要对这份数据进行标准化，我们这里使用 sklearn.preprocessing.scale 类来达到标准化的目的。使用该类的好处在于可以保存训练集中的参数（均值、方差）直接使用其对象转换测试集数据。具体代码如下。

```
import matplotlib.pyplot as plt
from pandas.plotting import scatter_matrix
from sklearn.preprocessing import scale

fColumns = [
            '工作日上班时间人均停留时间', '凌晨人均停留时间', '周末人均停留时间', '日均人流量'
           ]
#对数据进行标准化
scaleData = pd.DataFrame(scale(data[fColumns]), columns = fColumns)

#绘制散点矩阵图
from pylab import mpl
mpl.rcParams['font.sans-serif']=['SimHei']
mpl.rcParams['axes.unicode_minus'] = False
#防止中文和负号乱码
axes = scatter_matrix(
scaleData, diagonal = 'hist')
```

得到的散点矩阵图如图 5-10 所示。可以看出，4 个特征之间基本不存在线性关系。

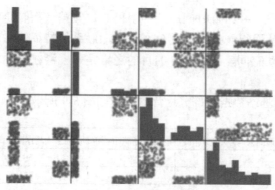

图 5-10　散点矩阵图

5.3.4　数据的特征压缩

下面我们使用主成分分析法（principal component analysis，PCA）对工作日上班时间人均停留时间、凌晨人均停留时间、周末人均停留时间、日均人流量这 4 个特征进行降维，把 4 个特征压缩为 2 个特征，并使用散点图把数据展现出来。具体代码如下。主成分分析是一种统计过程，通过正交变换将可能相关的变量转换为一组线性不相关的变量，这些新的变量称为主成分。通常，转换后的变量会按照方差递减的顺序排列，因此，我们通过选择 4 个特征主成分来减少数据的维度，同时保留数据的大部分变异性。

```
from sklearn.decomposition import PCA
pca_2 = PCA(n_components = 2)
data_pca_2 = pd.DataFrame(pca_2.fit_transform(scaleData))

plt.scatter(data_pca_2[0],data_pca_2[1])
```

运行结果如图 5-11 所示。

图 5-11　特征压缩后的散点图

5.3.5　层次聚类实现数据挖掘

从图 5-11 中可以很明显地看出，数据被聚类为 3 类，因此我们将 Agglomerative-Clustering()函数的 n_clusters 参数设置为3。

```
from sklearn.cluster import AgglomerativeClustering
```

```
#进行层次聚类，并预测样本的分组
agglomerativeClustering = AgglomerativeClustering(n_clusters = 3)
pTarget = agglomerativeClustering.fit_predict(scaleData)

plt.figure()plt.scatter(data_pca_2[0], data_pca_2[1], c = pTarget)
```

　　执行代码，得到聚类效果如图 5-12 所示。可以看到，3 个簇紧凑清晰，并且簇与簇之间有明显的分离，说明该层次聚类的效果非常不错。

图 5-12　聚类效果

5.4　聚类效果评测

　　我们已经介绍了两种不同的聚类算法，但没有评测算法的聚类效果。在监督学习中，我们可以通过预测结果和"正确答案"，即与原始结果的比较来评测模型的好坏，但是在无监督学习中，我们没有所谓的"正确答案"，因此，需要一种评测算法聚类效果的方法。

　　聚类的目的是获取一定的簇，而簇中的数据尽可能相似，且与其他簇内的数据尽可能相异，由此作为一个启发式，评测算法聚类结果好坏的一种方式是观察集群分离的离散程度。集群分离的离散程度称为轮廓系数，其计算式为

$$轮廓系数 = (x - y) \div \max(x, y)$$

其中，x 表示在同一个集群（簇）中某个数据点与其他数据点的平均距离，y 表示某个数据点与最近的另一个集群（簇）所有点的平均距离。

　　下面的例子是使用 scikit-learn 实现的轮廓系数模型来对算法聚类效果进行评测。具体步骤如下。

　　步骤 1：加载相关模型和数据，代码如下。

```
import numpy as np
import matplotlib.pyplot as plt
from sklearn import metrics
from sklearn.cluster import KMeans
from sklearn import datasets
# 使用 iris 数据集
iris = datasets.load_iris()
data = iris.data
scores = []
```

```
range_values = np.arange(2, 10)
```

步骤 2：实例化聚类模型并进行训练，使用轮廓系统作为指标评测该模型，代码如下。

```
for i in range_values:
    # 训练模型
    kmeans = KMeans(init = 'k-means++', n_clusters = i, n_init = 10)
    kmeans.fit(data)
    score = metrics.silhouette_score(data, kmeans.labels_, metric = 'euclidean',
                                     sample_size = len(data))
    print ("\nNumber of clusters =", i)
    print ("Silhouette score =", score)
    scores.append(score)
```

步骤 3：将结果可视化，代码如下。这里使用条形图来展示轮廓系数（silhouette score）与聚类数量（number of clusters）之间的关系，并用散点图展示鸢尾花数据。

```
# 画出分数曲线
plt.figure()
plt.bar(range_values, scores, width = 0.6, color = 'k', align = 'center')
plt.title('Silhouette score vs number of clusters')
# 画出数据
plt.figure()
plt.scatter(data[:,0], data[:,1], color = 'k', s = 30, marker = 'o',
            facecolors = 'none')
x_min, x_max = min(data[:, 0]) - 1, max(data[:, 0]) + 1
y_min, y_max = min(data[:, 1]) - 1, max(data[:, 1]) + 1
plt.title('Input data')
plt.xlim(x_min, x_max)
plt.ylim(y_min, y_max)
plt.xticks(())
plt.yticks(())
plt.show()
```

第6章 关联规则与协同过滤

本章首先讨论推荐算法的基本概念,重点介绍关联规则和协同过滤这两种推荐算法;然后介绍关联规则与协同过滤的实现方法,并且通过经典案例将基于关联规则和协同过滤算法的推荐过程抽丝剥茧,一一呈现在读者面前。

本章所讨论的问题很多属于推荐算法的范畴。对于已具备相关知识的读者,大家可以有选择地学习本章内容。

本章的主要内容如下。

(1)关联规则与协同过滤的基本概念。

(2)关联规则推荐的应用。

(3)协同过滤推荐的应用。

6.1 推荐算法简介

个性化推荐是数据挖掘技术与电子商务技术结合的一个重要应用领域。具体来说,个性化推荐系统(简称推荐系统)是一个通过分析交易过程中的数据,采用一定的算法或计算模型,为用户提供个性化推荐服务的系统。推荐系统在零售、社交、音乐、电影、新闻等领域上得到广泛应用。它不仅可以帮助用户发现感兴趣的物品,还可以提高商品的购买率,并帮助企业增加销售额和提高用户忠诚度。

推荐系统的核心是推荐算法。推荐算法是一种通过分析历史交易数据,为用户推荐个性化内容的算法。推荐算法可以根据其实现原理和实现方法进行分类,常见的分类是关联规则和协同过滤这两种。

关联规则推荐算法:是一种基于关联规则挖掘的算法。它通过分析用户行为数据中项集之间的关联关系,找出频繁项集和关联规则,然后根据这些规则进行推荐。比如,根据用户购买商品的历史记录,算法可以挖掘出购买商品之间的关联规则,然后根据关联规则将其他相关商品推荐给用户。

协同过滤推荐算法:是一种基于用户行为数据的协同过滤算法。它通过分析用户之间的相似性或物品之间的相关性,为用户生成个性化的推荐结果。协同过滤算法主要分为基于用户的协同过滤和基于物品的协同过滤两种算法。基于用户的协同过滤算法通过比较用户之间的行为数据,找出兴趣相似的用户,并为用户推荐相似用户喜欢的物品。基于物品的协同过滤算法则根据物品之间的相似性,为用户推荐与他所喜欢物品相似的物品。

除了关联规则和协同过滤，还有其他一些常见的推荐算法，如基于内容的推荐、基于矩阵分解的推荐、深度学习推荐等算法。这些算法各有优缺点和适用场景，读者可根据实际需求选择合适的算法进行推荐。

6.2 关联规则

6.2.1 关联规则基本原理

在描述有关关联规则的一些细节之前，我们先思考这样一个场景：假设你是某地区的销售经理，正在和一位刚从商店里买了一台计算机和一台数码相机的顾客交谈。你应该推荐什么产品才会使他产生兴趣呢？"已有的多数客户在购买计算机和数码相机后，还经常购买其他商品"这样的一个规律进行推荐将对推荐非常有帮助。关联规则算法可以帮助我们在大量历史销售数据中发现"已有的多数客户在购买计算机和数码相机后，还经常购买的产品"这个规律。

关联规则是形如 $X{\rightarrow}Y$ 的蕴涵式（我们采用 $X{\rightarrow}Y$ 表示关联规则），其中，X 和 Y 分别表示关联规则的先导和后继。在这当中，关联规则 $X{\rightarrow}Y$，利用其支持度和置信度从大量数据中挖掘出有价值的数据项之间的相关关系。关联规则解决的常见问题如"如果一个消费者购买了商品 A，那么他有多大可能购买商品 B？"以及"如果他购买了商品 C 和 D，那么他还将购买什么商品？"。

关联规则定义如下。

假设 $I = \{I_1, I_2, \cdots, I_m\}$ 是包含所有商品的集合，包含 k 个项的项集称为 k 项集。给定一个交易数据库 D，其中每个事务 T 是 I 的非空子集，即每一个交易都与一个唯一的标识符 TID 对应。关联规则算法的目标是通过已发生的事务数据，找到其中关联性较高的项集所形成的规则。

那么，如何衡量关联规则的有效性及关联性呢？首先，该关联规则本身所对应的商品应当具有一定的普遍推荐价值，即支持度较高；其次，该关联规则的发生应当具有一定的可能性，即置信度较高。

关联规则在 D 中的支持度是 D 中事务同时包含 X 和 Y 的概率；置信度是 D 中事务已经包含 X 的情况下，包含 Y 的条件概率。

支持度（support）和置信度（confidence）的计算式如下。

$$\text{support}(X \rightarrow Y) = P(X \cap Y)$$

$$\text{confidence}(X \rightarrow Y) = P(Y \mid X) = P(X \cap Y)/P(X)$$

如果满足最小支持度阈值（min_support）和最小置信度阈值（min_confidence），则我们认为关联规则是重要的。这些阈值需要人为设定。当一个项集(XY)的支持度大于或等于 min_support，这个项集称为频繁项集。当频繁项集(XY)所构成的关联规则（$X{\rightarrow}Y$）的置信度大于或等于 min_confidence 时，这个关联规则称为强关联规则。强关联规则也是关联规则挖掘的最终产出。

6.2.2　关联规则的挖掘过程

关联规则的挖掘过程主要包含以下两个阶段。

关联规则挖掘的第一阶段必须从原始资料集合中，找出所有频繁项集。以一个包含 A 与 B 两个项目的二项集为例，我们可以求得包含 $\{A, B\}$ 项集的支持度（support），若支持度大于或等于所设定的最小支持度阈值时，则 $\{A, B\}$ 称为一个频繁二项集。一个满足最小支持度阈值的 k 项集则称为频繁 k 项集，一般表示为 large k 或 frequent k。算法并从 large k 的项集中再产生 large k+1，直到无法再找到更长的频繁项集为止。

关联规则挖掘的第二阶段要产生关联规则。从频繁项集产生关联规则，是利用前一步骤的频繁 k 项集来产生规则的，在最小置信度的条件门槛下，若一规则所求得的置信度（confident）满足最小置信度阈值，则称此规则为强关联规则。例如：经由频繁 k 项集 $\{A, B\}$ 所产生的规则 $A \rightarrow B$，其置信度若大于或等于最小置信度阈值，则称 $A \rightarrow B$ 为强关联规则。

下面我们通过一个例子来理解关联规则挖掘的一般过程。

表 6-1 是顾客购买记录的数据库 D，包含 5 个事务，即 $t = 5$。项集 $I = \{$牛奶, 面包, 尿布, 啤酒, 鸡蛋$\}$。令 min_support = 0.5，min_confidence = 0.6，考虑一个二项集 $\{$牛奶, 面包$\}$，事务 1、事务 4 和事务 5 同时包含牛奶和面包，这说明包含牛奶和面包的事务有 3 个，即 $X \cap Y = 3$，support $(X \cap Y) / D = 0.6 > $ min_support，则 $\{$牛奶, 面包$\}$ 是一个频繁项集。对于关联规则(牛奶 $\rightarrow$ 面包)，数据库中 4 个事务是包含牛奶的，即 $X = 4$，因而 confident $(X \cap Y) / X = 0.75 >$ min_confidence，则认为购买牛奶和购买面包之间存在强关联。

表 6-1　顾客购买数据记录表（1 表示包含，0 表示不包含）

事务	牛奶	面包	尿布	啤酒	鸡蛋
事务 1	1	1	0	0	0
事务 2	0	1	1	1	1
事务 3	1	0	1	1	0
事务 4	1	1	1	1	0
事务 5	1	1	1	0	0

6.2.3　Apriori 算法

1. Apriori 算法概念

Apriori 算法是经典的挖掘频繁项集和关联规则的数据挖掘算法。Apriori 在拉丁语中指"来自以前"，即定义问题时通常会使用先验知识或者假设。Apriori 算法的名字正是基于这样的事实：算法使用频繁项集性质的先验性质，即频繁项集的所有非空子集也一定是频繁的。Apriori 算法使用一种称为逐层搜索的迭代算法，其中 k 项集用于探索 $(k + 1)$ 项集，具体过程如下。首先，通过扫描数据库，累计每个项的计数，并收集满足最小支持度的项，找出频繁 1 项集的集合，记该集合为 L_1。然后，使用 L_1 找出频繁 2 项

集的集合 L_2，依次类推，直到不能找到频繁 k 项集为止。每找出一个 L_k，需要进行一次数据库的完整扫描。Apriori 算法使用频繁项集的先验性质来压缩搜索空间。

虽然 Apriori 算法看似很完美，但它有一些难以克服的缺点，具体如下。

① 对数据库的扫描次数过多。

② 会产生大量的中间项集。

③ 采用唯一支持度。

④ 算法的适应面窄。

2. Apriori 算法实现原理

R. Agrawal 和 R. Srikant 于 1994 年在一篇论文中提出了 Apriori 算法，对它的描述如图 6-1 所示。

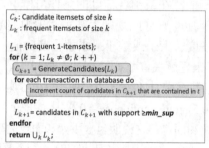

图 6-1　Apriori 算法描述

下面以图 6-2 所示内容为例，对 Apriori 算法进行解析，最开始数据库中有 4 条交易，分别为{A, C, D}、{B, C, E}、{A, B, C, E}、{B, E}，使用 sup 表示其支持度，$sup_{min} = 2$ 表示支持度阈值，频繁 k 项集的集合为 L_k，即集合为 L_k 中的项其支持度大于或等于 sup_{min} 支持度阈值，而 C_k 表示的为候选频繁 k 项集，在初始运行 Apriori 算法时，算法从 1 项集开始寻找出所有 1 项集的集合{{A}, {B}, {C}, {D}, {E}}，记为 C_1（即 1 项集候选集），接着在 C_1 中收集满足最小支持度 $sup_{min} = 2$ 的频繁项，找出的频繁 1 项集的集合为{{A}, {B}, {C}, {E}}，该集合记为 L_1（即 1 项集频繁项集）。然后，使用频繁 1 项集 L_1 依据某个策略找出候选频繁 2 项集的集合 C_2，依次类推，直到不能再找到频繁 k 项集为止。最后，我们筛选出的频繁项集为{B, C, E}（即 3 项集频繁项集）。

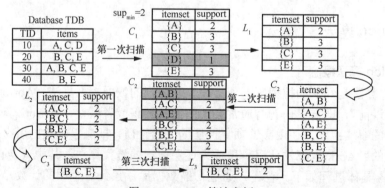

图 6-2　Apriori 算法案例

上述例子中，最值得我们思考的是如何从频繁 k 项集 L_k 探索到候选频繁$(k+1)$项集 C_{k+1}，这其实就是图 6-1 算法描述中第一个所标注的地方： $C_{k+1} = \text{GenerateCandidates}(L_k)$，在 Apriori 算法中， L_k 到 C_{k+1} 所使用的转换策略如图 6-3 所示。

- Assume the items in L_k are listed in an order (e.g., alphabetical)
- **Step 1: *self-joining* L_k** *(IN SQL)*

    insert into C_{k+1}

    select *p.item₁, p.item₂, ..., p.itemₖ, q.itemₖ*

    from L_k *p*, L_k *q*

    where *p.item₁=q.item₁, ..., p.item₍ₖ₋₁₎=q.item₍ₖ₋₁₎, p.itemₖ < q.itemₖ*
- **Step 2: *pruning***

    forall ***itemsets c in*** C_{k+1} **do**

        forall ***k-subsets s of c*** **do**

            if *(s is **not** in L_k)* **then delete c from** C_{k+1}

图 6-3　Apriori 算法生成策略

该生成策略包括两个步骤。第一个步骤（Step1）是 self-joining，即自链接算法部分。例如，假设我们有一个频繁 3 项集 L_3 ={{A, B, C} {A, B, D}, {A, C, D} {A, C, E}, {B, C, D} (注意这已经是排好序的)。任选择两个 itemset，它们满足条件：前$(k-1)$个 item 都相同，但最后一个 item 不同，把它们组成一个新候选频繁$(k+1)$项集 C_{k+1}。如图 6-4 所示，{A, B, C}和{A, B, D}组成{A, B, C, D}， {A, C, D}和{A, C, E}组成{A, C, D, E}。生成策略的第二个步骤（Step2）是 pruning。对于一个位于 C_{k+1} 中的项集 c, s 是 c 的大小为 k 的子集，如果 s 不存在于 L_k 中，则将 c 从 C_{k+1} 中删除。如图 6-4 所示，因为{A, C, D, E}的子集{C, D, E}并不存在于 L_3 中，所以我们将{A, C, D, E}从 C_4 中删除。最后得到的 C_4，仅包含一个项集{A, B, C, D}。

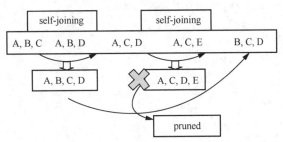

图 6-4　Apriori 算法生成策略举例

3．Apriori 算法的编程实现

下面我们使用编程实现 Apriori 算法，具体步骤如下。

步骤 1：为了方便实验，我们手动加载样本数据集，具体代码如下。所获得的数据集包含事务列表，每个事务包含若干项。

```
# 导入数据集模块
Def load_data_set():
    """
加载一个示例数据集（来自《数据挖掘：概念与技术》第三版）
返回：
一个数据集：一个事务列表。每个事务包含多个项
    """
    data_set = [['l1', 'l2', 'l5'], ['l2', 'l4'], ['l2', 'l3'],
                ['l1', 'l2', 'l4'], ['l1', 'l3'], ['l2', 'l3'],
                ['l1', 'l3'], ['l1', 'l2', 'l3', 'l5'], ['l1', 'l2', 'l3']]
    return data_set
```

步骤 2：生成候选频繁项集 C_1，代码如下。

```
def create_C1(data_set):
    """
通过扫描数据集来创建频繁候选 1-项集 C1
参数：
data_set：一个事务列表。每个事务包含多个项
返回：
C1：一个集合，包含所有频繁候选 1-项集
    """
    C1 = set()
    for t in data_set:
        for item in t:
            item_set = frozenset([item])
            C1.add(item_set)
    return C1
```

步骤 3：判断候选频繁 k 项集是否满足 Apriori 算法，代码如下。返回值为布尔类型。

```
def is_apriori(Ck_item, Lksub1):
    """
判断一个频繁候选 k-项集是否满足 Apriori 性质
参数：
Ck_item：Ck 中的一个频繁候选 k-项集，Ck 包含所有频繁候选 k-项集。
Lksub1：Lk-1，一个集合，包含所有频繁候选 (k-1)-项集。
返回：
True：满足 Apriori 性质。
False：不满足 Apriori 性质。
    """
    for item in Ck_item:
        sub_Ck = Ck_item - frozenset([item])
        if sub_Ck not in Lksub1:
            return False
    return True
```

步骤 4：通过在 L_{k-1} 中执行生成策略第一步（self-joining），创建一个包含所有频繁候选 k 项集的集合 C_k，代码如下。

```
def create_Ck(Lksub1, k):
    """
    根据 Lk-1（包含所有频繁候选 (k-1)-项集的集合）自身的连接操作来创建 Ck，一个包含所有频繁候选
k-项集的集合
```

参数：

Lksub1（或称为 Lk-1）：一个集合，包含所有频繁候选 (k-1)-项集

k：频繁项集中的项数

返回：

Ck：一个集合，包含所有频繁候选 k-项集

```
    """
    Ck = set()
    len_Lksub1 = len(Lksub1)
    list_Lksub1 = list(Lksub1)
    for i in range(len_Lksub1):
        for j in range(1, len_Lksub1):
            l1 = list(list_Lksub1[i])
            l2 = list(list_Lksub1[j])
            l1.sort()
            l2.sort()
            if l1[0:k-2] == l2[0:k-2]:
                Ck_item = list_Lksub1[i] | list_Lksub1[j]
                # pruning
                if is_apriori(Ck_item, Lksub1):
                    Ck.add(Ck_item)
    return Ck
```

步骤 5：通过在 C_k 执行生成策略第二步（pruning），生成 L_k 项集，代码如下。

```
def generate_Lk_by_Ck(data_set, Ck, min_support, support_data):
    """
```

从候选 k-项集集合 Ck 中执行剪枝策略来生成频繁 k-项集集合 Lk。

参数：

data_set：一个事务列表。每个事务包含多个项。

Ck：一个集合，包含所有频繁候选 k-项集。

min_support：最小支持度阈值。

support_data：一个字典。键是频繁项集，值是对应的支持度。

返回：

Lk：一个集合，包含所有频繁 k-项集。

```
    """
    Lk = set()
    item_count = {}
    for t in data_set:
        for item in Ck:
            if item.issubset(t):
                if item not in item_count:
                    item_count[item] = 1
                else:
                    item_count[item] += 1
    t_num = float(len(data_set))
    for item in item_count:
        if (item_count[item] / t_num) >= min_support:
            Lk.add(item)
            support_data[item] = item_count[item] / t_num
    return Lk
```

步骤 6：创建产生所有频繁项集，代码如下。

```
def generate_L(data_set, k, min_support):
    """
生成所有频繁项集。
参数：
data_set：一个事务列表。每个事务包含多个项。
k：所有频繁项集的最大项数。
min_support：最小支持度。
返回：
L：一个列表，包含 Lk（k = 1 到 k 的最大值）。每个 Lk 是一个集合，包含具有 k 个项的频繁项集。
support_data：一个字典。键是频繁项集，值是该项集的支持度。
    """
    support_data = {}
    C1 = create_C1(data_set)
    L1 = generate_Lk_by_Ck(data_set, C1, min_support, support_data)
    Lksub1 = L1.copy()
    L = []
    L.append(Lksub1)
    for i in range(2, k+1):
        Ci = create_Ck(Lksub1, i)
        Li = generate_Lk_by_Ck(data_set, Ci, min_support, support_data)
        Lksub1 = Li.copy()
        L.append(Lksub1)
    return L, support_data
```

步骤 7：从所产生的频繁项集中生成规则，代码如下。

```
def generate_big_rules(L, support_data, min_conf):
    """
频繁项集生成大规则（强关联规则）。
参数：
L：一个列表，包含 Lk。每个 Lk 是一个集合，包含具有 k 个项的频繁项集。
support_data：一个字典。键是频繁项集，值是该项集的支持度。
min_conf：最小置信度。
返回：
big_rule_list：一个列表，包含所有大规则（强关联规则）。每个大规则被表示为一个 3 元组。
    """
    big_rule_list = []
    sub_set_list = []
    for i in range(0, len(L)):
        for freq_set in L[i]:
            for sub_set in sub_set_list:
                if sub_set.issubset(freq_set):
                    conf = support_data[freq_set] / support_data[freq_set -
                        sub_set]
                    big_rule = (freq_set - sub_set, sub_set, conf)
                    if conf >= min_conf and big_rule not in big_rule_list:
                        # print freq_set-sub_set, " => ", sub_set, "conf: ",
                        # confbig_rule_list.append(big_rule)
            sub_set_list.append(freq_set)
    return big_rule_list
```

步骤 8：运行 Apriori 算法，代码如下。

```python
if __name__ == "__main__":
    """
    测试
    """
    data_set = load_data_set()
    L, support_data = generate_L(data_set, k = 3, min_support = 0.2)
    big_rules_list = generate_big_rules(L, support_data, min_conf = 0.7)
    for Lk in L:
        print ("="*50)
        print ("frequent " + str(len(list(Lk)[0])) + "-itemsets\t\tsupport")
        print ("="*50)
        for freq_set in Lk:
            print (freq_set, support_data[freq_set])
    print ("Big Rules")
    for item in big_rules_list:
        print (item[0], "=>", item[1], "conf: ", item[2])
```

4．Apriori 算法的购物篮分析案例

下面我们将使用 mlxtend 模块，完成一个基于 Apriori 算法的关联规则挖掘的购物篮分析案例。

数据来自天池大数据实验室，其中包含一个体育用品连锁商店的 60397 件商品的销售记录表，表中每一行记录一件商品的订单日期、客户 ID、产品名称等数据。该数据集的数据形式是基于关系模型建立的二维表，这与关联规则挖掘所需的项集数据不一致。下面介绍如何将关系表数据转换为基于交易事务的商品项集数据（简称交易项集数据）。

mlxtend 是一个 Python 机器学习拓展库，提供了一系列用于实现机器学习任务的功能和工具，可以与其他流行的 Python 数据处理和科学计算库（如 NumPy、pandas 和 scikit-learn）无缝集成。mlxtend.frequent_patterns 是 mlxtend 库中的一个模块，用于在关联规则挖掘中寻找频繁项集和关联规则。mlxtend.frequent_patterns 模块提供了几种用于发现频繁项集的算法，例如 Apriori 算法和 FP-growth 算法。该模块同时提供了一些函数和类，如 association_rules()函数，以便于实现关联规则挖掘和评估等工作。这些函数可以根据数据集和设定的阈值，快速发现频繁项集和强关联规则。

将关系表数据转换为交易项集数据，并挖掘其中的关联规则。

步骤 1：在 Python 开发环境中安装 mlxtend 库，代码如下。

```
pip install mlxtend
```

步骤 2：数据的分析处理从数据导入开始。使用 pandas 将商品销售记录表文件中的数据导入，代码如下。

```python
import pandas as pd
# 读取订单表数据
Order = pd.read_csv('./data/order.csv', encoding = 'gb2312')
# 查看订单表数据
order.tail()
```

部分订单数据如图 6-5 所示。该数据文件包含 17 列 60397 行数据，关联规则分析仅使用产品名称等相关数据。

	订单日期	年份	订单数量	产品ID	客户ID	交易类型	销售区域ID	销售大区	国家	区域	产品类型	产品型号名称	产品名称	产品成本	利润	单价	销售金额
60393	2016/7/28	2016	1	528	27198BA	1	6	韩国	韩国	韩国	配件	Rawlings Heart of THE Hide-11.5	棒球手套	500.0	1199.0	1699.0	1699.0
60394	2016/7/29	2016	1	528	27087BA	1	6	韩国	韩国	韩国	配件	Rawlings Heart of THE Hide-11.5	棒球手套	500.0	1199.0	1699.0	1699.0
60395	2016/7/29	2016	1	528	23385BA	1	6	韩国	韩国	韩国	配件	Rawlings Heart of THE Hide-11.5	棒球手套	500.0	1199.0	1699.0	1699.0
60396	2016/7/30	2016	1	528	15444BA	1	6	韩国	韩国	韩国	配件	Rawlings Heart of THE Hide-11.5	棒球手套	500.0	1199.0	1699.0	1699.0
60397	2016/7/30	2016	1	528	15196BA	1	6	韩国	韩国	韩国	配件	Rawlings Heart of THE Hide-11.5	棒球手套	500.0	1199.0	1699.0	1699.0

图 6-5　部分订单数据

步骤 3：为了进一步应用 mlxtend 模块提供的 Apriori 算法函数，我们将表格数据整理成交易项集数据，代码如下。

```
from collections import defaultdict
# 将订单表格数据整理成订单商品列表
order_list = order.to_dict(orient = 'records')
transactions = defaultdict(list)
# 以订单日期和客户 ID 作为一笔交易的标识，将同一客户在同一天购买的商品添加到一组列表
for order in order_list:
    transactions[order['订单日期'] + " - " + order['客户ID']].append(order["产品名称"])
transaction_list = list(transactions.values())
```

运行结果如图 6-6 所示。

```
[['棒球手套', '棒球手套'],
 ['棒球手套', '头盔'],
 ['棒球手套', '棒球手套'],
 ['棒球手套', '棒球手套', '袜子'],
 ['棒球手套', '棒球手套', '棒球手套', '垫垫']]
```

图 6-6　步骤 3 的运行结果

步骤 4：mlxtend 模块提供了一个预处理器 TransactionEncoder()，它可以将交易项集数据转换成采用 One-Hot 编码的数组，以便在后续步骤中快速计算项集的支持度。代码如下。

```
from mlxtend.preprocessing import TransactionEncoder
# mlxtend.preprocessing 提供了一个 TransactionEncoder()，用以将交易商品列表数据转换为
# One-Hot 编码的数组
te = TransactionEncoder()
array_onehot_dataset = te.fit_transform(transaction_list)
# 项目名称存储在编码器对象的 columns_ 属性中
item_names = te.columns_
# 将数组转换成一个 DataFrame 对象
df_onehot_dataset = pd.DataFrame(array_onehot_dataset, columns = item_names)
df_onehot_dataset
```

运行结果如图 6-7 所示。

	三角网架	击打手套	垒垫	垒球	头盔	帽子	打击T座	捕手护具	棒球手套	棒球服	球棒与球棒袋	球网	皮带	硬式棒球	袜子	装备包	软式棒球
0	False	False	False	False	False	False	False	False	True	False	False	False	False	False	False	False	False
1	False	False	False	False	False	False	False	False	True	False	False	False	False	False	False	False	False
2	False	False	False	False	False	False	False	False	True	False	False	False	False	False	False	False	False
3	False	False	False	False	False	False	False	False	True	False	False	False	False	False	False	False	False
4	False	False	False	False	False	False	False	...	False	False	False	False	False	False	False	False	False
...	...	...	...	...	...	...	...	True	...	...	...	...	...	...	...	...	...
27613	False	False	False	False	False	False	False	False	True	False	False	False	False	False	False	False	False
27614	False	False	False	False	False	False	False	False	True	False	False	False	False	False	False	False	False
27615	False	False	False	False	False	False	False	False	True	False	False	False	False	False	False	False	False
27616	False	False	False	False	False	False	False	False	True	False	False	False	False	False	False	False	False
27617	False	False	False	False	False	False	False	False	True	False	False	False	False	False	False	False	False

27618 rows×17 columns

图 6-7　步骤 4 的运行结果

步骤 5：导入 mlxtend.frequent_patterns.apriori()函数，计算交易项集的支持度（support），并根据指定的 min_support 筛选频繁项集,代码如下。

```
from mlxtend.frequent_patterns import apriori
# 使用 mlxtend 模块提供的 apriori()方法生成频繁项集，使用 min_support 过滤频繁项集
frequent_itemsets = apriori(df_onehot_dataset, min_support = 0.03, use_colnames = True)
# 根据支持度高低进行排序,并显示支持度最高的项集
frequent_itemsets.sort_values("support", ascending = False).head()
```

运行结果如图 6-8 所示。

	support	itemset
6	0.356434	(棒球手套)
10	0.292128	(硬式棒球)
4	0.233145	(头盔)
11	0.179955	(软式棒球)
8	0.172605	(球棒与球棒袋)

图 6-8　步骤 5 的运行结果

步骤 6：导入 mlxtend.frequent_patterns.association_rules()函数，代码如下。该函数会基于找到的频繁项集组合出关联规则，并且根据给定的评估条件（如最小置信度阈值）来筛选强关联规则，同时会给出多项评估指标，如 support、confidence、lift（兴趣度）、leverage（杠杆）、conviction（确信度）和 zhangs_metric（张氏评估指标）。前文已介绍 support 和 confidence 的含义，下面对其他指标进行解释。

lift：描述规则中后项出现的相对概率，定义为规则的支持度和前项支持度和后项支持度乘积的商。lift 大于 1 表示后项出现比随机独立出现的概率更高。

leverage：描述规则中前项和后项的非独立程度，定义为规则的支持度和前项支持度与后项支持度乘积的差。leverage 衡量了规则的不确定度，其值在[-1, 1]之间。

conviction：描述规则中后项的确定程度，定义为 1 减去规则的置信度除以前项不发生的概率。conviction 大于 1 表示后项与前项之间的关联程度更强。

zhangs_metric：一种基于支持度、置信度和期望置信度的评估指标，用于衡量关联规则的重要性。在 zhangs_metric 大于 0 表示规则具有正向的重要性。

这些评估指标可以帮助我们理解关联规则的相关性和可信度，从而找到有意义和有用的规则。

```
from mlxtend.frequent_patterns import association_rules
# 使用 mlxtend 提供的 association_rules()方法从频繁项集中组合出关联规则，使用最小置信度阈值
# 来过滤强规则
rules = association_rules(frequent_itemsets, metric = 'confidence',
                         min_threshold = 0.2)
rules
```

运行结果如图 6-9 所示。

	antecedents	consequents	antecedent support	consequent support	support	confidence	lift	leverage	conviction	zhangs_metric
0	(三角网架)	(软式棒球)	0.076798	0.179955	0.032515	0.423385	2.352727	0.018695	1.422171	0.622790
1	(垒球)	头盔	0.078463	0.233145	0.032334	0.412090	1.767528	0.014041	1.304376	0.471211
2	(头盔)	(棒球手套)	0.233145	0.356434	0.100261	0.430036	1.206494	0.017160	1.129134	0.223187
3	(棒球手套)	头盔	0.356434	0.233145	0.100261	0.281288	1.206494	0.017160	1.066985	0.265943
4	(求棒与球棒袋)	(头盔)	0.172605	0.233145	0.043559	0.252360	1.082416	0.003317	1.025701	0.092025
5	(头盔)	硬式棒球	0.233145	0.292128	0.048990	0.210126	0.719293	0.019118	0.896183	0.337267
6	(棒与球棒装)	硬式棒球	0.172605	0.292128	0.035701	0.206839	0.708040	−0.014721	0.892469	0.332608

图 6-9 步骤 6 的运行结果

步骤 7：根据各项评估指标，对得到的强关联规则进行进一步的筛选，代码如下。

```
# 过滤出兴趣度大于或等于 1 的强关联规则
rules = rules[rules['lift'] >= 1]
# 按置信度高低排序
rules = rules.sort_values('confidence', ascending = False)
# 重新对规则进行编号
rules.reset_index(inplace = True)
rules
```

运行结果如图 6-10 所示。

	index	antecedents	consequents	antecedent support	consequent support	support	confidence	lift	leverage	conviction	zhangs_metric
0	2	(头盔)	(棒球手套)	0.233145	0.356434	0.100261	0.430036	1.206494	0.017160	1.129134	0.223187
1	0	(三角网架)	(软式棒球)	0.076798	0.179955	0.032515	0.423385	2.352727	0.018695	1..422171	0.622790
2	1	(垒球)	(头盔)	0.078463	0.233145	0.032334	0.412090	1.767528	0.014041	1..304376	0.471211
3	3	(棒球手套)	(头盔)	0.356434	0.233145	0.100261	0.281288	1.206494	0.017160	1.066985	0.265943
4	4	(球棒与球棒袋)	(头盔)	0.172605	0.233145	0.043559	0.252360	1..082416	0.003317	1.025701	0.092025

图 6-10 步骤 7 的运行结果

步骤 8：打印得到的强关联规则，代码如下。

```
# 依次打印强关联规则
```

```
for idx,rule in rules.iterrows():
    print("关联规则%02d" % idx,
        set(rule['antecedents']), "->", set(rule['consequents']),
            "支持度: ", round(rule['support'], 2),
            "置信度: ", round(rule['confidence'], 2))
```

代码运行结果如图 6-11 所示。

```
关联规则00 {'头盔'} -> {'棒球手套'} 支持度: 0.1 置信度: 0.43
关联规则01 {'三角网架'} -> {'软式棒球'} 支持度: 0.03 置信度: 0.42
关联规则02 {'垒球'} -> {'头盔'} 支持度: 0.03 置信度: 0.41
关联规则03 {'棒球手套'} -> {'头盔'} 支持度: 0.1 置信度: 0.28
关联规则04 {'球棒与球棒袋'} -> {'头盔'} 支持度: 0.04 置信度: 0.25
```

图 6-11　步骤 8 的运行结果

可以看出，在这个交易数据集中，{头盔→棒球手套}的关联规则具有最高的支持度和置信度。

6.3　使用协同过滤进行电影推荐

6.3.1　协同过滤算法的概念

什么是协同过滤？协同过滤是一种利用集体智慧的典型算法。要理解什么是协同过滤，首先得理解一个简单的问题：如果你现在想看电影，但你不知道具体看哪部，你会怎么做？大部分人会问问周围的朋友，看看最近有什么好看的电影推荐。我们一般更倾向于选择从品位比较相似的朋友那里得到的推荐，这就是协同过滤核心思想的体现。

协同过滤一般指在海量用户中发掘出一小部分和你的品位比较相似的用户。在协同过滤中，这些用户将成为你的邻居，他们喜欢的其他东西被组织成一个排序的目录并推荐给你。当然，这其中有两个核心的问题。

问题 1：如何确定一个用户和你有相似的品位？

问题 2：如何将邻居们的喜好组织成一个排序的目录？

协同过滤相较于集体智慧而言，它从一定程度上保留了个体的特征，也就是你的品位偏好，所以它更多可以作为个性化推荐的算法。

协同过滤推荐算法是诞生最早，并且较为著名的推荐算法，其主要功能是预测和推荐。该算法通过对用户历史行为数据的挖掘来发现用户的偏好，并基于不同的偏好对用户进行群组划分，向他们推荐商品。协同过滤推荐算法分为两类，分别是基于用户的协同过滤算法和基于物品的协同过滤算法。

协同过滤的基本流程包括：

收集用户偏好；

找到相似的用户或物品；

计算推荐。

6.3.2　任务描述

随着互联网技术的快速发展，电影资源日益丰富，用户面临着信息过载的问题。如何帮助用户从海量电影中发现他们可能感兴趣的内容，成为电影推荐系统的重要任务。协同过滤算法因其能够基于用户或物品之间的相似度进行推荐，成为电影推荐领域中常用的算法之一。

6.3.3　电影推荐协同过滤的实现

1. 基于用户的协同过滤算法

假设有几个人分别看了图 6-12 所示的电影，并且给了电影具体评分（5 分最高，没看过的无数据），我们目的是要 A 用户推荐一部电影。

用户	《老炮儿》	《唐人街探案》	《星球大战》	《寻龙诀》	《神探夏洛克》	《小门神》
A	3.5	1.0				
B	2.5	3.5	3.0	3.5	2.5	3.0
C	3.0	3.5	1.5	5.0	3.0	3.5
D	2.5	3.5		3.5	4.0	
E	3.5	2.0	4.5		3.5	2.0
F	3.0	4.0	2.0	3.0	3.0	2.0
G	4.5	1.5	3.0	5.0	3.5	

图 6-12　用户电影评分数据

协同过滤的整体思路为：首先，收集用户偏好，如观影记录；然后，分析并找到兴趣相似的用户群；最后，基于相似用户的历史选择，生成个性化推荐列表，如推荐新电影。

（1）寻找相似用户

所谓相似，其实指用户对于电影的品位相似。也就是说，我们需要将 A 与其他几位用户进行比较，判断他们的品位是不是相似。有很多种方法可以用于判断相似性，在这里我们使用欧氏距离进行相似性判断。把每一部电影看成 N 维空间中的一个维度，这样每个用户对电影的评分相当于维度的坐标，那么每个用户的所有评分相当于把用户固定在这个 N 维空间的一个点上。这时，我们利用欧氏距离计算 N 维空间两点的距离，距离越短说明相似性越高。

本例中 A 用户只看过两部电影（《老炮儿》和《唐人街探案》），因此我们只能通过这两部电影来判断他的品位。A 用户和其他几位用户评分的欧氏距离如图 6-13 所示。

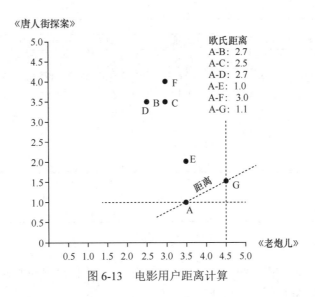

图 6-13　电影用户距离计算

算法结果需要进行一个变换，变换方法为：相似性 = 1/ (1+欧氏距离)，这个相似性会落在(0, 1)区间内，1 表示品位完全一样，0 表示品位完全不一样。这时就可以找到哪些人的品位和 A 最为接近了，计算后的相似性结果如下。

A-B 为 0.27，A-C 为 0.28，A-D 为 0.27，A-E 为 0.50，A-F 为 0.25，A-G 为 0.47。由此可见，E 的品位与 A 最为接近，其次是 G。

（2）推荐电影

进行电影加权评分推荐。品位相近的人关于电影的评价对 A 用户选择电影来说更加重要。把相似性和电影评分相乘，将乘积作为电影的加权，如图 6-14 和图 6-15 所示。

用户	相似性	评分			
		《星球大战》	《寻龙诀》	《神探夏洛克》	《小门神》
A	—	—	—	—	—
B	0.27	3.0	3.5	2.5	3.0
C	0.28	1.5	5.0	3.0	3.5
D	0.27	—	3.5	4.0	—
E	0.50	4.5	—	3.5	2.0
F	0.25	2.0	3.0	3.0	2.0
G	0.47	3.0	5.0	3.5	—

乘

图 6-14　计算加权

从图 6-15 中可以看出，得到加权值后，我们还进行了少量的计算，其中，总分为每部电影加权值的和，总相似性为电影有加权值（即"—"对应项除外）的相似性总和，推荐度为总分和总相似性。做这些计算的目的是排除看电影评分人数对于总分的影响。推荐度是我们想要的结论。

用户	相似性	加权			
		《星球大战》	《寻龙诀》	《神探夏洛克》	《小门神》
A	—	—	—	—	—
B	0.27	0.81	0.945	0.675	0.81
C	0.28	0.42	1.4	0.84	0.98
D	0.27	—	0.945	1.08	
E	0.50	2.25	—	1.75	1
F	0.25	0.5	0.75	0.75	0.5
G	0.47	1.41	2.35	1.645	—
总分		5.39	6.39	6.74	3.29
总相似性		1.77	1.54	2.04	1.3
推荐度		3.05	4.15	3.30	2.53

图 6-15　加权结果

有了推荐度，我们还需要设置一个阈值。如果这里我们设置阈值为 4，那么最终推荐给 A 用户的电影是《寻龙诀》。

我们现在的做法是向用户推荐电影。当然还可以从另外角度来思考：如果我们把一开始的评分表的行列调换，其他过程都不变，那么上例就变成了把电影推荐给合适的用户。因此，读者要根据不同场景选择不同的思考维度。

2．基于物品的协同过滤

基于用户的协同过滤算法适用于物品较少、用户也不太多的情况。如果用户太多了，那么针对每个用户的购买情况来计算哪些用户和他品位类似的效率会很低。如果商品很多，每个用户购买的商品重合的可能性很小，那么这样判断品位是否相似也就变得比较困难。

消费者每天都在买买买，行为变化很快。虽然购买的物品每天也有变化，但是这种变化和物品总量变化相比，还是少得多。我们可以预先计算物品之间的相似性，然后再利用顾客实际购买的情况找出相似的物品进行推荐。

物品整体变化不大，所以相似性不用每天都算，这样可以节省计算资源。同时，我们可以给某一种商品只备选 5 个相似商品，推荐时只进行这 5 个相似物品的加权评分，避免对所有商品都进行加权评分，避免大量计算。这么说有点抽象，我们还是通过向 A 用户推荐电影为例，进行说明。

首先计算电影之间的相似度，我们这次用 Pearson 相关系数来进行计算。相关系数的取值范围为 $(-1, 1)$，1 表示完全正相关，0 表示不相关，-1 表示完全负相关。Pearson 相关系数公式为

$$\rho_{X,Y} = \frac{\sum_{i=1}^{n} x_i y_i - \frac{\sum_{i=1}^{n} x_i \sum_{i=1}^{n} y_i}{n}}{\sqrt{\left(\sum_{i=1}^{n} x_i^2 - \frac{\left(\sum_{i=1}^{n} x_i\right)^2}{n}\right)\left(\sum_{i=1}^{n} y_i^2 - \frac{\left(\sum_{i=1}^{n} y_i\right)^2}{n}\right)}}$$

我们以《寻龙诀》和《小门神》为例子，计算一下相似度。令 X 表示《寻龙诀》的评分，Y 表示《小门神》的评分，具体如下。

$$X = (3.5, 5.0, 3.0)$$
$$Y = (3.0, 3.5, 2.0)$$

将 X、Y 代入 Pearson 相关系数公式中，可得两部电影的相关系数为 0.89。按照这种方法，我们依次两两计算其他电影的相似性。最终结果如图 6-16 所示。

	《老炮儿》	《唐人街探案》	《星球大战》	《寻龙诀》	《神探夏洛克》	《小门神》
《老炮儿》	1					
《唐人街探案》	−0.77	1				
《星球大战》	0.3	−0.67	1			
《寻龙诀》	0.65	−0.68	−0.08	1		
《神探夏洛克》	0.25	−0.38	0.44	0.12	1	
《小门神》	−0.54	0.32	−0.55	0.89	−0.54	1

图 6-16　电影的相似性结果

从图 6-16 中可以看出，《老炮儿》和《唐人街探案》的评分存在负相关。这意味着喜欢《老炮儿》的人存在厌恶《唐人街探案》的倾向。根据电影相似性，我们为 A 推荐电影，思路是：A 只看过两部电影，然后看根据其他电影与这两部电影的相似性，进行加权评分，得出应该推荐给 A 的电影。具体方法如图 6-17 所示。

A用户看过的电影	A的评分	《星球大战》		《寻龙诀》		《神探夏洛克》		《小门神》	
		相关系数	相似性	相关系数	相似性	相关系数	相似性	相关系数	相似性
《老炮儿》	3.5	0.3	1.05	0.65	2.275	0.25	0.875	−0.54	−1.89
《唐人街探案》	1.0	−0.67	−0.67	−0.68	−0.68	−0.38	−0.38	0.32	0.32
求和（推荐度）			0.38		1.595		0.495		−1.57

图 6-17　电影推荐结果

图 6-17 中的计算思路为：对于某部电影，先计算 A 的评分与待推荐电影和这部电影相关系数的乘积，并将其作为两部电影的相似性值；然后对待推荐电影的所有相似性求和，并将它作为推荐度；最后对比所有推荐度，值最高的作为最终推荐。可以看出，《寻龙诀》的推荐度最高，这与上例得到的结果一致。

6.3.4　推荐算法库 Surprise 简介与应用示例

Surprise 是 scikit-learn 系列中的一个推荐算法库，简单易用，支持基础算法、协同过滤、矩阵分解等多种推荐算法。Surprise 库对用户比较友好，概述如下。

① 官方文档比较友好，可以支持用户很好地进行实验。

② 内置了常见数据集（如 MovieLens、Jester），用户也可以自定义数据集。

③ 提供了如基线算法、邻域方法，基于矩阵因子分解等各种即用型预测算法，还内置了各种相似性度量（如余弦、MSD、Pearson）。

④ 提供评估、分析和比较算法性能的工具。

Surprise 库包含 prediction_algorithms 包、model_selection 包、similarities 模块、accuracy 模块、dataset 模块、Trainset 类、Reader 类、dump 模块。

prediction_algorithms 包：提供常用的推荐预测算法，具体如表 6-2 所示。

表 6-2 prediction_algorithms 包提供的推荐预测算法

算法	说明
random_pred.NormalPredictor	基于正态分布的训练集的随机评分预测算法
baseline_only.BaselineOnly	预测给定用户和项目的基线估计的算法
KNNs.KNNBasi	一个基本的协同过滤算法
KNNs.KNNWithMeans	一个基本的协同过滤算法，考虑每个用户的评分均值
KNNs.KNNWithZScore	一个基本的协同过滤算法，考虑每个用户的 Z-score 归一化
KNNs.KNNBaseline	一种基本的协作过滤算法，考虑基线评分
matrix_factorization.SVD	SVD 奇异值分解算法（singular value decomposition，SVD）。当不使用基线时，它相当于概率矩阵分解
matrix_factorization.SVDpp	SVD+算法，是 SVD 的扩展，考虑隐式评分
matrix_factorization.NMF	基于非负矩阵因子的协同过滤算法
slope_one.SlopeOne	SlopeOne 算法
co_clustering.CoClustering	基于协同聚类的协同过滤算法

model_selection 包：包含 Surprise 提供的各种运行交叉验证程序的工具，用于搜索算法的最佳参数。这些交叉验证工具在很大程度上受到了 scikit-learn 库的启发，如表 6-3 所示。

表 6-3 交叉验证工具

工具	说明
KFold	一个基本的交叉验证迭代器
RepeatedKFold	重复 KFold，每次重复采用随机初始化
ShuffleSplit	具有随机训练集和测试集的基本交叉验证器
LeaveOneOut	交叉验证迭代器，其中每个用户在测试集中只有一个等级
PredefinedKFold	交叉验证迭代器，当加载数据集时，使用 load_from_folds()方法

similarities 模块：包括用于计算用户或项目之间相似性的工具，如表 6-4 所示。

表 6-4　相似性计算工具

工具	说明
cosine	计算所有用户（或项目）之间的余弦相似性
msd	计算所有用户（或项目）之间的均方差异相似性
pearson	计算所有用户（或项目）之间的 pearson 相关性
pearson_baseline	计算所有用户（或物品）之间的（缩小的）Pearson 相关系数，使用基线进行居中而不是平均值

accuracy 模块：提供用于计算一组预测的准确性度量的工具，见表 6-5。

表 6-5　准确性计算工具

工具	说明
rmse	均方根误差
mse	均方误差
mae	平均绝对误差
fcp	一致序列对比率评分

dataset 模块：定义了用于管理数据集的数据集类和其他子类，包含两个内置数据集，分别为 MovieLens 和 Jester，也可以使用加载自定义的数据集。dataset 模块提供的函数接口如表 6-6 所示。

表 6-6　dataset 模块提供的函数接口

函数接口	说明
Dataset.load_builtin	加载内置数据集
Dataset.load_from_file	从自定义文件加载数据集
Dataset.load_from_folds	加载预定义折叠的数据集

Trainset 类用于封装训练集；Reader 类用于解析包含评分的文件；dump 模块定义了 dump()函数，实现模型的保存与加载。

下面对 Surprise 库自带的两个数据集进行介绍。

Jester 数据集是一个为研究而开发的笑话推荐系统，其数据集包含了真实用户对笑话的评分数据。这个数据集常被用于推荐系统、协同过滤算法等领域的研究和实验，该数据集包含了用户对多个笑话的评分数据，数据评分的范围为-10～10，这提供了细粒度的评分信息。

Movielens 数据集是一个在电影推荐系统领域广泛使用的数据集，由 GroupLens 研究组在明尼苏达大学维护。该数据集包含了用户对电影的评分、电影的信息以及用户的信息，常被用于研究和开发推荐算法和机器学习模型。MovieLens 数据集有多个版本，不同版本的数据集在规模和包含的数据量上有所不同。主要版本包括以下几种。MovieLens 100K：包含大约 10 万条用户对电影的评分，涵盖了大约 1000 部电影；ovielens 1M：包含大约 100 万条用户对电影的评分，涵盖了大约 6000 部电影；MovieLens 10M：包含大约 1000 万条用户对电影的评分，涵盖了约 1.1 万部电影；MovieLens 20M：包含大约 2000 万条用户对电影的评分，涵盖了约 2.7 万部电影；MovieLens 25M：包含大约 2500 万条用户对电影的评分，涵盖了约 6 万部电影。

Surprise 库安装方法如下。

```
pip install scikit-surprise
```

1. 用户评分案例

本案例用于描述如何使用 GridSearchCV 类来寻找最佳的参数组合，并给出指定 user 和 item 的评分预测，具体步骤如下。

步骤 1：导入库，代码如下。

```
# 导入库
from surprise import SVD
from surprise import Dataset
from surprise import Reader
from surprise.model_selection import GridSearchCV
import os
```

步骤 2：加载默认数据集，代码如下。与步骤 3 作用类似。执行时步骤 3 或步骤 2 任选其一。

```
# 加载 MovieLens-100K
data = Dataset.load_builtin('ml-100k')
# 默认主用户的目录下寻找，如果数据集没有找到，会从数据集官网下载
```

步骤 3：加载个人数据集，代码如下。与步骤 2 作用类似。执行时步骤 3 或步骤 2 任选其一。

```
# 加载 MovieLens-100K
# os.path.expanduser 把~展开,用~来代表主目录,
# Linux 系统下将~展开为 "/home/你的名字/，Window 操作系统下为 C:\Users\你的名字
file_path = os.path.expanduser('~/.surprise_data/ml-100k/ml-100k/u.data')
# 指定分隔符
reader = Reader(line_format = 'user item rating timestamp', sep = '\t')
# 导入文件
data = Dataset.load_from_file(file_path, reader = reader)
```

步骤 4：网格搜索，代码如下。

```
# 网格搜索
param_grid = {'n_epochs': [5, 10], 'lr_all': [0.002, 0.005],
              'reg_all': [0.4, 0.6]}
gs = GridSearchCV(SVD, param_grid, measures = ['rmse', 'mae'], cv = 3)
```

步骤 5：训练并获得最佳模型，代码如下。

```
# 训练模型
```

```
gs.fit(data)
# 输出最佳 RMSE 得分
print('最佳 RMSE 得分: ', gs.best_score['rmse'])
# 输出最佳 RMSE 得分的参数组合
print('最佳参数组合: ', gs.best_params['rmse'])
# 获得最佳算法
algo = gs.best_estimator['rmse']
algo.fit(data.build_full_trainset())
```

步骤 6：模型预测，代码如下。

```
# 模型预测
uid = str(237)    # 原始 user id (在评分文件中)
iid = str(514)    # 原始 item id (在评分文件中)
#对某一个具体的 user 和 item 给出预测
pred = algo.predict(uid, iid, r_ui = 4, verbose = True)
```

步骤 7：输出结果，代码如下。说明：user 为用户 id，item 为项目 id，r_ui 为真实评分，est 为预测评分。

```
最佳 RMSE 得分: 0.9635534332279793
最佳参数组合: {'n_epochs': 10, 'lr_all': 0.005, 'reg_all': 0.4}
user: 237      item: 514       r_ui = 4.00   est = 3.95   {'was_impossible': False}
```

2. Top 推荐案例

本案例首先在 MovieLens 数据集上训练 SVD 算法，并基于训练后的模型，对用户进行 Top10 推荐，具体步骤如下。

步骤 1：导入库，代码如下。

```
# 导入库
from collections import defaultdict
from surprise import SVD
from surprise import Dataset
```

步骤 2：加载默认数据集，代码如下。

```
# 加载 MovieLens-100K
data = Dataset.load_builtin('ml-100k')
# 默认主用户的目录下寻找。如果数据集没有找到，会从数据集官网下载
```

步骤 3：提取训练集，并训练模型，代码如下。

```
# 提取训练集
trainset = data.build_full_trainset()
# 创建模型实例
algo = SVD()
# 模型训练
algo.fit(trainset)
```

步骤 4：提取测试集，并预测，获得 Top10，代码如下。

```
# 定义返回前 n 个推荐的函数
def get_top_n(predictions, n = 10):
    """返回测试集中每个 user 的 top-n 推荐
    Args:
        predictions: 模型的 test() 方法返回的预测列表
        n:推荐的个数，默认是 10
    Returns:
```

```
        字典：key 是用户 id，value 是元组列表
        [(raw item id, rating estimation), ...] of size n.
    """

    # 将预测映射到每个 user 上
    top_n = defaultdict(list)
    for uid, iid, true_r, est, _ in predictions:
        top_n[uid].append((iid, est))

    # 排序每个用户的预测结果，并提取最高的 k 个评分
    for uid, user_ratings in top_n.items():
        user_ratings.sort(key = lambda x: x[1], reverse = True)
        top_n[uid] = user_ratings[:n]

    return top_n
# 构建测试集，这里的 testset 是 trainset 中 r_ui 为 0 的（user, item, 0）
testset = trainset.build_anti_testset()
# 预测 user, item 的评分
predictions = algo.test(testset)
# 获取前 10 的评分推荐
top_n = get_top_n(predictions, n = 10)
```

步骤 5：输出 5 名用户的 Top10 推荐，代码如下。

```
# 初始化变量
count = 0
# 输出 5 名用户的 Top10 推荐
for uid, user_ratings in top_n.items():
    if count < 5:
        count += 1
        print(uid, [iid for (iid, _) in user_ratings])
    else:
        break
```

步骤 6：输出结果，代码如下。说明：第一列为 user id；后面列为推荐的 item id，本案例取前 10 个。

```
196 ['178', '318', '98', '483', '127', '12', '64', '357', '59', '187']
186 ['178', '496', '318', '515', '604', '603', '22', '198', '313', '357']
22 ['64', '98', '169', '12', '408', '183', '114', '22', '178', '655']
244 ['515', '483', '127', '923', '137', '98', '474', '513', '285', '170']
166 ['408', '96', '318', '169', '483', '195', '79', '963', '174', '64']
```

第7章 特征工程、降维与超参数调优

本章首先讨论数据挖掘中特征工程、降维与超参数调优的基本方法。

本章的主要内容如下。

（1）特征工程。

（2）降维与超参数调优。

7.1 特征工程

"数据决定了机器学习的上限，而算法只是尽可能地逼近这个上限"，这里的数据指的是经过特征工程得到的数据。特征工程是将原始数据转换为更好地代表预测模型潜在问题的特征的过程，能提高对未知数据预测的准确性。特征工程直接影响模型的预测结果。

特征提取是一种创造性的活动，没有固定的规则可循。一般来说，人们需要先从总体上理解数据，必要时可通过可视化来帮助理解，并运用领域知识进行分析和联想，再处理数据提取出特征。

特征工程在机器学习中占有非常重要的作用，它一般包括缺失值处理、数据的特征化、数据特征选择、数据转换4个部分。当数据拿到手里后，我们首先需要查验数据是否有空缺值，对空缺数据进行处理，这是缺失值处理。数据的特征化是指从原始数据中创建或提取出有用的特征（或称属性）以用于模型训练的过程。特征化不仅仅是简单地清洗和转换数据，还包括了利用领域知识和统计方法来构建新的特征，这些新特征能够更好地描述数据中的模式和关系。从已有的特征集合中选择出对模型预测性能贡献最大的特征子集的过程是数据特征选择，特征选择的目标是减少数据的维度，提高模型的泛化能力，并减少计算成本。数据转换是指将数据从一种形式转换为另一种形式，以便更好地适应模型训练或分析的过程。转换可以包括简单的数学变换，也可以涉及更复杂的算法。

7.1.1 数据总体分析

对数据总体概况的分析一般根据经验进行，没有严格的步骤和程序。分析的内容主要包括查看数据的维度、属性和类型，对数据进行简要统计，分析数据类别分布（分类任务）。

数据总体分析又称数据汇总与描述统计，是对收集到的数据进行初步整理、概括和描述的过程。它帮助我们了解数据的基本特征和趋势，为进一步的数据分析和决策提供基础。

数据总体分析主要包括以下几个方面。

数据收集和整理：首先需要对所涉及的数据进行收集和整理，确保数据的完整性和准确性，并将它们存储在电子表格或数据库中。

描述性统计分析：通过描述性统计指标，如平均值、中位数、标准差、最大值、最小值等，对数据进行概括性描述。这些统计信息能够反映数据集中数据的集中趋势、变异程度和数据分布情况。

数据可视化：通过图表（如柱状图、折线图、饼图等）或图形（如直方图、箱线图等）将数据进行可视化展示，帮助我们更直观地理解数据的特征和模式。数据可视化能够帮助我们识别异常值、发现数据关联性，并揭示潜在的趋势和规律。

频数分析：对离散型变量进行频数分析，统计不同取值或类别的频数和频率分布情况。频数分析能够帮助我们了解数据的分布情况、重要类别的占比和频率。

相关性分析：对连续型变量进行相关性分析，通过计算相关系数（如 Pearson 相关系数）来衡量变量之间的线性关系强度和方向。相关性分析能够帮助我们研究变量间的关联性，发现隐藏的关联关系。

排序和排名：对数据进行排序和排名，以便确定数据的相对位置和序列。排序和排名可以帮助我们从整体上了解数据的排序情况和分布规律。

通过数据总体分析，我们对数据集的基本情况有了较为全面的认识。了解数据的特征和趋势，可为后续具体的数据分析和决策提供支持和依据。

7.1.2 数据预处理

1. 缺失值处理

缺失值指数据集中某些观测值或变量的值缺失或未记录。数据预处理过程中需要对缺失值进行处理，以确保数据的完整性和可用性。以下是一些常见的缺失值处理方法。

删除缺失值：直接删除值缺失的观测样本或变量。这种方法适用于缺失值较少且对整体数据而言不重要的情况。然而，删除缺失值会使数据集的样本量减少，可能会导致信息的丢失。

插值法：根据已有数据的模式和关系，对缺失值进行估计和补充。常见的插值法包括均值插值、中值插值、最近邻插值、线性插值和多重插补。插值法的选择取决于数据的性质和缺失值的分布。

填补特殊值：对于某些特殊情况，可以用特殊值代替缺失值。例如，可以用 0 来填补数值型变量的缺失值，用"Unknown"来填补分类变量的缺失值。

在模型中进行处理：有些情况下可以在建立模型时对缺失值进行处理。例如，在回归模型中，可以将缺失值视为一个独立的相关变量，将其纳入模型中进行估计。

其他方法：如基于机器学习算法的缺失值填补方法，如随机森林、KNN 等。这些方法能够根据其他变量的信息，有效地估计缺失值，并保持数据的相关性和分布。

下面通过 NumPy 和 pandas 库实现缺失值处理操作，具体步骤如下。

步骤 1：构造数据，代码如下。

```
import numpy as np
import pandas as pd
# 构造数据
col1 = [1, 2, 3,  np.nan, 5, np.nan]
col2 = [3, 13, 7, np.nan, 4, np.nan]
col3 = [3, np.nan, 10, np.nan, 4, np.nan]
y = [10, 15, 8, 14, 16, np.nan]
data = {'feature1': col1, 'feature2': col2, 'feature3': col3, 'label': y}
df = pd.DataFrame(data)
print(df)
```

输出结果如下。

```
   feature1  feature2  feature3  label
0       1.0       3.0       3.0   10.0
1       2.0      13.0       NaN   15.0
2       3.0       7.0      10.0    8.0
3       NaN       NaN       NaN   14.0
4       5.0       4.0       4.0   16.0
5       NaN       NaN       NaN    NaN
```

步骤 2：使用 pandas 的 dropna()函数进行缺失值删除，代码如下。

```
DataFrame.dropna(axis = 0, how = 'any', thresh = None, subset = None,
                 inplace = False)
```

参数说明如下。

axis："axis = 0"表示要删除包含缺失值的行；"axis = 1"表示要删除包含缺失值的列。

how："how = 'any'"表示只要有缺失值出现，就删除该行或列；"how = 'all'"表示如果所有的值都缺失，才删除行或列。

thresh：axis 中至少有 thresh 个非缺失值，否则删除。比如"axis = 0，thresh = 2"表示如果该行中非缺失值的数量小于 2，则将该行删除。

subset：在哪些列中查看是否有缺失值。

inplace：是否在原数据上操作。如果为真，则直接在原数据集上操作。

① 按默认参数删除，代码如下。

```
df1 = df.dropna()
print(df1)
```

输出结果如下。

```
   feature1  feature2  feature3  label
0       1.0       3.0       3.0   10.0
2       3.0       7.0      10.0    8.0
4       5.0       4.0       4.0   16.0
```

从结果可以看出，删除了包含缺失值的空行，默认"axis = 0，how = 'any'"。

② 删除全为空值的行，代码如下。

```
df1 = df.dropna(axis = 0, how = 'all')
print(df1)
```

输出结果如下。

```
    feature1    feature2    feature3    label
0       1.0         3.0         3.0     10.0
1       2.0        13.0         NaN     15.0
2       3.0         7.0        10.0      8.0
3       NaN         NaN         NaN     14.0
4       5.0         4.0         4.0     16.0
```

从结果可以看出，只删除了全为空的索引为 5 的行。

③ 保留至少有两个非空值的行，代码如下。

```
df3 = df.dropna(thresh = 2)
print(df3)
```

输出结果如下。

```
    feature1    feature2    feature3    label
0       1.0         3.0         3.0     10.0
1       2.0        13.0         NaN     15.0
2       3.0         7.0        10.0      8.0
4       5.0         4.0         4.0     16.0
```

从结果可以看出，删除了索引为 3 和 5 的空行，这两行的非空值都小于 2。

④ 指定列删除空缺值，代码如下。

```
df4 = df.dropna(subset = ['feature1', 'feature2'])
print(df4)
```

输出结果如下。

```
    feature1    feature2    feature3    label
0       1.0         3.0         3.0     10.0
1       2.0        13.0         NaN     15.0
2       3.0         7.0        10.0      8.0
4       5.0         4.0         4.0     16.0
```

从结果可以看出，删除了 feature2 上的缺失值。

⑤ 直接在原有的 dataframe 上删除空缺值，代码如下。

```
dfcopy = df.copy()
df5 = dfcopy.dropna(inplace = True)
print('--df5---')
print(df5)
print('--dfcopy---')
print(dfcopy)
```

输出结果如下。

```
--df5---
None
--dfcopy---
        feature1    feature2    feature3    label
0           1.0         3.0         3.0     10.0
2           3.0         7.0        10.0      8.0
4           5.0         4.0         4.0     16.0
```

从结果可以看出，当 inplace 设置为 True 时，可以直接在原数据集上进行删除缺失值所在行的操作。

⑥ 删除包含缺失值的列，并保存至少有 4 个非空值的列，代码如下。

```
df6 = df.dropna(axis = 1, thresh = 4)
print(df6)
```

输出结果如下。

```
   feature1   feature2   label
0       1.0        3.0    10.0
1       2.0       13.0    15.0
2       3.0        7.0     8.0
3       NaN        NaN    14.0
4       5.0        4.0    16.0
5       NaN        NaN     NaN
```

从结果可以看出，指定 axis = 1 时，按列进行删除操作。

步骤 3：使用 pandas 的 drop() 函数进行缺失值删除，代码如下。

```
DataFrame.drop(labels = None, axis = 0, level = None, inplace = False,
               errors = 'raise')
```

参数说明如下。

labels：要删除行或列的列表。

axis：0 行，1 列。

① 删除指定列，代码如下。

```
df10 = df.drop(['feature1', 'feature2'], axis = 1)
print(df10)
```

输出结果如下。

```
   feature3   label
0       3.0    10.0
1       NaN    15.0
2      10.0     8.0
3       NaN    14.0
4       4.0    16.0
5       NaN     NaN
```

从结果可以看出，上述代码按列进行了删除操作。

② 删除指定行，代码如下。

```
df11 = df.drop([0, 1, 2, 3], axis = 0)
print(df11)
```

输出结果如下。

```
   feature1   feature2   feature3   label
4       5.0        4.0        4.0    16.0
5       NaN        NaN        NaN     NaN
```

从结果可以看出，上述代码按行进行了删除操作。

步骤 4：使用 pandas 的 fillna() 函数进行缺失值填充，代码如下。

```
DataFrame.fillna(value = None, method = None, axis = None, inplace = False,
                 limit = None, downcast = None, **kwargs)
```

主要参数说明如下。

value：指定每一行或列填充值。

method：包含 backfill、bfill、pad、ffill、None 方法，其中，ffill / pad 表示使用前一

个值来填充缺失值。backfill / bfill 表示使用后一个值来填充缺失值。

limit：填充的缺失值个数限制。

① 使用指定值填充所有缺失值，代码如下。

```
df20 = df.fillna(0)
print(df20)
```

输出结果如下。

	feature1	feature2	feature3	label
0	1.0	3.0	3.0	10.0
1	2.0	13.0	0.0	15.0
2	3.0	7.0	10.0	8.0
3	0.0	0.0	0.0	14.0
4	5.0	4.0	4.0	16.0
5	0.0	0.0	0.0	0.0

从结果可以看出，所有空缺值都使用 0 进行了填充。

② 使用前值填充所有缺失值，代码如下。

```
df21 = df.fillna(method = 'ffill')
print(df21)
```

输出结果如下。

	feature1	feature2	feature3	label
0	1.0	3.0	3.0	10.0
1	2.0	13.0	3.0	15.0
2	3.0	7.0	10.0	8.0
3	3.0	7.0	10.0	14.0
4	5.0	4.0	4.0	16.0
5	5.0	4.0	4.0	16.0

从结果可以看出，所有空缺值都使用前值进行了填充。

③ 使用后值填充所有缺失值，代码如下。

```
df22 = df.fillna(method = 'bfill')
print(df22)
```

输出结果如下。

	feature1	feature2	feature3	label
0	1.0	3.0	3.0	10.0
1	2.0	13.0	10.0	15.0
2	3.0	7.0	10.0	8.0
3	5.0	4.0	4.0	14.0
4	5.0	4.0	4.0	16.0
5	NaN	NaN	NaN	NaN

从结果可以看出，所有空缺值都使用后值进行了填充。

④ 针对不同列使用不同的指定值填充缺失值，代码如下。

```
values = {'feature1': 100, 'feature2': 200, 'feature3': 300, 'label': 400}
df23 = df.fillna(value = values)
print(df23)
```

输出结果如下。

	feature1	feature2	feature3	label
0	1.0	3.0	3.0	10.0

```
1        2.0        13.0       300.0      15.0
2        3.0         7.0        10.0       8.0
3      100.0       200.0       300.0      14.0
4        5.0         4.0         4.0      16.0
5      100.0       200.0       300.0     400.0
```

从结果可以看出，所有不同列的填充值是不同的。

⑤ 使用统计值填充，代码如下。

```
df24 = df.fillna(df.mean())
print(df24)
```

输出结果如下。

```
   feature1  feature2   feature3   label
0     1.00      3.00     3.000000   10.0
1     2.00     13.00     5.666667   15.0
2     3.00      7.00    10.000000    8.0
3     2.75      6.75     5.666667   14.0
4     5.00      4.00     4.000000   16.0
5     2.75      6.75     5.666667   12.6
```

从结果可以看出，填充值为所在列已有数据的平均值。其他类似的指标还有中位数、众数、最大值、最小值等，读者可以自行指定。

2．数据的特征值化

特征值化将任意数据（如文本或图像）转换为可用于机器学习的数字特征。计算机没有办法直接识别文本或者图像，因此，把文本或图像进行数字化，是为了计算机能更好地理解数据。

（1）字典数据进行特征值化

将字典数据进行特征值化可采用字典数据特征抽取类 DictVectorizer。

DictVectorizer 类处理的对象是符号化（非数字化）的、但具有一定结构的特征数据，如字典。该类可以将符号通过数字 0 或 1 表示。

DictVectorizer 类实现字典数据特征值化的代码如下。

```
from sklearn.feature_extraction import DictVectorizer
# 默认 sparse 参数为 True，编码后返回的是一个稀疏矩阵的对象
# 一般要调用 toarray()方法，将该对象转化成 array 对象
# 若将 sparse 参数设置为 False，则直接生成 array 对象，可直接使用
dict = DictVectorizer(sparse = False)
#调用 fit_transform()方法输入数据并转换，返回矩阵形式数据
data = dict.fit_transform([{'city': '北京','temperature': 30},
                           {'city': '上海','temperature':35},
                           {'city': '深圳','temperature': 30}])
# 转换后的数据
print(data)  # ['city = 上海', 'city = 北京', 'city = 深圳', 'temperature']
#获取特征值
print(dict.get_feature_names())
# [{'city = 北京': 1.0, 'temperature': 30.0},
#   {'city = 上海': 1.0,'temperature':
#   35.0},
# {'city = 深圳': 1.0, 'temperature': 30.0}]
```

```
# 获取转换之前数据
print(dict.inverse_transform(data))
```

输出结果如下。

```
[[  0.   1.   0.  30.]
 [  1.   0.   0.  35.]
 [  0.   0.   1.  30.]]
```

我们不难发现，DictVectorizer 类对非数字化的处理方式是借助原特征的名称，组合成新的特征，并采用 0/1 的方式进行量化。数值型的特征转化比较方便，一般情况维持原值即可。

（2）文本特征抽取

One-Hot 编码是将分类变量作为二进制向量的表示方法。这首先要求将分类值映射到整数值，然后将每个整数值表示为二进制向量。

将文本特征抽取可采用文本特征抽取类 CountVectorizer。

CountVectorizer 类只考虑每个单词出现的频率，然后用词频构成一个特征矩阵，每一行表示一个训练文本的词频统计结果。该方法又被称为词袋法。

CountVectorizer 类实现英文文本特征抽取的代码如下。

```
# 导入包
from sklearn.feature_extraction.text import CountVectorizer
# 实例化 CountVectorizer()
vector = CountVectorizer()
# 调用 fit_transform()输入并转换数据
res = vector.fit_transform(["life is short, I like Python",
                            "life is too long, I dislike Python"])
# 获取特征值
print(vector.get_feature_names())
# 转换后的数据
print(res.toarray())
```

输出结果如下。

```
['dislike', 'is', 'life', 'like', 'long', 'Python', 'short', 'too']
[[0 1 1 1 0 1 1 0]
 [1 1 1 0 1 1 0 1]]
```

3. 数据特征选择

进行数据特征选择的原因是部分相似特征的相关性高，容易消耗计算资源。另外，部分特征对预测结果有负影响。

数据特征选择指单纯地从提取到的所有特征中选择部分特征作为训练集特征。特征在选择前和选择后可以改变值，也可以不改变值。但是，选择后的特征维数肯定比选择前的小，毕竟我们只选择了其中的一部分特征。

scikit-learn 特征选择类为 VarianceThreshold，代码如下。

```
VarianceThreshold(threshold = 0.0)
```

其中，threshold 表示方差的阈值，即训练集差值低于 threshold 的特征将被删除。该参数默认值是保留所有非 0 方差特征，即删除所有样本中具有相同值的特征。

VarianceThreshold 实现数据特征选择的代码如下。

```
from sklearn.feature_selection import VarianceThreshold
# 实例化 VarianceThreshold()
var = VarianceThreshold()
# 调用 fit_transform() 输入并转换数据
data = var.fit_transform([[0,2,0,3],
                          [0,1,4,3],
                          [0,1,1,3]])
# 转换后的数据
print(data)
```

输出结果如下。

```
[[2 0]
 [1 4]
 [1 1]]
```

4. 数据转换

特征构建可以被视为数据变换的一种特殊形式。在数据预处理和机器学习模型构建的上下文中，数据变换是一个广泛的概念，它涵盖了将数据从一种形式转换为另一种形式的所有过程，以便更好地适应分析或建模的需求。这种转换可以包括数据清洗、标准化、归一化、编码、聚合、拆分、派生新特征等多种操作。接下来我们使用特征构建进行数据变换。

特征构建过程如图 7-1 所示。

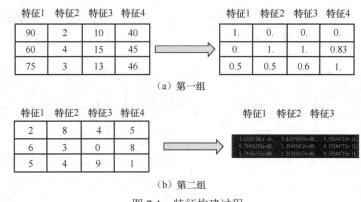

（a）第一组

（b）第二组

图 7-1　特征构建过程

常见的特征构建方法有归一化、标准化。

（1）归一化

归一化是数据预处理中常用的一种方法，它通过对原始数据进行线性变换，将数据映射到特定的范围内，使得不同特征具有相同的比重和重要性。归一化可以提高数据的可比性和可解释性，有助于避免不同特征之间的数量级差异对数据分析和建模的影响。

常见的归一化方法有以下几种。

① 最小值–最大值归一化（Min-Max 归一化）：将原始数据线性映射到给定的最小值和最大值之间。具体的计算式如下。

$$归一化值=（原始值-最小值）/（最大值-最小值）$$

例如，通过这种方法，数据被映射到[0, 1]之间。

② Z-score 归一化（标准化）：将原始数据转化为标准正态分布的数值。具体的计算式如下。

$$归一化值=（原始值-均值）/ 标准差$$

例如，通过这种方法让数据服从标准正态分布，其中，数据的均值为 0，标准差为 1。

③ 小数定标归一化：将原始数据除以一个固定的基数（通常为 10 的某次幂），将数据限定在[-1, 1]之间。具体的计算式如下。

$$归一化值 = 原始值 / 10^n$$

其中，n 表示常数，一般根据数据的量级来确定。

归一化的选择取决于数据的性质和分布情况。最小值-最大值归一化适用于数据的分布较为均匀的情况，标准化适用于需要将数据转化为标准正态分布的情况，而小数定标归一化适用于数据需要限定在特定范围内的情况。

归一化在数据分析、机器学习和模型训练等领域得到了广泛应用，可以提高模型的收敛速度，防止某些特征对模型产生过大的影响，同时也有助于数据可视化和数据比较。

归一化也称为离差标准化，是对原始数据的线性变换，使结果值映射到[0, 1]之间。其计算式如下。

$$x_{nor} = \frac{x - x_{min}}{x_{max} - x_{min}}$$

其中，x_{nor} 表示归一化值，x_{min} 表示最小值，x_{max} 表示最大值，x 表示原始值。

图 7-2 展示了归一化计算过程。

特征1	特征2	特征3	特征4
90	2	10	40
60	4	15	45
75	3	13	46

特征1	特征2	特征3	特征4
90-60	2-2	10-10	40-40
90-60	4-2	15-10	46-40
60-60	4-2	15-10	45-40
90-60	4-2	15-10	46-40
75-60	3-2	13-10	46-40
90-60	4-2	15-10	46-40

注：里面是第一步，还需要第二步乘以 (1-0)+0

图 7-2　归一化计算过程

scikit-learn 归一化类为 MinMaxScaler。MinMaxScaler 类实现数据归一化的代码如下。

```
"""
归一化处理：通过对原始数据进行变换，把数据映射到(默认为[0,1])之间
"""
from sklearn.preprocessing import MinMaxScaler
# 实例化 MinMaxScaler()
mm = MinMaxScaler()
# 调用 fit_transform()输入并转换数据
data = mm.fit_transform([[90, 2, 10, 40],[60, 4, 15, 45],[75, 3, 13, 46]])
# 转换后的数据
print(data)
```

运行结果如下。

```
[[1.      0.      0.      0.        ]
 [0.      1.      1.      0.83333333]
 [0.5     0.5     0.6     1.        ]]
```

归一化在特定场景下的最大值与最小值是变化的。另外，最大值与最小值非常容易受到异常点影响，所以这种方法稳健性较差，只适合精确度较高且数据量较少的场景。

（2）标准化

标准化是一种常用的数据预处理方法，也称为 Z-Score 标准化或中心化处理。它通过对原始数据进行线性变换，将数据转化为均值为 0、标准差为 1 的标准正态分布，去除不同特征之间的数量级差异，使数据具有可比性和可解释性。

标准化的具体步骤如下。

步骤 1：计算均值和标准差。对于每个特征，计算它所有样本的均值和标准差。

步骤 2：计算标准化值。对于每个样本，将其原始特征值减去均值，再除以标准差，如下式所示。

$$x_{sta} = \frac{x - x_{mean}}{\sigma}$$

其中，x_{sta} 表示标准化值，x_{mean} 表示均值，σ 表示标准差，x 表示原始值。

通过标准化处理后的数据将符合标准正态分布，其均值为 0，标准差为 1。这样做的好处是不仅能够消除不同特征之间的数量级差异，还能够使得数据具有相似的尺度和重要性，提高数据分析和建模的效果。

标准化的应用范围广泛。特别在涉及距离度量的算法、聚类分析、主成分分析等模型中，它能够提高模型的收敛速度、减少模型对噪声和异常值的敏感性，并提高模型对输入特征的解读能力。

需要注意的是，数据标准化处理的是特征维度，而非样本之间的关系，因此，在应用数据标准化时，一般是基于特征对数据进行标准化处理，而不是对整个数据集进行标准化处理。此外，数据标准化并不改变数据的分布形态，只改变均值和标准差。

scikit-learn 标准化类为 StandardScaler。

StandardScaler 实现标准化的完整代码如下。

```
"""
标准化方法：通过对原始数据进行变换，让数据符合均值为 0、方差为 1 的分布
如果出现异常点，由于具有一定数据量，少量的异常点对于平均值的影响并不大，从而方差改变较小。
:return:
"""
from sklearn.preprocessing import StandardScaler
# 实例化 StandardScaler()
standard = StandardScaler()
# 调用 fit_transform()输入并转换数据
data = standard.fit_transform([[1, -1, 3], [2, 4, 2], [4, 6, 1]])
# 转换后的数据
print(data)
```

输出结果如下。

```
[[-1.06904497 -1.35873244  1.22474487]
 [-0.26726124  0.33968311  0.        ]
```

```
[ 1.33630621  1.01904933 -1.22474487]]
```

标准化在已有样本足够多的情况下比较稳定，适合噪声多且数据量大的场景。

在实际应用中，归一化和标准化各有优缺点，并且适用于不同的场景。通常，如果数据集的分布相对稳定，不存在极端的异常值，或者模型对数据的尺度敏感（如神经网络），则可以选择归一化。如果数据集包含较多的异常值，或者模型对数据的分布特性敏感（如线性回归、逻辑回归等），则可以选择标准化。

此外，需要注意的是，归一化和标准化都是对数据的线性变换，它们不会改变数据的原始排序和相对关系。因此，在进行归一化或标准化之前，应确保数据的完整性和准确性。

7.1.3 数据预处理案例分析——美国高中生的社交数据案例分析

假设我们有一个美国高中生的社交数据集，其中包含了关于学生之间的社交网络关系和相关信息。我们可以对这个数据集进行一些案例分析，以了解高中生之间的社交行为和社交网络，从中发现影响学生社交活动的因素。在这个数据集中，我们使用了数据预处理的相关方法，比如数据缺失值处理、二值化处理、标准化等方法，具体步骤如下。

步骤 1：导入包，代码如下。

```
import pandas as pd
import numpy as np
from pandas import cut     # 等距离散化
from pandas import qcut    # 等频离散化
from sklearn.preprocessing import Binarizer      # 二值化
from sklearn.impute import SimpleImputer     # 缺失值处理
from sklearn.neighbors import LocalOutlierFactor    # 离群处理
from sklearn.preprocessing import StandardScaler     # 标准化 Z-score
from sklearn.preprocessing import MinMaxScaler    # 标准化
from sklearn.preprocessing import RobustScaler    # 标准化-离群值
from sklearn.preprocessing import OneHotEncoder  # 特征编码
from sklearn.preprocessing import LabelEncoder   # 特征编码
import matplotlib.pyplot as plt   # 画图工具
import warnings
warnings.filterwarnings("ignore")   # 不显示 warning（警告）
```

步骤 2：读入数据，代码如下。

```
Data = pd.read_csv("d:/datasets/snsdata.csv")   # 美国高中生的社交数据
data1 = data.copy()   #备份不同方法的练习需要
```

步骤 3：探索性分析，代码如下。

```
data.head()  # 前5行
data.tail(8)  # 后8行
data.sample(10)  # 随机取10行
data.info()
# 有效值小于样本总数，有缺失。类型为 object，非数值需要编码。
data.describe()
# 显示数值类型列的统计特征（样本数、均值、标准差、最小、最大、分位数）。
非数值类型不显示。
data.gender.value_counts()
```

```
# 显示非数值型特征的取值以及各值的个数。（F：有 22054 个样本。M：有 5222 个样本）
```

步骤 4：缺失值处理，代码如下。

（1）删除

特征有效样本数少或对结果的影响很小，此时我们可以考虑采用删除缺失值方法。

```
data_new = data.dropna(axis = 1, thresh = len(data)*.9)
# 删除特征（其样本数小于数据集样本总数的 90%）
data_new = data.dropna()    # 删除有缺失值的样本
```

（2）填充

数值型数据可以采用均值进行填充，非数值型数据可以采用众数进行填充。

```
imp_mean = SimpleImputer(missing_values = np.nan, strategy = "mean")
# 实例化 SimpleImputer() 对象，均值填充
data["age_imp"] = imp_mean.fit_transform(data[["age"]])
# 拟合填充，结果保存在数据集的新列上
imp_mode = SimpleImputer(missing_values = np.nan, strategy = "most_frequent")
# 实例化 SimpleImputer 对象，众数填充
data["gender_imp"] = imp_mode.fit_transform(data[["gender"]])
# 拟合填充，结果保存在数据集的新列上或 data_new2 = data.fillna(method = "bfill")
```

步骤 5：离群值检测，代码如下。

```
# 3σ 方法检测
mean_ = data.friends.mean()
std_ = data.friends.std()
data_n3 = data[data.friends < mean_ + 3*std_][data.friends > mean_-3*std_]
# 保留 3σ 的样本
# 箱线图
data[["age"]].plot(kind = "box",figsize = (5, 6))
data[["drunk", "shopping"]].plot(kind = "box",figsize = (5, 6))
plt.boxplot(data[["drunk", "shopping"]])
```

步骤 6：标准化，代码如下。

```
# Z-Score 标准化
from sklearn.preprocessing import StandardScaler    # Z-Score 标准化
scaler1 = StandardScaler(copy = True)
scaler1.fit(data[["friends"]])
data["friends_Zstd"] = scaler.transform(data[["friends"]])
plt.hist(data[["friends"]], bins = 25)   # 未标准化的 friends 数量分布
import seaborn as sns
sns.distplot(data["friends"])   # 未标准化的 friends 数量分布
sns.distplot(data["friends_StandardScaled"])   # 标准化后 friends 数量分布
# 或 data[["friends_StandardScaled"]].plot(kind = "hist", bins = 25, figsize = (25, 5))
# MinMaxScaler 标准化
from sklearn.preprocessing import MinMaxScaler
filtered_columns = ["friends"]
scaler = MinMaxScaler(copy = False)
scaler.fit(data[["friends"]])
data["friends_MM"] = scaler.transform(data[["friends"]])
data[["friends_MM"]].plot(kind = "hist", bins = 25, figsize = (5,6))
# RobustScaler 标准化
from sklearn.preprocessing import RobustScaler
```

```
rob = RobustScaler(
with_centering = True,    # 如果为 True，则在标准化之前将数据居中
with_scaling = True,     # 如果为 True，则将数据缩放到分位数范围
quantile_range = (25.0, 75.0),    # 用于计算 scale_ 的分位数范围
copy = True    # 如果为 False，请尝试避免复制并改为直接替换
)
rob.fit(data[["friends"]])
data["rob"] = rob.transform(data[["friends"]])
data["rob"].plot(kind = "hist", bins = 25, figsize = (5, 5))
```

步骤 7：编码，代码如下。

```
#map 操作
data["gender"] = data.gender.map({"F": 0, "M": 1, np.nan:0})
# data["gender"] = data.gender.map({"F": 0, "M": 1})    # 无缺失数据或已处理
# LabelEncoder 操作
data = data1.copy()
from sklearn.preprocessing import LabelEncoder
le = LabelEncoder()
data["gender_le"] = le.fit_transform(data["gender"]))    # 编码
print(le.classes_)
# get_dummy 操作
df = pd.get_dummies(data, columns = ['gender'])
df.head()
# One-Hot 编码操作
from sklearn.preprocessing import OneHotEncoder
OHE = OneHotEncoder(sparse = False)    # 不压缩稀疏矩阵
data_gender = OHE.fit_transform(data[['gender']])    # 对性别进行 One-Hot 编码
```

步骤 8：离散化，代码如下。

```
# 二值化操作
from sklearn.preprocessing import Binarizer
# 二值化，阈值设置为 10，返回值为二值化后的数据
Bir = Binarizer(threshold = 10)
data["friends_Binarized"] = Bir.fit_transform(data[["friends"]])
data[["friends_Binarized", "friends"]].head()
# 等距离散化，各个类比依次命名 Friends_Number_Label_0...
N = 2
d1 = pd.cut(data["friends"], n, labels = ["Friends_Number_Label_" + str(i) for
            i in range(n)])
# 等频离散化
N = 2
d1 = pd.qcut(data["friends"], n, labels = ["Friends_Number_Label_" + str(i) for
            i in range(n)])
# K-means 离散化
data_f = data[['friends']].copy().dropna()
n = 4
from sklearn.cluster import KMeans
kmodel = KMeans(n_clusters = n) # 实例化
kmodel.fit(data_f) # fit 模型
center_ = pd.DataFrame(kmodel.cluster_centers_).sort_values(0)
# 输出聚类中心，并排序(按 "0" 特征升序)
```

```
l_ = center_.rolling(2).mean().iloc[1:]   # 移动平均求相邻两项中点，作为分界点
l_=[data_f.min()[0]] + list(w[0]) + [data_f.max()[0]]
"""
附加边界点d2 = pd.cut(data_f["friends"], l_, labels = ['friends_0',
                'friends_1', 'friends_2', 'friends_3'],include_lowest = True)
"""
```

7.2 降维与超参数调优

7.2.1 降维

降维指减少原数据的维度。回忆一下我们比较熟悉的鸢尾花数据集，在这个数据集中，数据包含 4 个维度。4 个维度确实不多，但如果现实中我们拿到的数据有成千上万个维度呢？这些维度的所有数据都应该计算吗？如果都计算，那么我们可以想象其消耗的时间是非常长的，因此，我们引入了降维的算法。常用的降维算法有以下 3 种。

主成分分析。在主成分分析中，数据从原来的坐标系转换到新的坐标系，新坐标系的选择是由数据本身决定的：第一个新坐标轴选择的是原始数据中方差最大的方向，第二个新坐标轴选择和第一个坐标轴正交且具有最大方差的方向，这个过程一直重复，重复次数为原始数据中特征的数目。我们会发现，大部分方差包含在前面的几个新坐标轴中，据此，我们对数据进行降维处理。

因子分析。在因子分析中，我们假设在观察数据的生成中有一些观察不到的隐变量并假设观察数据是这些隐变量和某些噪声数据的线性组合，那么隐变量的数目可能比观察数据的数目少。也就是说，通过找到隐变量这种方法就可以实现数据降维。

独立成分分析。在独立成分分析中，我们假设数据是从 N 个数据源中生成的，这些数据是多个数据源的混合观察结果，且它们之间在统计上是相互独立的，不相关的。和因子分析一样，如果数据源的数目少于观察数据的数目，则可实现数据降维。

7.2.2 实现降维

在上一小节中，我们已经了解了降维的基本理论，那么现在我们使用 scikit-learn 模型实现降维。

使用主成分分析算法实现降维过程，具体代码如下。

```
import numpy as np
from sklearn import datasets
iris = datasets.load_iris()
data = iris.data
from sklearn.decomposition import PCA
pca = PCA(n_components = 2)
newData = pca.fit_transform(data)
print(newData)
```

　　主成分分析算法在大型数据集上的应用有一定的限制，最大的限制是仅支持批处理，这意味着所有要处理的数据必须适合主内存。IncrementalPCA 对象使用不同的处理形式使之允许部分计算，具体如下。

```python
import numpy as np
import matplotlib.pyplot as plt
from sklearn.datasets import load_iris
from sklearn.decomposition import PCA, IncrementalPCA
iris = load_iris()
X = iris.data
y = iris.target
n_components = 2
ipca = IncrementalPCA(n_components = n_components, batch_size = 10)
X_ipca = ipca.fit_transform(X)
pca = PCA(n_components = n_components)
X_pca = pca.fit_transform(X)
colors = ['navy', 'turquoise', 'darkorange']
for X_transformed, title in [(X_ipca, "Incremental PCA"), (X_pca, "PCA")]:
    plt.figure(figsize = (8, 8))
    for color, i, target_name in zip(colors, [0, 1, 2], iris.target_names):
        plt.scatter(X_transformed[y == i, 0], X_transformed[y == i, 1],
                    color = color, lw = 2, label = target_name)
    if "Incremental" in title:
        err = np.abs(np.abs(X_pca) - np.abs(X_ipca)).mean()
        plt.title(title + " of iris dataset\nMean absolute unsigned error "
                  "%.6f" % err)
    else:
        plt.title(title + " of iris dataset")
    plt.legend(loc = "best", shadow = False, scatterpoints = 1)
    plt.axis([-4, 4, -1.5, 1.5])
plt.show()
```

使用因子分析算法实现降维，具体代码如下。

```python
from sklearn.decomposition import FactorAnalysis
fa = FactorAnalysis(n_components = 2)
newData1 = fa.fit_transform(data)
print(newData1)
```

使用独立成分分析算法实现降维，具体代码如下。

```python
import numpy as np
import matplotlib.pyplot as plt
from mpl_toolkits.mplot3d import Axes3D
from sklearn.datasets.samples_generator import make_blobs
# X为样本特征，Y为样本簇类别， 共1000个样本，每个样本3个特征，共4个簇
X, y = make_blobs(n_samples = 10000, n_features = 3,
                  centers = [[3, 3, 3], [0, 0, 0], [1, 1, 1], [2, 2, 2]],
                  cluster_std = [0.2, 0.1, 0.2, 0.2], random_state = 9)
fig = plt.figure()
ax = Axes3D(fig, rect = [0, 0, 1, 1], elev = 30, azim = 20)
plt.scatter(X[:, 0], X[:, 1], X[:, 2], marker = '.')
from sklearn.decomposition import FastICA
```

```
lca = FastICA(n_components = 2)
lca.fit(X)
X_new = lca.transform(X)
print(len(X_new[:, 0]), len( X_new[:, 1]))
```

7.2.3　超参数调优

机器学习工作流中非常难的部分之一是为模型寻找最佳的超参数。所谓超参数，就是机器学习模型中的框架参数，比如聚类算法中类的个数，或者话题模型中话题的个数。它们与训练过程中学习的参数（权重）是不一样的，通常由手动设置，不断试错调整。机器学习模型的性能与超参数直接相关。超参数调优越多，得到的模型的性能就越好。

（1）交叉验证

不同的训练集、测试集分割的算法会导致模型的准确率不同，交叉验证的作用是让被评估的模型变得更加准确可信。交叉验证的基本思想是先将数据集进行一系列分割，生成多组不同的训练与测试集对；然后分别训练模型并计算测试集的准确率；最后对结果进行平均处理，从而有效降低测试准确率的差异。

简单交叉验证：将原始数据随机分为两组，一组作为训练集，另一组作为验证集，先利用训练集训练分类器，然后利用验证集验证模型，最后记录的分类准确率，并以此为分类器的性能指标。简单交叉验证的优点是处理简单，只需随机把原始数据分为两组即可；缺点是由于将原始数据随机分组，因此验证集分类准确率与原始数据的分组有很大的关系，得到的结果并不具有说服力。

5 折交叉验证：以图 7-3 为例，先将数据分成 5 组，其中一组作为验证集；然后以组为单位 5 次测试，每次都更换不同的验证集；最后将得到的 5 组结果的取平均值作为最终结果。

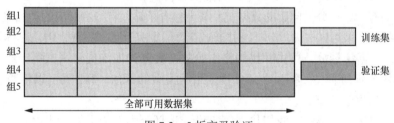

图 7-3　5 折交叉验证

（2）超参数搜索——网格搜索

通常情况下，有很多参数是需要手动指定的（如 KNN 算法中的 k 值），这种参数叫超参数。因为手动指定过程繁杂，所以我们需要对模型预设几种超参数组合。以 KNN 模型为例，我们采用 4 种超参数组合，每组超参数都采用交叉验证来进行评估并选出最优超参数组合。

网格搜索 scikit-learn 类为 GridSearchCV，具体代码如下。

```
# 导入包
From sklearn.datasets import load_breast_cancer
from sklearn.model_selection import train_test_split
```

```
from sklearn.preprocessing import StandardScaler
from sklearn.neighbors import KNeighborsClassifier
from sklearn.metrics import classification_report
from sklearn.model_selection import GridSearchCV
# 导入数据
data_cancer = load_breast_cancer()
# 将数据集划分为训练集和测试集
x_train, x_test, y_train, y_test = train_test_split(
    data_cancer.data, data_cancer.target, test_size = 0.25)
# print(x_train)
# 数据标准化处理
stdScaler = StandardScaler().fit(x_train)
x_trainStd = stdScaler.transform(x_train)
x_testStd = stdScaler.transform(x_test)
# 使用 KNeighborsClassifier() 函数构建 KNN 模型
KNN_model = KNeighborsClassifier()
param_grid = {"n_neighbors": [1, 3, 5, 7]}
grid_search = GridSearchCV(KNN_model, param_grid = param_grid,
                           cv = 5).fit(x_trainStd, y_train)
print("网格搜索中最佳结果的参数设置: ", grid_search.best_params_)
print("网格搜索中最高分数估计器的分数为: ", grid_search.best_score_)
```

输出结果如下。

```
网格搜索中最佳结果的参数设置:  {'n_neighbors': 5}
网格搜索中最高分数估计器的分数为:  0.9577464788732394
```

7.2.4 交叉验证案例分析

交叉验证是一种常用的模型评估方法，用于评估机器学习模型的性能和泛化能力。下面以一个分类模型为例，介绍交叉验证的案例分析。

假设我们有一个二分类问题的数据集，其中包含了输入特征和对应的类标签。我们希望使用逻辑回归模型来对样本进行分类，并通过交叉验证来评估模型的性能。具体步骤如下。

步骤 1：数据集划分。首先，我们将原始数据集分为训练集和测试集。通常，我们将大部分数据用于训练模型，将一小部分数据用于模型的评估。例如，可以将数据集的 70% 用于训练，30% 用于测试。

步骤 2：在交叉验证中，我们将训练集进一步划分为 k 个子集，其中 $k-1$ 个子集用于模型的训练，剩下的 1 个子集用于模型的验证。这样，我们可以得到 k 个模型，并对它们进行性能评估。

步骤 3：训练和验证模型。对于每一个子集，我们使用 $k-1$ 个子集进行模型的训练，并使用剩下的 1 个子集进行验证。通过计算模型在验证集上的准确率、精确率、召回率、F1 值等指标评估模型的性能。

步骤 4：模型性能评估。通过多次重复执行步骤 3 训练并验证 k 个模型，我们可以得到 k 个性能指标。一般地，我们取这些指标的平均值作为模型的性能评估结果。例如，取 k 个模型在验证集上准确率的平均值作为模型的准确率。

　　通过交叉验证，我们可以更准确地评估模型的性能，避免单次数据划分导致的偶然性结果。它可以帮助我们判断模型是否具有良好的泛化能力，能够在未见样本上有较好的预测表现。

　　需要注意的是，交叉验证并不能代替最终的测试集，它只是用于调整参数和模型评估。最终的性能评估应该使用独立于训练过程的测试集。同时，对于某些特殊情况，如类别不平衡数据集或时间序列数据，我们可能需要采用适当的变种交叉验证方法，如分层交叉验证或时间序列交叉验证。

　　下面通过代码进行实现。

```python
import numpy as np
import sklearn.model_selection as ms
import sklearn.naive_bayes as nb
import matplotlib.pyplot as mp

x, y = [], []  # 输入，输出

# 读取数据文件
with open("../data/multiple1.txt", "r") as f:
    for line in f.readlines():
        data = [float(substr) for substr in line.split(",")]
        x.append(data[:-1])  # 输入样本：取从第一列到导数第二列
        y.append(data[-1])   # 输出样本：取最后一列

train_x = np.array(x)
train_y = np.array(y, dtype=int)

# 划分训练集和测试集
# train_x, test_x, train_y, test_y = ms.train_test_split(x, y,
#                                                        test_size = 0.25,
#                                                        random_state = 7)

# 创建高斯朴素贝叶斯分类器对象
model = nb.GaussianNB()
# 先进行交叉验证，如果得分结果可以接受，再执行训练和预测
pws = ms.cross_val_score(model, x, y,
                         cv = 5,  # 折叠数量
                         scoring = 'precision_weighted')  # 精确率
print("precision:", pws.mean())
rws = ms.cross_val_score(model, x, y, cv = 5, scoring = 'recall_weighted')  #
召回率
print("recall:", rws.mean())
f1s = ms.cross_val_score(model, x, y, cv = 5, scoring = 'f1_weighted')  # F1 得分
print("f1:", f1s.mean())
acc = ms.cross_val_score(model, x, y,cv = 5, scoring = 'accuracy')  # 准确率
print("acc:", acc.mean())
```

第8章 图像分类之猫狗识别

随着互联网技术的飞速发展和智能手机等数码设备的普及，互联网上的图像也越来越多。图像作为信息的重要载体，包含重要的信息和知识，图像识别、分类检测等应用也逐渐发展起来。近年来快速发展的深度学习、人工智能技术给图像处理带来了新的解决方案，极大地推动了计算机视觉的发展。

图像分类是计算机视觉领域的重要研究内容之一，在图像搜索、商品推荐、用户行为分析以及人脸识别等互联网应用产品中得到了广泛的应用，具有良好的前景。同时，图像分类在智能机器人、无人自动驾驶和无人机等高新科技产业以及生物学、医学和地质学等众多学科领域也具有广阔的应用前景。

本章主要介绍图像分类的定义、应用场景、常用数据集和实现方法等。

8.1 图像分类的基础知识

图像分类是一种根据各自在图像信息中所反映的不同特征，把不同类别的目标区分开来的图像处理方法。它利用计算机对图像进行定量分析，把图像或图像中的每个像元或区域划归为若干个类别中的某一种，以代替人的视觉判读。

在机器学习算法中，图像分类给海量的图像打上标签，计算机通过学习图像和标签之间的联系和规律，得出各类图像的特征，从而用这种特征对未知数据进行分类。

8.1.1 图像分类的定义与应用场景

图像分类更适用于图像中待分类的物体是单一的这种情况，其核心是从给定的分类集合中给图像分配一个标签。

图像分类在很多领域有着广泛应用，主要有以下几种。

图像和视频检索应用。进入 21 世纪以来，每天产生的图像和视频的数量都是庞大的，图像与视频承载的信息也是巨大的，因此，图像和视频检索成为一个重要的技术领域。图像检索现在更多的是指根据输入图像的内容从数据库中查找与之相似或者相同内容的其他图像的过程，这与图像分类是密不可分的，因为这一检索过程需要在建立数据库时利用图像分类算法对输入的所有图像进行详尽的分析和分类。传统的图像检索是基于文本的查找操作，一般根据图像的名称、文字信息和索引来完成查找要求。视频检索的过程和图像检索类似，主要利用图像分类算法，根据视频的一些关键帧对视频类别进行分类。无论是图像检索还是视频检索，它都可以极大地提高人们寻找特定类别的效率，更好地满足用户的检索需求。

医学领域应用。医疗行业很多诊断需要基于诸如 X 光机、核磁共振机器等输出的数字图像进行诊断，这些医学图像的分类对于特定疾病的研究和治疗方案的制定而言非常重要。计算机通过对医疗影像的学习和训练，可以自动进行检测，还可以完成人体组织重构、任意切片显示等内容，为病理分析、病例对比提供决策支持。

无人驾驶应用。无人驾驶涉及道路车辆识别、道路检测、道路交通标志的分类和识别等技术，以供智能系统分析并采取进一步的措施。准确的道路交通标志分类是保证智能交通安全和舒适的重要前提。

机器人视觉领域应用。机器人视觉系统是机器人系统不可或缺的组成部分，一般指机器人利用摄像头获取环境的数字图像，对得到的数字图像进行分析和计算，并对其进行分类识别的过程。这一过程是机器人进行其他操作的重要基础和前提。

8.1.2　图像分类的实现方法

图像分类通常对给定的一组全部用单一类别标记的图像进行训练，然后预测一组新的测试图像的类别，并评估预测的准确性。这面临各种挑战，例如视点变化、尺度变化、类内变化、图像变形、图像遮挡、光照条件、背景杂波等。

图像分类的实现方法有以下几种。

1. CNN

CNN 是一类包含卷积计算且具有深度结构的前馈神经网络，是深度学习的代表算法之一。CNN 的核心思想是通过卷积操作来提取图像等数据的特征，进而实现对数据的分类、识别等任务。CNN 是一类特殊的神经网络，其特别之处在于它包含了卷积层。卷积层中的神经元仅与前一层的部分神经元相连，这种连接方式称为局部连接。此外，卷积层中的每个神经元都与前一层中多个神经元共享连接权重，这种权重共享机制减少了模型的参数数量，降低了计算复杂度。

进入 21 世纪后，随着深度学习理论的提出和数值计算设备的改进，CNN 得到了快速发展，并被应用于计算机视觉、自然语言处理等领域。

典型的 CNN 由卷积层、池化层和全连接层三部分构成，并采用 softmax 多类别分类器和多类交叉熵损失函数，一个典型的 CNN 结构如图 8-1 所示。

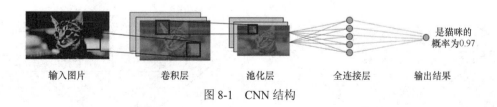

图 8-1　CNN 结构

卷积层：执行卷积操作，提取底层到高层的特征，挖掘出图像的局部关联性质和空间不变性质。

池化层：执行降采样操作，通过取卷积输出特征图中局部区块的最大值或者均值。降采样也是图像处理中常见的一种操作，可以过滤掉一些不重要的高频信息。

全连接层：输入层到隐藏层的神经元是全部连接的。

2．AlexNet

AlexNet 是在 LeNet 的基础上加深了网络的结构，能够学习更丰富、更高维的图像特征。AlexNet 的特点如下。

① 使用 ReLU()函数作为 CNN 的激活函数，并验证了其效果在较深的网络超过了 Sigmoid()函数，成功解决了 sigmoid()函数在网络较深时的梯度弥散问题。虽然 ReLU()函数在很久之前就被提出，但是直到 AlexNet 出现，它才被发扬光大。

② 训练时使用 Dropout 随机忽略一部分神经元，以避免模型过拟合。Dropout 虽有单独的论文论述，但是 AlexNet 将其实用化，通过实践证实了它的效果。在 AlexNet 中，全连接层使用的大部分是 Dropout。

③ 在 CNN 中使用重叠的最大池化。此前 CNN 中普遍使用平均池化，而 AlexNet 全部使用最大池化，避免平均池化的模糊化效果。并且在 AlexNet 中提出步长比池化核的尺寸小，这样池化层的输出之间会有重叠和覆盖，提升了特征的丰富性。

④ 采用了局部响应归一化（local response normalization，LRN）技术，对局部神经元的活动创建竞争机制，使得其中响应比较大的值变得相对更大，并抑制其他反馈较小的神经元，增强了模型的泛化能力。

⑤ 使用计算机统一设备体系结构（compute unified device architecture，CUDA）加速深度卷积网络的训练，利用 GPU 强大的并行计算能力，处理神经网络训练时大量的矩阵运算。同时，AlexNet 的设计让 GPU 之间的通信只在网络的某些层进行，控制了通信的性能损耗。

⑥ 数据增强，使用数据增强抑制过拟合。

3．GoogleNet

GoogleNet（也称为 Inception-v1）是 2014 年 Christian Szegedy 提出的一种全新的深度学习结构，在这之前的 AlexNet、VGG 等结构都是通过增大网络的深度（层数）来获得更好的训练效果，但层数的增加会带来很多副作用，比如过拟合、梯度消失、梯度爆炸等。GoogleNet 作为与 VGGNet 同年诞生的网络，获得当年的冠军，并提出了著名的 Inception 模块，如图 8-2 所示，将分支的思想成功引进深度学习网络结构。

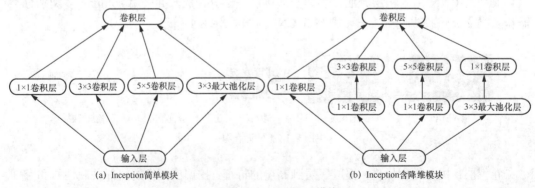

(a) Inception 简单模块　　　　　　　　(b) Inception 含降维模块

图 8-2　Inception 模块

GoogleNet 专门用于图像分类和特征提取任务。GoogleNet 的显著特点之一是采用了多组 Inception 模块堆积而成的网络结构，以及在网络最后采用均值池化层而非传统的多层全连接层的设计。Inception 模块是 GoogleNet 的核心组成部分，它允许网络并行地学习多个不同大小的特征。每个 Inception 模块包含多个并行的卷积层和池化层，这些层使用不同尺度的卷积核来同时捕获不同尺度的特征。这种多尺度卷积核并行结构增强了网络对不同尺度特征的感知能力，有助于网络更好地适应不同大小的对象和结构。

图 8-2(a)是 Inception 简单模块，通常包含多个并行的分支，每个分支使用不同大小的卷积核（如 1×1、3×3、5×5）对输入进行卷积操作，以及可能包含一个池化操作分支。这些分支的输出在通道维度上进行拼接，形成模块的最终输出。图 8-2(b)所示 Inception 含降维模块，则是在简单模块的基础上，特别强调了使用 1×1 卷积核进行降维的作用。这种设计的主要目的是减少计算量和参数量，同时保持或提升网络的性能。具体来说，在 3×3 和 5×5 卷积操作之前，会先通过一个 1×1 的卷积层来减少输入数据的通道数（即深度），这样后续的卷积操作就可以在更小的通道数上进行，从而显著减少计算量。

Inception 模块的提出确实是从提升计算效率和特征提取能力的角度出发，通过并行使用多个不同尺度的卷积核来捕获图像中不同尺度的信息，并将这些信息融合起来，以获得更丰富的特征表示。这种方式不仅能够提升训练结果，还能更有效地利用计算资源。

4．ResNet

ResNet 是由微软亚洲研究院团队所提出的，深达 152 层，其以绝对优势获得图像检测、图像分类和图像定位 3 个项目的冠军，其中在图像分类的数据集上取得了 3.57% 的错误率。

随着 CNN 层数的加深，网络的训练过程更加困难，从而导致准确率开始达到饱和甚至下降。该团队的研究人员认为，当一个网络达到最优训练效果时，可能要求某些层的输出与输入完全一致；这时让网络层学习值为 0 的残差函数比学习恒等函数更加容易。因此，深度残差网络将残差运用于网络中，提出了残差学习的思想。为了实现残差学习，将 shortcut connection 的方法适当地运用于网络中部分层之间的连接，从而保证随着网络层数的增加，准确率能够不断提高，而不会下降。

残差模块如图 8-3 所示。图 8-3(a)展示了基本模块连接方式，由两个输出通道数相同的 3×3 卷积组成。图 8-3(b)展示了瓶颈模块连接方式。之所以称为瓶颈，是因为上面的 1×1 卷积用来降维，下面的 1×1 卷积用来升维，这样中间 3×3 卷积的输入和输出通道数都较小。

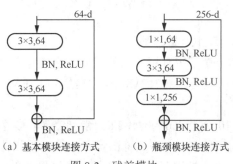

（a）基本模块连接方式　　（b）瓶颈模块连接方式

图 8-3　残差模块

注：BN—batch normalization，一种数据归一化方法。

　　ResNet 结构非常容易修改和扩展，通过调整块内的通道数量以及堆叠的块数量，就可以很容易地调整网络的宽度和深度，由此得到不同表达能力的网络，还不用担心给网络叠加更多的层后，准确率会快速下降的情况。只要训练数据足够，逐步加深网络，就可以获得更好的性能表现。

8.1.3　图像分类数据集

　　机器学习领域有一句经典格言：数据和特征决定了机器学习的上限，而模型和算法只是逼近这个上限而已。那么，从哪里获得数据呢？下面介绍一些公开可用的高质量图像分类数据集。

1. MNIST 数据集

　　MNIST 数据集是计算机视觉和机器学习文献中使用较多的数据集之一。这个数据集的目标是正确分类手写数字 0～9。在许多例子中，这个数据集用作机器学习排名的基准。实际上，MNIST 数据集用在深度学习的训练神经网络模型的作用和其他编程语言中的"Hello World"示例的作用是一样的。

　　MNIST 数据集中包含 60000 个训练集、10000 个示例测试集。每个样本图像的尺寸为 28 像素×28 像素。这些数据已经完成了归一化处理，并且形成了固定大小，因此预处理工作已经完成。在机器学习中，主流的机器学习工具很多使用该数据集作为入门级的应用。MNIST 数据集部分数据如图 8-4 所示。

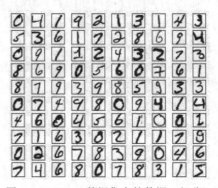

图 8-4　MNIST 数据集中的数据（部分）

2. CIFAR-10 和 CIFAR-100 数据集

　　CIFAR-10 和 CIFAR-100 是带有标签的数据集，它们是有 8000 万幅微小图像的数据集的子集。和 MNIST 数据集一样，CIFAR-10 数据集和 CIFAR-100 数据集也是机器学习领域中的标准的基准数据集。

　　CIFAR-10 数据集由 10 个类、60000 幅 32 像素×32 像素彩色图像组成，每个类有 6000幅图像。这 60000 幅图像包含 50000 幅训练图像和 10000 幅测试图像。数据集分为 5 个训练批次和 1 个测试批次，每个批次有 1 万幅图像。测试批次包含来自每个类别的 1000 幅随机选择的图像。CIFAR-10 数据集的 10 个类分别为飞机（airplane）、船（ship）、汽车

（automobile）、卡车（truck）、狗（dog）、猫（cat）、马（horse）、鹿（deer）、蛙类（frog）
和鸟类（bird），部分数据如图 8-5 所示。

图 8-5　CIFAR-10 数据集的数据（部分）

CIFAR-100 数据集和 CIFAR-10 类似，它有 100 个类，每个类包含 600 幅图像。这 600
幅图像中有 500 幅训练图像和 100 幅测试图像。100 个类被分成 20 个超类。每幅图像都带有
一个"精细"标签（它所属的类）和一个"粗糙"标签（它所属的超类）。该数据集如图 8-6
所示。

超类	类别
水生哺乳动物	海狸，海豚，水獭，海豹，鲸鱼
鱼	水族馆的鱼，比目鱼，X射线鱼，鲨鱼，鳟鱼
花卉	兰花，罂粟花，玫瑰，向日葵，郁金香
食品容器	瓶子，碗，罐子，杯子，盘子
水果和蔬菜	苹果，蘑菇，橘子，梨，甜椒
家用电器	时钟，计算机键盘，台灯，电话机，电视机
家用家具	床，椅子，沙发，桌子，衣柜
昆虫	蜜蜂，甲虫，蝴蝶，毛毛虫，蟑螂
大型食肉动物	熊，豹，狮子，老虎，狼
大型人造户外用品	桥，城堡，房子，路，摩天大楼
大自然的户外场景	云，森林，山，平原，海
大杂食动物和食草动物	骆驼，牛，黑猩猩，大象，袋鼠
中型哺乳动物	狐狸，豪猪，负鼠，浣熊，臭鼬
非昆虫无脊椎动物	螃蟹，龙虾，蜗牛，蜘蛛，蠕虫
人	宝贝，男孩，女孩，男人，女人
爬行动物	鳄鱼，恐龙，蜥蜴，蛇，乌龟
小型哺乳动物	仓鼠，老鼠，兔子，松鼠
树木	枫树，橡树，棕榈树，松树，柳树
车辆1	自行车，公共汽车，摩托车，火车
车辆2	割草机，火箭，有轨电车，坦克，拖拉机

图 8-6　CIFAR-100 数据集

3．Dogs vs. Cats 数据集

Dogs vs. Cats（猫狗大战）是 Kaggle 的一项竞赛，该竞赛需要编写一种算法来对图像包含狗还是猫进行分类。训练集共包含 25000 幅猫和狗的图像。数据集目录结构包含 3 个文件，分别为 train.zip、test.zip、sample_submission.csv。该数据集的部分数据如图 8-7 所示。

图 8-7　Dags vs.Cats 数据集数据（部分）

4．ImageNet 数据集

ImageNet 项目是一个用于视觉对象识别软件研究的大型可视化数据库。超过 1400 万的图像 URL 被 ImageNet 手工注释，以指示图像中的对象，其中至少 100 万幅图像还提供了边界框。ImageNet 数据集包含 20000 多个类别，一个典型的类别，如"气球"或"草莓"，包含数百个图像。第三方图像 URL 的注释数据库可以直接从 ImageNet 免费获得，但是，实际的图像并不属于 ImageNet。自 2010 年以来，ImageNet 项目每年举办一次软件比赛，即 ImageNet 大规模视觉识别挑战赛（ILSVRC），软件程序竞相正确分类检测物体和场景。数据可以直接在官方网站进行下载。由于数据量很大，实际应用中可以根据项目或者研究需求单独搜索某一类进行下载。

8.2 任务内容

猫狗识别属于计算机视觉领域中的图像分类问题。计算机通过学习图像本身的特征将不同类别的图像区分开来。图像分类的过程非常明确，即根据给定的已经标记的数据集，提取特征，训练得到分类器，使得计算机可以正确地对不带标签、未曾见过的猫/狗图像进行分类识别，显示图像是猫或者狗的概率。

下面利用 Tensorflow 的 Keras 快速开发接口，搭建一个深度学习网络模型。利用 Kaggle 的 Dogs vs. Cats 数据集对模型进行训练、优化，利用优化后的模型对未曾见过的猫狗图像进行分类。

8.3　环境准备

8.3.1　安装相关库

使用 Anaconda 工具创建运行环境和安装相关库。

首先，使用 conda 命令创建一个运行环境，其名称为"catOrDog"，代码如下。这里的 Python 版本为 3.6。

```
# 创建运行环境 catOrDog
conda create -n catOrDog python = 3.6
# 激活运行环境 catOrDog
activate catOrDog
# 切换到 envs/catOrDog/Scripts 路径
cd envs/catOrDog/Scripts
```

然后，使用 pip 命令安装 Tensorflow、NumPy、Matplotlib、Pillow 等库，代码如下。

```
conda install tensorflow == 1.15.0
pip install numpy
pip install matplotlib
pip install pillow
```

8.3.2　新建一个项目

使用 PyCharm 开发工具新建一个 Python 项目，项目名称为"cats_vs_dogs"，并在工程中添加"data"文件夹和"log"文件夹；并新建"input_data.py""model.py""test.py""training.py"这 4 个 Python 文件，如图 8-8 所示。

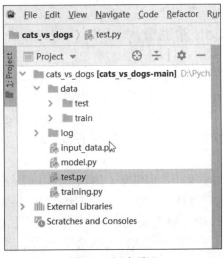

图 8-8　新建项目

在 PyCharm 开发工具中配置项目的运行环境为"catOrDog"环境，如图 8-9 所示。

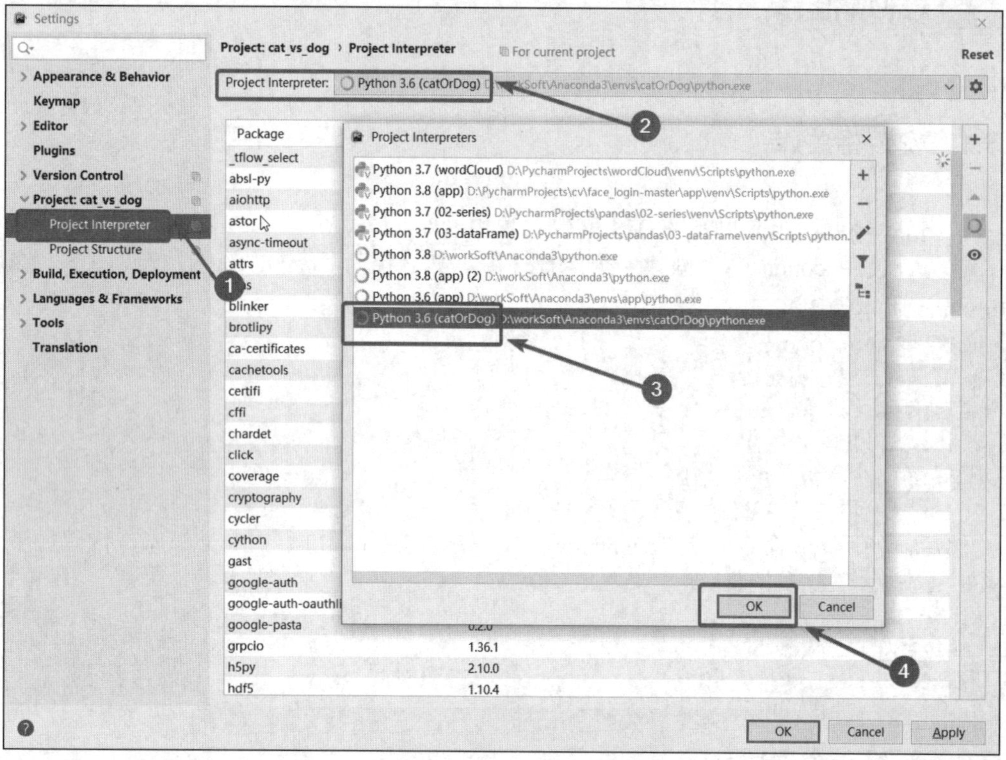

图 8-9　配置项目运行环境

8.4　数据准备

8.4.1　获取 Dags vs. Cats 数据集

从 Kaggle 官方网站下载 Dags vs. Cats 数据集到本地。这个数据集包含了大量狗和猫的图像，其中训练集 train.zip 包含 25000 幅已标记的图像文件，文件名格式为"类别.图像 ID.jpg"，类别为 cat 或 dog，图像 ID 为数字，如 cat.0.jpg、dog.12247.jpg。测试集 test.zip 包含 12500 幅未标记的图像文件，文件名格式为"图像 ID.jpg"，图像 ID 为数字，如 1.jpg、8605.jpg。

数据集中图像的尺寸大小不一，训练集、测试集图像尺寸分别有 8513、4888 种，在训练和推断时需要统一尺寸。数据中图像不一定包含完整的猫或狗的身体，有的主体在图像中很小，且图像背景复杂，会出现人或其他物体。训练集中包含少量不是猫或狗的图像。图像数值异常可能导致训练时模型不收敛，但经检查验证集、测试集数据图像 RGB 值在[0, 255]之内，数值正常，可直接进行归一化处理。

8.4.2　添加训练集和测试集到项目

将 Dags vs. Cats 数据集中训练集 train.zip 和测试集 test.zip 文件解压到 "data" 文件夹内，如图 8-10 所示。

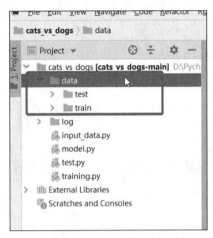

图 8-10　解压训练集和测试集

8.4.3　获取训练集及测试集

完成项目准备工作后，接下来，我们编写具体的实现代码。

（1）获取文件路径图像，生成图像列表和标签列表

通过自定义函数 get_files()，获取给定路径 file_dir 下的所有的训练数据（包括图像和标签），以 list() 的形式返回。其中，使用 np.hstack() 方法将猫/狗图像和标签整合到一起，得到 image_list 和 label_list。hstack((a, b)) 的功能是将 a 和 b 以水平的方式连接，比如原来 cats 和 dogs 是长度为 12500 的向量，执行了 hstack(cats, dogs) 后，image_list 的长度为 25000，同理 label_list 的长度也为 25000。接着将一一对应的 image_list 和 label_list 再合并一次。temp 的大小是 2 × 25000，经过转置（变成 25000 × 2），然后使用 np.random.shuffle() 方法进行乱序处理。之后，将对应文件名为 "input_data.py"，具体代码如下。

```
# -----获取文件-----
import tensorflow as tf
import numpy as np
import os


def get_files(file_dir):
    """
        输入:
            file_dir: 存储训练图像的文件地址
        返回:
```

```
                image_list: 乱序后的图像路径列表
                label_list: 乱序后的标签(相对应图像)列表
"""
# 建立空列表
cats = []                # 存储猫的图像路径地址
label_cats = []          # 对应猫图像的标签
dogs = []                # 存储狗的图像路径地址
label_dogs = []          # 对应狗图像的标签

# 从 file_dir 路径下读取数据，存入空列表中
# file 就是要读取的图像带后缀的文件名
for file in os.listdir(file_dir):
    # 图像格式是 cat.1.jpg / dog.2.jpg，处理后 name 为[cat, 1, jpg]
    # 并且对应的 label_cats 添加 0 标签 （这里记作：0 为猫，1 为狗）
    name = file.split(sep = '.')
    # name[0]获取图像名
    if name[0] == 'cat':
        # 若是 cat，则将该图像路径地址添加到 cats 数组里
        cats.append(file_dir + file)
        # 注意：这里添加的标签是字符串格式，后面会转成 int 类型
        label_cats.append(0)
    else:
        dogs.append(file_dir + file)
        label_dogs.append(1)

# 在水平方向平铺合成一个行向量，即两个数组的拼接
image_list = np.hstack((cats, dogs))
# 这里把猫/狗图像及标签合并分别存在 image_list 和 label_list
label_list = np.hstack((label_cats, label_dogs))
# 生成一个 2 * 25000 的数组，即 2 行、25000 列
temp = np.array([image_list, label_list])
# 转置向量，大小变成 25000 X 2，# 乱序，打乱这 25000 行排列的顺序
temp = temp.transpose()
np.random.shuffle(temp)

# 所有行，列=0（选中所有猫狗图像路径地址），即重新存入乱序后的猫狗图像路径
image_list = list(temp[:, 0])
# 所有行，列=1（选中所有猫狗图像对应的标签），即重新存入乱序后的对应标签
label_list = list(temp[:, 1])
# 把标签列表转化为 int 类型（用列表解析式迭代，相当于精简的 for 循环）
label_list = [int(float(i)) for i in label_list]

return image_list, label_list
```

（2）使用 get_batch()函数将图像划分批次

get_batch()函数用于将图像分批次，一次性将所有 25000 幅图像载入内存是不现实的，也是不必要的，所以将图像分成不同批次进行训练。这里传入的 image 和 label 参数就是函数 get_files()返回的 image_list 和 label_list，是 Python 中的 list 类型，所以需要将其转为

TensorFlow 可以识别的 tensor 格式。对应文件名为"input_data.py"，具体代码如下。

```python
# -----获取文件-----
import tensorflow as tf
import numpy as np
import os

def get_batch(image, label, image_W, image_H, batch_size, capacity):
    """
        输入：
            image,label: 要生成 batch 的图像和标签
            image_W, image_H: 图像的宽度和高度
            batch_size: 每个 batch（小批次）有多少幅图像数据
            capacity: 队列的最大容量
        返回：
            image_batch: 4D tensor [batch_size, width, height, 3],
                        dtype=tf.float32
            label_batch: 1D tensor [batch_size], dtype=tf.int32
    """
# 将列表转换成 tf 能够识别的格式
image = tf.cast(image, tf.string)
    label = tf.cast(label, tf.int32)

    # 队列的理解：
    #        每次训练时，从队列中取一个 batch 送到网络进行训练，然后又有新的图像从训练库中注入队
    #        列，这样循环往复
    #        队列相当于起到了训练库到网络模型间数据管道的作用，训练数据通过队列送入网络
    # 生成队列(牵扯到线程概念，便于 batch 训练)，将 image 和 label 传入
    input_queue = tf.train.slice_input_producer([image, label])

    label = input_queue[1]
    # 图像的读取需要 tf.read_file()，标签则可以直接赋值
    image_contents = tf.read_file(input_queue[0])
    # 使用 JPEG 的格式解码从而得到图像对应的三维矩阵
    # 注意：这里 image 解码出来的数据类型是 uint8，之后模型卷积层里面 conv2d() 要求传入数据为
float32 类型
    image = tf.image.decode_jpeg(image_contents, channels = 3)


    # 图像数据预处理：统一图像大小(缩小图像) + 标准化处理
    # ResizeMethod.NEAREST_NEIGHBOR: 最近邻插值法
    # 将变换后的图像中的原像素点最邻近像素的灰度值赋给原像素点的方法,返回图像张量 dtype() 与所
传入的相同
    image = tf.image.resize_images(image, [image_H, image_W],
    method = tf.image.ResizeMethod.NEAREST_NEIGHBOR)
    # 将 image 转换成 float32 类型
    image = tf.cast(image, tf.float32)
    # 图像标准化处理，加速神经网络的训练
    image = tf.image.per_image_standardization(image)
```

```
# 按顺序读取队列中的数据
# [image, label]进队列的 tensor 列表数据
# batch_size = batch_size 设置每次从队列中获取出队数据的数量
# num_threads = 64,  # 涉及线程，配合队列
# capacity = capacity 用来设置队列中元素的最大数量
image_batch, label_batch = tf.train.batch([image, label],
                                            batch_size = batch_size,
                                            num_threads = 64,
                                            capacity = capacity)


return image_batch, label_batch
```

8.5 构建 CNN 模型

将数据导入以后，经过一系列的处理得到了最终打乱的图像和标签，这里都是以列表的形式输出，接下来，我们需要建立一个模型来对图像数据进行识别，在这里我们选择使用 CNN 模型。

CNN 模型的结构包括 2 个卷积层、2 个池化层、2 个全连接层、1 个 softmax 层，每层都使用 with tf.variable_scope()语句（这其实是 TensorFlow 中的变量作用域机制）；在变量作用域内使用 tf.get_variable()创建变量。对应文件名为"model.py"，具体代码如下。

```
# ----- 构建 CNN 模型-----
import tensorflow as tf

def cnn_inference(images, batch_size, n_classes):
    """
        输入:
            images: 队列中取的一批图像, 具体为 4D tensor [batch_size, width, height, 3]
            batch_size: 每个批次的大小
            n_classes: n 分类 (这里是二分类, 猫或狗)
        返回:
            softmax_linear: 表示图像列表中的每幅图像分别是猫或狗的预测概率 (即神经网络计算
                            得到的输出值)。
            例如: [[0.459, 0.541], ..., [0.892, 0.108]], 一个数值代表图像是猫的概率, 另
                 一个数值代表图像是狗的概率, 两者的和为 1。
    """

    # TensorFlow 中的变量作用域机制:
    #       tf.variable_scope(<scope_name>): 指定命名空间
    #       tf.get_variable(<name>, <shape>, <dtype>, <initializer>): 创建一个变量

    # 第一层为卷积层 conv1, 卷积核(weights)的大小是 3×3, 输入的 channel(管道数/深度)为
    # 3, 共有 16 个
    # 初始化为常数, 通常偏置项 biases 就是用它初始化的
    with tf.variable_scope('conv1') as scope:
        weights = tf.get_variable('weights',
```

```
                              shape = [3, 3, 3, 16],
                              dtype = tf.float32,
                              initializer = tf.truncated_normal_initializer(
                              stddev = 0.1, dtype = tf.float32))
        biases = tf.get_variable('biases',
                              shape = [16],
                              dtype = tf.float32,
                              initializer = tf.constant_initializer(0.1))

        # strides = [1, y_movement, x_movement, 1]，每个维度的滑动窗口的步幅,一般首
        # 末位置固定为 1
        # padding = 'SAME'，考虑边界，不足时用 0 去填充周围
        # padding = 'VALID'，不考虑边界，不足时舍弃不填充周围
        # 输入的 images 是[16,208,208,3]，即 16 张 208 像素×208 像素大小的图像，图像通道数是 3
        # weights(卷积核)的大小是 3×3，数量为 16
        # strides(滑动步长)是[1,1,1,]，即卷积核在图像上卷积时分别向 x、y 方向移动为 1 个单位
        # 由于 padding = 'SAME'考虑边界，最后得到 16 幅图且每幅图得到 16 个 208 像素×208 像素
        # 的 feature map(特征图)
        # conv(最后输出的结果)是 shape 为[16,208,208,16]的 4 维张量(矩阵/向量)
        # 用 weights （卷积核）对 images 图像进行卷积
        conv = tf.nn.conv2d(images, weights, strides = [1, 1, 1, 1],
                              padding = 'SAME')
        # 加入偏差，biases 向量与矩阵的每一行进行相加，shape 不变
        pre_activation = tf.nn.bias_add(conv, biases)
        # 在 conv1 的命名空间里，用 relu()激活函数非线性化处理
        conv1 = tf.nn.relu(pre_activation, name = 'conv1')

    # 第一层的池化层 pool1 和规范化 norm1(特征缩放)
    with tf.variable_scope('pooling1_lrn') as scope:
        # 对 conv1 池化得到 feature map
        pool1 = tf.nn.max_pool(conv1, ksize = [1, 2, 2, 1],
                              strides = [1, 2, 2, 1],
                              padding = 'SAME', name = 'pooling1')
        # lrn()：局部响应归一化，一种防止过拟合的方法，增强了模型的泛化能力
        norm1 = tf.nn.lrn(pool1, depth_radius = 4, bias = 1.0, alpha = 0.001/9.0,
                              beta = 0.75, name = 'norm1')

    # 第二层的卷积层 cov2，卷积核(weights)的大小是 3×3
    # 输入的 channel(管道数/深度)为 16，共有 16 个
    # 这里的第三位数字 16 需要等于上一层的 tensor 维度
    with tf.variable_scope('conv2') as scope:
        weights = tf.get_variable('weights',
                              shape = [3, 3, 16, 16],
                              dtype = tf.float32,
                              initializer = tf.truncated_normal_initializer(
                              stddev = 0.1, dtype = tf.float32))
        biases = tf.get_variable('biases',
                              shape = [16],
                              dtype = tf.float32,
                              initializer = tf.constant_initializer(0.1))
```

```
        conv = tf.nn.conv2d(norm1, weights, strides = [1, 1, 1, 1],
                            padding = 'SAME')
        pre_activation = tf.nn.bias_add(conv, biases)
        conv2 = tf.nn.relu(pre_activation, name = 'conv2')

    # 第二层的池化层 pool2 和规范化 norm2 (特征缩放)
    with tf.variable_scope('pooling2_lrn') as scope:
        # 这里选择了先规范化再池化
        norm2 = tf.nn.lrn(conv2, depth_radius = 4, bias = 1.0, alpha = 0.001/9.0,
                        beta = 0.75, name = 'norm2')
        pool2 = tf.nn.max_pool(norm2, ksize = [1, 2, 2, 1], strides = [1, 1, 1, 1],
                            padding = 'SAME', name = 'pooling2')

    # 第三层为全连接层 local3
    # 连接所有的特征，将输出值给分类器 (将特征映射到样本标记空间)，该层映射出 256 个输出
    with tf.variable_scope('local3') as scope:
        # 将 pool2 张量铺平，再把维度调整成 shape(shape 里的-1，程序运行时会自动计算填充)
        reshape = tf.reshape(pool2, shape = [batch_size, -1])

        # 获取 reshape 后的列数，连接 256 个神经元
        dim = reshape.get_shape()[1].value
        weights = tf.get_variable('weights',
                                shape = [dim, 256],
                                dtype = tf.float32,
                                initializer = tf.truncated_normal_initializer(
                                stddev = 0.005, dtype = tf.float32))
        biases = tf.get_variable('biases',
                                shape = [256],
                                dtype = tf.float32,
                                initializer = tf.constant_initializer(0.1))
        # 矩阵相乘再加上 biases，用 relu() 激活函数非线性化处理
        local3 = tf.nn.relu(tf.matmul(reshape, weights) + biases, name = 'local3')

    # 第四层为全连接层 local4
    # 连接所有的特征，输出值给分类器 (将特征映射到样本标记空间)
    # 该层映射出 512 个输出，再连接 512 个神经元
    with tf.variable_scope('local4') as scope:
        weights = tf.get_variable('weights',
                                shape = [256, 512],
                                dtype = tf.float32,
                                initializer = tf.truncated_normal_initializer(
                                    stddev = 0.005, dtype = tf.float32))
        biases = tf.get_variable('biases',
                                shape = [512],
                                dtype = tf.float32,
                                initializer = tf.constant_initializer(0.1))
        # 矩阵相乘再加上 biases，用 ReLU() 激活函数非线性化处理
        local4 = tf.nn.relu(tf.matmul(local3, weights) + biases, name = 'local4')

    # 第五层为输出层(回归层)：softmax_linear
```

```
    # 将前面的全连接层的输出，进行一个线性回归，计算出每一类的得分
    # 在这里是 2 类，所以这个层输出的是两个得分
    with tf.variable_scope('softmax_linear') as scope:
        weights = tf.get_variable('weights',
                                    shape = [512, n_classes],
                                    dtype = tf.float32,
                                    initializer = tf.truncated_normal_initializer(
                                    stddev = 0.005, dtype = tf.float32))
        biases = tf.get_variable('biases',
                                    shape = [n_classes],
                                    dtype = tf.float32,
                                    initializer = tf.constant_initializer(0.1))

        # softmax_linear 的行数 = local4 的行数，列数 = weights 的列数 = bias 的行数 = 需要
        # 分类的个数
        # softmax() 函数用于分类过程，它将多个神经元的输出，映射到（0,1）区间内，可以看成概
        # 率来理解
        # 这里 local4 与 weights 矩阵相乘，再矩阵相加 biases
        softmax_linear = tf.add(tf.matmul(local4, weights),
                                    biases, name = 'softmax_linear')

    # 这里没进行归一化和交叉熵。真正的 softmax() 函数放在下面的 losses() 里面和交叉熵结合在一
起，这样可以提高运算速度
    # 图像列表中的每幅图像分别被每个分类取到的概率
    return softmax_linear


def losses(logits, labels):
    """
        输入：
            logits: 经过 cnn_inference 得到的神经网络输出值（图像列表中每幅图像分别是猫或
                狗的预测概率）
            labels: 图像对应的标签（即：真实值。用于与 logits 预测值进行对比得到 loss）
        返回：
            loss:  损失值（label 真实值与神经网络输出预测值之间的误差）
    """
    with tf.variable_scope('loss') as scope:
        # label 与神经网络输出层的输出结果进行对比，得到损失值（这进行了归一化和交叉熵处理）
        cross_entropy = tf.nn.sparse_softmax_cross_entropy_with_logits(
                    logits = logits, labels = labels, name = 'loss_per_eg')
        # 求得 batch 的平均 loss（每批有 16 幅图像）
        loss = tf.reduce_mean(cross_entropy, name = 'loss')
    return loss


def training(loss, learning_rate):
    """
        输入：
            loss: 训练中得到的损失值
            learning_rate: 学习率
```

```
        返回:
                train_op: 训练的最优值。训练 op，这个参数要输入 sess.run 中让模型去训练。
    """
    with tf.name_scope('optimizer'):
        # tf.train.AdamOptimizer()函数
        # 除利用反向传播算法对权重和偏置项进行修正外，也在运行中不断修正学习率
        # 根据其损失量学习自适应，损失量大则学习率越大，进行修正的幅度也越大
        # 损失量小则学习率越小，进行修正的幅度也越小，但是不会超过自己所设定的学习率。
        # 使用 AdamOptimizer 优化器来使 loss 朝着变小的方向优化
        optimizer = tf.train.AdamOptimizer(learning_rate = learning_rate)

        # 全局步数赋值为 0
        global_step = tf.Variable(0, name = 'global_step', trainable = False)

        # loss: 即最小化的目标变量，一般就是训练的目标函数、均方差或者交叉熵
        # global_step: 梯度下降一次加 1，一般用于记录迭代优化的次数，主要用于参数输出和保存，
        # 以最大限度地最小化 loss
        train_op = optimizer.minimize(loss, global_step = global_step)

    return train_op


def evaluation(logits, labels):
    """
        输入:
                logits: 经过 cnn_inference 得到的神经网络输出值（图像列表中每幅图像分别是猫或
                        狗的预测概率）
                labels: 图像对应的标签（真实值，0 或 1）
        返回:
                accuracy: 准确率（当前 step 的平均准确率。即: 这些 batch 中多少幅图像被正确分类）
    """
    with tf.variable_scope('accuracy') as scope:
        correct = tf.nn.in_top_k(logits, labels, 1)
        correct = tf.cast(correct, tf.float16)
        # 计算当前批的平均准确率
        accuracy = tf.reduce_mean(correct)
    return accuracy
```

8.6 训练模型

在对数据集进行相关处理，利用 CNN 进行模型的构建后，接下来要进行的是整个项目核心的部分，对模型进行训练，这也是图像的识别时重要的一步。学习率的设置对于整个模型的训练来说至关重要，学习率过大会导致识别率曲线不收敛；过小也会浪费识别时间、占用空间，所以选择合适的学习率非常重要。通过编写具体代码实现训练模型。对应文件名为 "training.py"，其具体代码如下。

```
# -----训练模型-----
```

```python
import tensorflow as tf
import os
import numpy as np
import matplotlib.pyplot as plt
import input_data
import model

# 定义全局变量
N_CLASSES = 2   # 分类数，猫和狗
IMG_W = 208   # resize 图像宽高，太大的话训练时间久
IMG_H = 208
BATCH_SIZE = 16   # 每批次读取数据的数量
CAPACITY = 2000   # 队列最大容量
MAX_STEP = 10000   # 训练最大步数，一般 5000~10000
learning_rate = 0.0001   # 学习率，一般小于 0.0001

# 训练集的文件夹路径
train_dir = 'data/train/'
# 记录训练过程与保存模型的路径
logs_train_dir = 'log/'

# 获取要训练的图像和对应的图像标签，这里返回的 train_img 是存储猫狗图像路径的列表
# train_label 是存储对 train 对应标签的列表(0 是猫，1 是狗)
train_img, train_label = input_data.get_files(train_dir)

# 读取队列中的数据
train_batch, train_label_batch = input_data.get_batch(train_img, train_label,
                                    IMG_W, IMG_H, BATCH_SIZE, CAPACITY)

# 调用 model()方法得到返回值，进行变量赋值
train_logits = model.cnn_inference(train_batch, BATCH_SIZE, N_CLASSES)
train_loss = model.losses(train_logits, train_label_batch)
train_op = model.training(train_loss, learning_rate)
train_acc = model.evaluation(train_logits, train_label_batch)

# 将所有 summary 全部保存到磁盘，以便 tensorboard 显示
summary_op = tf.summary.merge_all()

accuracy_list = []   # 记录准确率(每 50 步存一次)
loss_list = []       # 记录损失值(每 50 步存一次)
step_list = []       # 记录训练步数(每 50 步存一次)


with tf.Session() as sess:
    # 变量初始化，如果存在变量则是必不可少的操作
    sess.run(tf.global_variables_initializer())

    # 用于向 logs_train_dir 写入 summary(训练)的目标文件
    train_writer = tf.summary.FileWriter(logs_train_dir, sess.graph)
    # 用于存储训练好的模型
```

```
saver = tf.train.Saver()

# 队列监控 (训练的 batch 数据用到了队列)
# 创建线程协调器
coord = tf.train.Coordinator()
threads = tf.train.start_queue_runners(sess = sess, coord = coord)

try:
    # 执行 MAX_STEP 步的训练,一步一个 batch
    for step in np.arange(MAX_STEP):
        # 队列中的所有数据已被读出,无数据可读时终止训练
        if coord.should_stop():
            break

        # 在会话中才能读取 tensorflow 的变量值
        _op, tra_loss, tra_acc = sess.run([train_op, train_loss, train_acc])

        # 每隔 50 步打印一次当前的 loss 以及 acc, 同时记录 log, 写入 writer
        if step % 50 == 0:
            print('Step %d, train loss = %.2f,
                    train accuracy = %.2f%%' % (step, tra_loss, tra_acc * 100.0))
            # 调用 sess.run(),生成的训练数据
            summary_train = sess.run(summary_op)
            # 将训练过程及训练步数保存
            train_writer.add_summary(summary_train, step)

        # 每隔 100 步画图,记录训练的准确率和损失值的节点
        if step % 100 == 0:
            accuracy_list.append(tra_acc)
            loss_list.append(tra_loss)
            step_list.append(step)

        # 每隔 5000 步,保存一次训练好的模型 (即:训练好的模型的参数保存下来)
        if step % 5000 == 0 or (step + 1) == MAX_STEP:
            # ckpt 文件是一个二进制文件,它把变量名映射到对应的 tensor 值
            checkpoint_path = os.path.join(logs_train_dir, 'model.ckpt')
            saver.save(sess, checkpoint_path, global_step = step)

    plt.figure()  # 建立可视化图像框
    # 蓝线为准确率 红虚线为损失值
    plt.plot(step_list, accuracy_list, color = 'b', label = 'cnn_accuracy')
    plt.plot(step_list, loss_list, color = 'r', label = 'cnn_loss',
            linestyle = 'dashed')
    # x 轴取名 Step, y 轴取名 Accuracy/Loss, 给图加上图例
    plt.xlabel("Step")
    plt.ylabel("Accuracy/Loss")
    plt.legend()
    plt.show()

except tf.errors.OutOfRangeError:
```

```
    print('Done training -- epoch limit reached')
finally:
    # 停止所有线程
    coord.request_stop()

# 等待所有线程结束,关闭会话
coord.join(threads)
sess.close()
```

运行"training.py"文件代码训练模型,由于训练图像 25000 张,训练时间比较长,请耐心等待训练完成。训练完成后,生成模型文件并保存到"log"文件夹中,结果如图 8-11 所示。

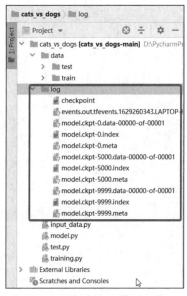

图 8-11　保存生成模型文件

8.7　测试模型

训练模型完成后,生成模型文件并保存到"log"文件夹中,在测试阶段中调用训练好的模型对任意一幅图像进行预测。通过编写具体代码实现预测,对应文件名为"test.py",其具体代码如下。

```
# -----预测图像-----
import tensorflow as tf
from PIL import Image
import matplotlib.pyplot as plt
import input_data
import model
```

```
import numpy as np


def get_one_image(img_list):
    """
        输入：
            img_list：图像路径列表
        返回：
            image：从图像路径列表中随机挑选的一幅图像
    """
    # 获取文件夹下图像的总数
    n = len(img_list)
    # 从 0~n 中随机选取下标
    ind = np.random.randint(0, n)
    # 根据下标得到一张随机图像的路径
    img_dir = img_list[ind]

    # 打开 img_dir 路径下的图像，改变图像的大小，设置宽和高都为 208 像素
    image = Image.open(img_dir)
    image = image.resize([208, 208])
    # 转成多维数组，向量的格式
    image = np.array(image)
    return image



def evaluate_one_image():
    # 修改成自己测试集的文件夹路径
    test_dir = 'data/test/'

    # 获取测试集的图像路径列表
    test_img = input_data.get_files(test_dir)[0]
    # 从测试集中随机选取一幅图像
    image_array = get_one_image(test_img)

    # 将这个图设置为默认图，会话设置成默认对话，这样在 with 语句外面也能使用这个会话执行
    with tf.Graph().as_default():
        # 这里我们要输入的是一幅图像(预测这幅随机图像)
        BATCH_SIZE = 1
        # 还是二分类(猫或狗)
        N_CLASSES = 2

        # 将列表转换成 tf 能够识别的格式
        image = tf.cast(image_array, tf.float32)
        # 图像标准化处理
        image = tf.image.per_image_standardization(image)
        # 改变图像的形状
        image = tf.reshape(image, [1, 208, 208, 3])
        # 得到神经网络输出层的预测结果
        logit = model.cnn_inference(image, BATCH_SIZE, N_CLASSES)
        # 进行归一化处理（使得预测概率之和为1）
```

```
logit = tf.nn.softmax(logit)

# x 变量用于占位，输入的数据要满足这里定的 shape
x = tf.placeholder(tf.float32, shape = [208, 208, 3])

# 修改成自己训练好的模型路径
logs_train_dir = 'log/'
saver = tf.train.Saver()

with tf.Session() as sess:
    print("从指定路径中加载模型...")
    # 读取路径下的 checkpoint
    ckpt = tf.train.get_checkpoint_state(logs_train_dir)
    # 载入模型，不需要提供模型的名字，会通过 checkpoint 文件定位到最新保存的模型
    # checkpoint 存在且其存储的变量不为空
    if ckpt and ckpt.model_checkpoint_path:
        # 通过切割获取 ckpt 变量中的步长
        global_step =
        ckpt.model_checkpoint_path.split('/')[-1].split('-')[-1]
        # 当前会话中，恢复该路径下模型的所有参数（即调用训练好的模型）
        saver.restore(sess, ckpt.model_checkpoint_path)
        print('模型加载成功，训练的步数为：%s' % global_step)
    else:
        print('模型加载失败，checkpoint 文件没找到！')


    # 通过 saver.restore() 恢复了训练模型的参数（即：神经网络中的权重值）
    # 这样 logit 才能得到想要的预测结果
    # 执行 sess.run() 才能运行，并返回结果数据
    # 输入随机抽取的那幅图像数据，得到预测值
    prediction = sess.run(logit, feed_dict = {x: image_array})
    # 获取输出结果中最大概率的索引（下标）
    max_index = np.argmax(prediction)
    # 下标为 0，则为猫，并打印图像是猫的概率；下标为 1，则为狗，并打印图像是狗的概率
    if max_index == 0:
        pre = prediction[:, 0][0] * 100
        print('图像是猫的概率为：{:.2f}%'.format(pre))
        type = '猫'
    else:
        pre = prediction[:, 1][0] * 100
        print('图像是狗的概率为：{:.2f}%'.format(pre))
        type = '狗'

# 设置图像标题、字体
img_title = '图像是'+type+'的概率为：{:.2f}%'.format(pre)
font = {'family': 'SimHei', 'weight': 'bold', 'size': '18'}
plt.rc('font', **font)
plt.title(img_title, color = 'red')
# 接收图像并处理，显示图像
plt.imshow(image_array)
plt.show()
```

```
if __name__ == '__main__':
    # 调用方法，开始测试
    evaluate_one_image()
```

运行 "test.py" 文件代码，从测试集中随机抽取一幅图像进行猫狗预测，并给出预测概率值，结果如图 8-12 所示。

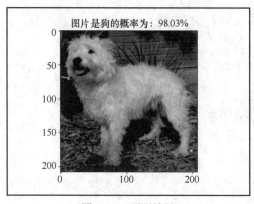

图 8-12　预测结果

第9章 基于 NLTK 实现文本数据处理

本章首先讨论文本数据处理的概念和中英文的文本数据处理方法，然后进行文本案例的分析，最后介绍自然语言处理的应用相关知识。文本数据分析处理是自然语言处理的基础，自然语言处理关注的是人类的自然语言与计算机设备之间的相互关系。

对于已具备相关知识的读者，可以有选择地学习本章的有关部分。

本章的主要内容如下。

（1）文本数据处理的相关概念。

（2）中英文在文本数据处理中的不同之处。

（3）文本数据处理的关键技术实现。

9.1 文本数据处理的相关概念

9.1.1 常用的文本数据处理技术

文本数据处理指对文本的表示及其特征项的选取；文本数据处理是文本挖掘、信息检索的一个基本问题，它把从文本中抽取出的特征词进行量化以表示文本信息。常用的文本数据处理技术包括以下几种。

词条化，即形态学分割。所谓的词条化，就是把单词分成单个语素，并识别词素的种类。这项任务的难度在很大程度上取决于所考虑语言的形态（即单词结构）的复杂性。英语具有相当简单的形态，因此单词的所有可能形式常常可以简单地作为单独的单词进行建模。单词是表达完整意义的最小单位，分词之后，也可以将复杂的文本分析问题转换为数学问题，而将问题转换成数学问题，就是很多机器学习算法可以解决复杂问题的基础。

词性标注，即给定一个句子，确定每个单词的词性。自然语言中有很多词，尤其是普通词，会有多种词性。例如，英语中"book"可以是名词或动词（作为动词时的意思为"预订"），"set"可以是名词、动词或形容词，"out"可以是 5 种不同词类中的任何一种。

词干还原，即将不同词形的单词还原成其原型。英文文档中经常会使用一些单词的不同形态，例如单词"observe"，可能以"observe""observers""observed""observer"出现，它们都是具有相同或相似意义的单词族，因此，我们希望将这些不同的词形转换为其原型"observe"。在自然语言处理中，提取这些单词的原型在我们进行文本信息统计的时候是非常有帮助的，后文中我们将介绍如何使用 NLTK 等工具来实现词干还原。

词形归并，和词干还原的目的一样，也是将单词的不同词形转换为其原型。但是当词干还原算法简单粗略地去掉"小尾巴"的时候，我们经常会得到一些无意义的结果，例如"wolves"被还原成"wolv"。而词形归并则利用词汇表及词形分析方法返回词的原型，即归并变形词的结尾，例如"ing"或者"es"，获得单词的原型。例如对单词"wolves"进行词形归并，将得到"wolf"输出。

句法分析，即确定给定句子的句法树（语法分析）。自然语言的语法是模糊的，一个普通的句子可能有多种不同的解读结果。目前主流的句法分析有两种技术，即依赖句法分析和选区句法分析。依赖句法分析致力于分析句子中单词之间的关系（标记诸如主语和谓语之间的关系），选区句法分析则侧重于使用概率来构造解析树。

指代消解。代词是用来代替重复出现的名词，一般在语言学及日常用语中，我们把在后文采用简称或代称来代替前文已经出现的某一词语的情况称为"指代现象"。将代表同一实体的不同指称划分到一个等价集合（指代链）的过程称为指代消解。举个例子，精益制造参加了进出口博览会，公司负责人张明表示参加进博会对精益制造很重要，他说："进博会对公司而言，是史无前例的商机、难能可贵的体验。"这句话里"精益制造""张明"是真正的实体，称为先行语，"公司""他"是指代词（称为照应语）。这个例子中的公司指的是精益制造，人们可以很容易理解这里的指代关系，但计算机理解起来较为困难。

断句，即给定一大块文本，找出句子的边界。句子边界通常用句点或其他标点符号来标记，但这些相同的字符特殊情况下也会用于其他目的。

9.1.2 中英文的文本数据处理方法对比

英文是一种形合的语言，中文是一种意和的语言。在字面意义和逻辑表达上，中英文存在一些不同，下面对中英文的文本数据处理方法进行对比说明。

1. 中英文分词与分词粒度

英文分词比较简单，可通过空格和标点符号进行切分。中文句子由一串连续的词语构成，不包含分隔符，这些词语可能还具有多个意思。另外，中文分词还要考虑粒度问题，基于不同粒度的分词结果也会不同。这些因素使得中文分词比较困难。

比如"南京市长江大桥"可以被理解为"南京市|长江|大桥"，也可以被理解为"南京|市长|江大桥"，这两种切分后的意思都是正确的，那么到底怎么分？又比如"中国矿业大学"可切分为"中国矿业大学""中国矿业|大学"，"中国|矿业|大学"。在分词粒度上，分词粒度越大，其表义能力越强。在这句话中，最大分词粒度"中国矿业大学"可以完整地

表达出一个概念。而"中国|矿业|大学"这种属于"基本粒度词",一般而言,"基本粒度词"不可再分。在某些文字场景中,这种"基本粒度词"也可进一步切分,比如古代汉语中的"己所不欲勿施于人"可以被分为"己|所|不|欲|勿|施|于|人",每个单字也都有实际的意义,但对于"环境"而言,二字连在一起才有准确的意义,拆为"环"和"境"都不能单独表意。目前业界并没有一个公认的粒度标准,读者在对中文进行分词时就需要结合具体场景并选用合适的词库进行分词。

中文分词常见方法包含机械切分法(如正向/逆向最大匹配、双向最大匹配等)、统计切分方法(如隐马尔可夫模型、条件随机场)及基于深度神经网络的循环神经网络、长短期记忆网络等方法。随着深度学习技术的发展,神经网络可以自动学习文本中的特征,在某些场景下可以不再需要分词技术,有研究表明,使用深度神经网络技术在语言模型、机器翻译、句子匹配和文本分类 4 个任务上,不经过分词往往能得到较好的结果。但在关键词提取、命名实体识别、搜索引擎任务中,分词依然是十分重要的技术。

2. 中英文的多种形态

中文没有文字的形态变化,但英文单词存在多种形态变换。英文单词形态包括单复数、主/被动、时态变换等 16 种情况,因此相较于中文,英文的文本处理中包括特有的词形还原和词干提取部分。

词形还原是将一个词还原为一般形式(能表达完整语义),方法较为复杂。如 does、done、doing、did 这些词通过词性还原恢复成 do,potatoes、teeth 这些词转换为 potato、tooth 这些基本形态。

词干提取是抽取词的词干或词根形式(不一定能够表达完整语义)。英文单词内部都由若干个词素[词根和词缀(前缀或后缀)]构成,其中词根的原形称为词干。例如单词 evidence,e-是表示"出"意思的常用前缀,-ence 是名词常用后缀,vid 是表示"看"的词干,这些词素合并在一起就构成了该单词的含义(证据)。常见的英文词干提取算法包括 Lovins Stemming Algorithm、Porter Stemming Algorithm 和 Lancaster(Paice/Husk) Algorithm 等。

3. 词性标注方法的差异

词性是语言学的一个概念,词性标注本质上就是将语料库中的单词按词性分类。中英文的词性整体上比较相似,都可分为实词(如名词、动词、形容词等)和虚词(如副词、介词、连词等),使用方法也大同小异,如名词常用来表达一个物品,动词用来描述一个动作。一个词的词性是上下文相关的,例如"活跃"在作为"氛围"和作为"动作"时会被归入不同的词类。

中英文单词在词性上也有一些不同。比如英文中有一些中文没有的词性,如冠词和助动词。在英文中,冠词包含不定冠词、定冠词和零冠词,定冠词 the 后面通常会紧跟着出现句子的关键名词 + 介词短语。例如"Show me the bravery of your life",通过定冠词 the 的指示,很容易定位本句话的关键实词是 bravery。这些冠词本身并没有明确含义,但可以起到定位句子中的关键实词、判断实词种类(是否可数、是否为专有名词等)等指示作用,降低了计算机对英文进行语义理解的难度。其次,英文有着多种形态变换,包括词尾、时态、单复数等,因此英文语法词性划分比较明确,不易发生混淆的情况。

相较于英文单词词性的明确规范，中文单词的词性就复杂得多。我国著名的语言学家沈家煊先生曾提出"名动包含"理论，并基于这套理论形成了一整套方法论体系。"名动包含"理论可以通过一个例子说明："编程是门艺术"中的"编程"是名词，"他正在编程"中的"编程"就是一个动词。又如，在"讨论是为了制定教育改革计划"这句话中，可以按"讨论|是|为了|制定|教育|改革|计划"切分成 7 个词，每个词都可看作动词，同时谓语动词没有明显的位置标识，这给计算机理解这句话带来了困难。中文单词的词性的变化与语境的变化是息息相关的。

需要注意的是，不同词性标注工具的词性标注标识略有不同，读者在使用过程中，可以根据分词库的说明进行查看。常用的英文词性标注集有StanfordNLP的词性标记（英文）。常用的中文词性标注集包括人民日报标注语料库、北京大学词性标注集、中国科学院词性标注集、HanLP 词性标注集、StanfordNLP 的词性标记（中文）等。

9.2 文本数据处理关键技术应用

9.2.1 文本分词技术

文本分词也称为词法分析或分词标记化，是自然语言处理中的重要任务之一，旨在将连续的文本序列（如句子或段落）分割成有意义的基本单位，通常是词或子词（例如字母、音节或其他子单元）。分词是许多自然语言处理任务的前置步骤，如信息检索、文本分类、文本摘要等任务。

下面是一些常见的文本分词技术。

1. 基于规则的分词

基于规则的分词即使用事先定义好的规则和词典来进行分词，这些规则可以基于语言的语法规则，也可以基于单词的词性。例如，中文分词中可使用最大匹配算法或最短路径分词算法来根据已知词典进行分词。

最大匹配算法通过在字典中查找最长匹配的词语来进行分词。最大匹配算法的基本步骤如下。

步骤 1：将常见的词语构建成一个词典。这里的词典可以是人工定义的词典，也可以是从大规模文本中自动构建的词典。

步骤 2：从待分词的文本开始，从左向右逐字符进行扫描。

步骤 3：在词典中查找以当前字符开头的最长词语。如果找到，则将该词语作为一个词分出，并从扫描位置后移该词语的长度；如果找不到，将当前字符作为一个单字分出，并从扫描位置后移一个字符。

步骤 4：重复执行步骤 3，直到扫描完成，得到分词结果。

最大匹配算法应用起来简单快速，但对于一些新词、歧义词和未登录词等情况，其分词效果可能会有一定的限制。最大匹配算法通常会与其他分词方法结合使用，例如基于统计的方法，以提高分词的准确性和稳健性。

最短路径分词算法通过在字典中查找最短路径来进行分词。最短路径分词算法的基本步骤如下。

步骤 1：将常见的词语构建成一个词典。这里的词典可以是人工定义的词典，也可以是从大规模文本中自动构建的词典。

步骤 2：从待分词的文本开始，从左向右逐字符进行扫描。

步骤 3：在词典中查找以当前字符开头的所有词语，并记录下以这些词语结尾的所有可能的分词路径。

步骤 4：针对每个可能的分词路径，计算路径长度。路径长度可以通过词语的长度或其他相关的指标来衡量。

步骤 5：选择长度最短的路径作为当前位置的最佳分词结果，将该词语作为一个词分出，并从扫描位置后移该词语的长度。

步骤 6：重复执行步骤 3～步骤 5，直到扫描完成。

最短路径分词算法相较最大匹配算法在处理一些歧义情况时具有一定的优势，例如当一个字同时可以作为多个词的一部分时，最短路径分词算法可以通过计算路径长度来选择最合适的分词结果。但最短路径分词算法的计算复杂度较高，可能需要使用动态规划等方法进行优化。

2．基于统计的分词

基于统计的分词即使用统计模型来对文本进行分词，这些模型通常根据大规模的语料库训练得到。常见的方法包括隐马尔可夫模型和条件随机场等。

基于隐马尔可夫模型的分词技术是一种常用的统计分词方法。隐马尔可夫模型是一种统计模型，用于描述由一系列可观察的状态序列产生的观察序列。在文本分词中，状态序列可以看作分词的结果，而观察序列是未分词的文本。

隐马尔可夫模型的分词过程通常包括以下几个步骤。

步骤 1：建立状态集合，将文本进行标注，将每个字或词标注为开始、中间、结束或单字等不同的状态。

步骤 2：建立观察集合，将未分词的文本按照字或词进行划分，形成观察序列。

步骤 3：建立状态转移矩阵，统计标注文本中状态之间的转移概率。例如，一个开始状态之后跟着一个中间状态的概率。

步骤 4：建立观察生成概率矩阵，统计每个状态对应每个观察的生成概率。例如，一个中间状态生成一个观察（字或词）的概率。

步骤 5：使用维特比算法解码。给定一个未分词的观察序列，通过动态规划的方法，找到对应的最优状态序列。

步骤 6：根据最优状态序列进行分词。根据最优状态序列结果进行文本分割，得到最终的分词结果。

隐马尔可夫模型在文本分词中具有一定的优势，但也有一些局限性。例如，隐马尔可夫模型假设当前状态只依赖前一个状态，而在某些情况下，当前状态可能与前几个状态相关。此外，隐马尔可夫模型对未知词的处理相对困难，因此，近年来，基于深度学习的方法，如基于循环神经网络或 Transformer 等模型，已经取得了更好的分词效果。

3. 基于深度学习的分词

基于深度学习的分词即使用神经网络模型的深度学习算法，如循环神经网络或其变种（如长短期记忆网络）来学习分词模型。这些模型能够捕捉到上下文信息，对于有歧义或复杂的语言现象有较好的效果。

深度学习模型能够自动学习到输入数据的高级特征和模式，并在分词任务中发挥出色的效果。基于深度学习的分词具体步骤如下。

步骤 1：数据准备。准备训练数据集，其中包括已经标注好的分词文本。通常的分词数据集将每个词或每个字标注为是否为分词的边界。

步骤 2：特征提取。对训练数据集中的每个样本进行特征提取，这些特征可以是字符级别的嵌入表示、词级别的嵌入表示或者词性等特征。

步骤 3：构建模型。选择并构建适合于文本分词任务的深度学习模型。常用的模型包括循环神经网络、长短期记忆网络等。

步骤 4：模型训练。使用训练集对深度学习模型进行训练，通过最小化损失函数来优化模型的参数。

步骤 5：模型评估。使用测试集对训练好的模型进行评估，通常使用准确率、精确率、召回率、F1 值等指标来评估模型性能。

步骤 6：模型应用。使用训练好的模型对新的文本进行分词预测。模型将根据学习到的模式和特征，自动判断每个字符或词是否为分词的边界。

需要注意的是，神经网络模型的训练通常需要大量的标注数据，并且需要较长的训练时间。此外，模型的性能还会受到数据质量和模型架构的影响，因此，在使用基于深度学习的文本分词技术时，需要充分准备数据和选择合适的模型架构。

总之，文本分词是自然语言处理的重要一步，不同的语言和任务可能需要采用不同的分词技术和方法。

9.2.2　文本向量化技术

文本向量化是将文本数据转换为向量表示的过程。计算机无法直接处理文本数据，文本中的单词、字符或短语需要映射到向量空间中用数值表示，使得计算机可以对文本进行处理和分析。

文本向量化的目的是将文本数据转换为机器学习模型可以接受的数值输入。具代表性的文本向量化技术包括词袋（bag-of-words）模型和词向量（Word2Vec）模型等。

1. 词袋模型

词袋模型的基本思想是构建一个词袋向量空间，将文本数据经过分词后映射到这个词袋空间中，其关键步骤包括以下两个。

（1）使用词汇表构建词袋

词袋模型的词袋指用于存储文本中词汇的容器，也可以理解为构建的词汇表。一种常用的方法是根据语料库中所有的文本提取全部分词来构建，也可以通过关键词构建词袋或根据经验与任务需求自行构建。例如，考虑下面两条文本数据：

txt1 = "我们/今天/上课/非常/非常/开心"；

txt2 = "我们/今天/上课/很/伤心"。

使用所有的分词构建词汇表，可得到"我们/今天/上课/非常/很/开心/伤心"。

（2）使用词特征值构建词袋向量

计算文本的词特征值是将文本数据数值化的一种方式。通常可以采用以下 3 种编码方式获得文本的词特征值。

① One-Hot 编码：将词汇在文本中是否存在作为特征，一般使用 0 表示不存在，1 表示存在。以 One-Hot 编码构建的词袋向量可以表示如表 9-1 所示。

表 9-1　以 One-Hot 编码构建的词袋向量

文本	我们	今天	上课	非常	很	开心	伤心	向量
text1	1	1	1	1	0	1	0	[1,1,1,1,0,1,0]
text2	1	1	1	0	1	0	1	[1,1,1,0,1,0,1]

② Count 编码：将词汇在文本中出现的频数作为特征。以 Count 编码构建的词袋向量可以表示如表 9-2 所示。

表 9-2　以 Count 编码构建的词袋向量

文本	我们	今天	上课	非常	很	开心	伤心	向量
text1	1	1	1	2	0	1	0	[1,1,1,2,0,1,0]
text2	1	1	1	0	1	0	1	[1,1,1,0,1,0,1]

③ TF/TF-IDF 编码：将词汇的在文本中的词频（Term Frequency，TF）或者词频乘以逆文档频率（Inverse Document Frequency，IDF）的值作为特征。TF 指的是某一个给定的词语在一份给定的文本中出现的频率。IDF 可以由总文件数目除以包含该词语之文件的数目，再将得到的商取以 10 为底的对数得到。TF-IDF 即 TF×IDF，是使用逆文档频率指数加权的词频。例如，在只包含 text1 和 text2 的语料库中计算，"我们"的 TF 值为 1/6，IDF 值为 $\lg(2/2) = 0$，则 TF-IDF 值为 $1/6 \times 0 = 0$。TF-IDF 值表示该词在语料库中的显著性，如果一个词在所有的文本中都存在，那么它就不具备任务显著性，显然可以被忽略。以 TF-IDF 编码构建的词袋向量可以表示如表 9-3 所示。

表 9-3　以 TF-IDF 编码构建的词袋向量

文本	我们	今天	上课	非常	很	开心	伤心	向量
text1	0	0	0	0.10	0	0.05	0	[0,0,0,0.1,0,0.05,0]
text2	0	0	0	0	0.05	0	0.05	[0,0,0,0,0.05,0,0.05]

2．词向量模型

词向量模型是一种用于生成词向量的模型，它通过学习文本的语义和上下文关系来表示单词的分布式表达。分布式表达是一种表示方法，它将一个对象（如单词、短语、句子）表示为多维空间中的一个向量，其中向量的每个维度表示对象的某种特征或属性。分布式表示假设相似的对象在向量空间中的距离也是相似的，从而可以通过比较向量之间的距离来判断对象之间的相似度。

思考下面几个词语："爷爷""奶奶""爸爸""妈妈"，人们是如何理解这些词语的语义呢？一个简单的分布式表达可以通过年龄段和性别构造一个二维语义空间，具体如表 9-4 所示。

表 9-4　通过年龄段和性别构造的二维语义空间

性别	年龄段	
	0：中年	1：老年
0：女性	妈妈	奶奶
1：男性	爸爸	爷爷

对于年龄维度，用 0 和 1 表示中年和老年；对于性别维度，用 0 和 1 表示女性和男性，那么，以分布式表达构建的词向量可以表示如表 9-5 所示。

表 9-5　以分布式表达构建的词向量

词语	年龄段	性别	向量
爷爷	1	1	[1, 1]
奶奶	1	0	[1, 0]
爸爸	0	1	[0, 1]
妈妈	0	0	[0, 0]

依次类推，存在一个多维语义空间，可以将所有的词语用这个语义空间中的一个多维向量来表示，这种技术就叫作 Word2Vec。Word2Vec 是一种无监督学习算法，用于生成词向量的分布式表示，其核心思想是通过学习单词在上下文中的语义关系，将单词映射为连续的词向量。训练 Word2Vec 模型包括 CBOW 模型和 skip-gram 模型，如图 9-1 所示。

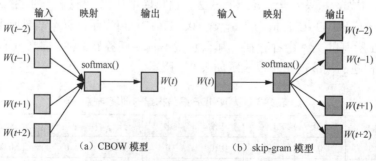

图 9-1　CBOW 模型和 skip-gram 模型

由图 9-1 可见，两个模型都包含 3 层：输入层、映射层和输出层。前者是在已知当前词 W_t 的上下文 W_{t-2}、W_{t-1}、W_{t+1}、W_{t+2} 的前提下预测当前词 W_t（CBOW 模型）；而 skip-gram 模型则恰恰相反，是在已知当前词 W_t 的前提下，预测其上下文 W_{t-2}、W_{t-1}、W_{t+1}、W_{t+2}。

（1）CBOW 模型

输入：语料库中的单词序列，即 $W(t-2)$、$W(t-1)$、$W(t+1)$、$W(t+2)$。

目标：根据给定的上下文单词，预测中心单词，即 $W(t)$。

步骤如下。

步骤 1：初始化词向量矩阵，为每个单词生成一个初始向量。

步骤 2：遍历语料库中的每个上下文单词。

步骤 3：对于每个上下文单词，选取一组中心单词作为训练样本，其中中心单词由上下文单词的窗口内的单词组成。

步骤 4：使用 softmax() 函数计算上下文单词和每个中心单词之间的概率，并最大化预测概率。

步骤 5：更新词向量矩阵，通过最大化预测概率来调整词向量的值。

重复执行步骤 2～步骤 5，直到模型收敛为止。

（2）skip-gram 模型

输入：语料库中的单词序列，即 $W(t)$。

目标：根据给定的中心单词，预测上下文单词。

步骤如下。

步骤 1：初始化词向量矩阵，为每个单词生成一个初始向量。

步骤 2：遍历语料库中的每个中心单词。

步骤 3：对于每个中心单词，选取一个上下文窗口内的单词作为训练样本，其中上下文单词由距中心单词一定距离内的单词组成。

步骤 4：使用 softmax() 函数计算中心单词和每个上下文单词之间的概率，并最大化预测概率。

步骤 5：更新词向量矩阵，通过最大化预测概率来调整词向量的值。

重复执行步骤 2～步骤 5，直到模型收敛为止。

在训练过程中，Word2Vec 模型通过多次迭代，不断更新词向量矩阵，使得词向量能够较好地表示单词之间的语义关系。最终训练完成后，我们可以根据训练得到的词向量进行各种自然语言处理任务，如文本分类、文本生成等。

9.2.3　关键词提取

关键词提取技术是自然语言处理中的一个重要任务，旨在自动从文本中提取出具有重要含义的关键词或短语。关键词提取在自然语言处理中有广泛的应用，主要如下。

信息检索：关键词提取可用于搜索引擎的查询处理，根据用户输入的关键词提取出相关的文档或网页。

文本摘要：通过提取文本中的关键词，可以辅助生成文本的摘要。例如提供文本的主要内容和概况，帮助用户快速了解文本的核心信息。

文本分类：关键词提取可用于构建文本分类模型的特征，通过提取文本中的重要关键词，为文本分配合适的类别或标签。

信息抽取：关键词提取可用于从非结构化文本中提取结构化信息，如从新闻文章中提取人名、地名、机构名等实体信息。

情感分析：关键词提取可以帮助确定文本中的主要情感词汇，从而更准确地判断文本的情感极性。

关键词标注：在文档处理和语义分析任务中，关键词提取可以为文本中的关键词标注相关的标签或主题词，方便后续的文本处理和分析。

总而言之，关键词提取在自然语言处理中可以提供对文本的概要理解和特征提取，为各种文本分析任务提供基础数据支持。

TextRank 是一种基于图模型的关键词提取算法。它将文本中的词语构建成一个图，（其中词语为节点，词语之间的共现关系为边），利用 PageRank 算法，计算每个节点的重要性得分，将重要性得分较高的词语认为是关键词。TextRank 算法考虑了词语之间的语义关系，能够提取出具有较高权重的关键词。

主题模型是一种基于概率图模型的关键词提取算法。它通过学习文本中的主题来提取关键词。主题是一组相关的词语的集合，可以代表文本的主题或意义。LDA、隐语义索引（latent samantic indexing，LSI）和 LSA 是 3 种常用的主题模型。LDA 是一种生成模型，用于通过推断潜在主题来分析文本数据。LDA 假设文本背后存在潜在的主题，并且每个文档可以由多个主题组合生成。LDA 通过统计推断模型参数来确定文档的主题分布和词语的主题分布。在关键词提取中，可以使用 LDA 模型来推断文档中主题的分布，并提取每个主题中的关键词作为文档的关键词。LSI 是一种基于 SVD 的主题模型。LSI 通过构建一个文档–词语矩阵，使用 SVD 来降维并捕捉文本中的潜在语义信息。在关键词提取中，LSI 将文本表示为词语的权重向量，然后对向量进行降维，提取出与文本主题相关的关键词。LSA 也是基于奇异值分解的主题模型，通过将文本数据表示为矩阵，并应用奇异值分解来获得潜在语义信息。在关键词提取中，LSA 可以将文本表示为词语的空间向量模型，并提取出具有较高权重的词语作为关键词。这些主题模型在关键词提取中可以帮助发现文本中的潜在主题，从而提取出有意义的关键词。

9.3 NLTK 环境搭建

9.3.1 NLTK 简介

为了解决人与计算机之间用自然语言无法有效通信的问题，基于机器学习的自然语言处理技术算法应运而生，其目标是开发出一组算法，以便可以用简单的英文和计算机交流。

这些算法通常挖掘文本数据的模式，以便可以从中得到文本内所蕴含的信息。人工智能公司大量地使用自然语言处理技术和文本分析来推送相关结果。自然语言处理技术常用的领域包括搜索引擎、情感分析、主题建模、词性标注、实体识别等。这一小节将介绍文本分析及如何从文本数据中提取有意义的信息。我们将大量用到 Python 中的 NLTK（natural language toolkit）模块，NLTK 是自然语言处理领域中常使用的模块，其处理的语言多为英文，因此后文采用英文案例。

NLTK 是构建 Python 程序以处理人类语言数据的领先平台。它为超过 50 个语料库和词汇资源（如 WordNet）提供了易于使用的接口，并提供了一套用于分类、标记化、词干、标注、解析和语义推理的文本处理库。

在进行接下来的学习之前，读者先确保设备上已经安装了 NLTK，没安装则可以参考 NLTK 官方文档的步骤。同时读者还需要安装 NLTK 数据，这些数据中包含很多语料和训练模型，是自然语言处理分析中不可分割的一部分。

9.3.2　NLTK 的安装与使用

首先，安装 NLTK，代码如下。

```
pip install nltk == 3.5.0
```

然后测试 NLTK，代码如下。

```
#进入 Python 交互界面，输入
>>> import nltk
>>> import nltk.book
```

运行后得到的提示错误如下。

```
*** Introductory Examples for the NLTK Book ***
…
LookupError:
**********************************************************
  Resource gutenberg not found.
 …
  Searched in:
    - 'C:\\Users\\DELL/nltk_data'
    - 'E:\\vscode\\MLtextbookoptimization\\mloptenv\\nltk_data'
    - 'E:\\vscode\\MLtextbookoptimization\\mloptenv\\share\\nltk_data'
    - 'E:\\vscode\\MLtextbookoptimization\\mloptenv\\lib\\nltk_data'
    - 'C:\\Users\\DELL\\AppData\\Roaming\\nltk_data'
    - 'C:\\nltk_data'
    - 'D:\\nltk_data'
    - 'E:\\nltk_data'
**********************************************************
```

在错误提示中，Searched in 后面一系列路径就是 NLTK 会自动加载 NLTK 数据的位置。读者可以手动从 GitHub 地址下载数据（位于 packages 中），存储到以上的任一路径即可。本书放到 E:\\nltk_data 中。

数据下载后，将 packages 目录复制到 E 盘根目录，并将 packages 重命名为 nltk_data。再次测试 NLTK，代码如下。

```
#进入 Python 交互界面，输入
```

```
>>> import nltk
>>> import nltk.book
```

运行正常，表示数据集本地安装完成。

需要注意的是，如果在运行代码中依然提示如下的错误：

```
>Resource punkt not found.
  Please use the NLTK Downloader to obtain the resource:

  >>> import nltk
  >>> nltk.download('punkt')
```

那么需要将 E:\\nltk_data 下的某些路径下的部分数据手动解压，如将 E:\nltk_data\tokenizers 下的 punkt.zip 解压到当前路径即可。本部分基于 Windows 操作系统安装了 NLTK，并将 NTLK 数据集下载到本地，Linux 系统的解决办法基本类似。

9.4　NTLK 实现词条化

人为定义好文档的词条单位。所谓的词条化，是将给定的文档拆分为一系列最小单位的子序列过程，其中的每一个子序列称为词条（token）。例如，当把文档的词条单位定义为词汇或者句子的时候，我们可以将一篇文档分割为一系列的句子序列以及词汇序列。后面我们将使用 NLTK 实现词条化，此处我们将会使用到 sent_tokenize()、word_tokenize()、Word PunctTokenizer()这 3 种不同的词条化方法，输出的结果为包含多个词条的列表。具体如下。

在 Python 解析器中创建一个 text 字符串，作为样例的文本，代码如下。

```
text = "Are you curious about tokenization? Let's see how it works! We need to
        analyze a couple of sentences with punctuations to see it in action."
```

加载 NLTK，代码如下。

```
from nltk.tokenize import sent_tokenize
```

调用 sent_tokenize()方法，对 text 文本进行词条化，代码如下。sent_tokenize()方法是以句子为分割单位的词条化方法。

```
sent_tokenize_list = sent_tokenize(text)
```

输出结果。

```
print ("\nSentence tokenizer:")
print (sent_tokenize_list)
```

调用 NLTK 的 word_tokenize()方法，对 text 文本进行词条化，代码如下。word_tokenize()方法是以单词为分割单位的词条化方法。

```
from nltk.tokenize import word_tokenize
print ("\nWord tokenizer:")
print (word_tokenize(text))
```

调用 WordPunctTokenizer()方法。使用这种方法时，我们将会把标点作为保留对象，代码如下。

```
from nltk.tokenize import WordPunctTokenizer
word_punct_tokenizer = WordPunctTokenizer()
print ("\nWord punct tokenizer:")
```

```
print (word_punct_tokenizer.tokenize(text))
```

3 种不同的词条化方法输出结果如图 9-2 所示。

```
Sentence tokenizer:
['Are you curious about tokenization?', "Let's see how it works!", 'We need to analyze a couple of senten
ces with punctuations to see it in action.']

Word tokenizer:
['Are', 'you', 'curious', 'about', 'tokenization', '?', 'Let', "'s", 'see', 'how', 'it', 'works', '!', 'W
e', 'need', 'to', 'analyze', 'a', 'couple', 'of', 'sentences', 'with', 'punctuations', 'to', 'see', 'it',
 'in', 'action', '.']

Word punct tokenizer:
['Are', 'you', 'curious', 'about', 'tokenization', '?', 'Let', "'", 's', 'see', 'how', 'it', 'works', '!'
, 'We', 'need', 'to', 'analyze', 'a', 'couple', 'of', 'sentences', 'with', 'punctuations', 'to', 'see',
'it', 'in', 'action', '.']
```

图 9-2　3 种不同的词条化方法输出结果

第10章 基于深度学习识别 Fashion MNIST 数据集

本章用之前讨论的机器学习算法来解决分类、回归、标注和聚类等问题，解决思路是"人工提取特征+模型"。也就是说，在训练模型之前需要先通过特征工程提取特征。而提取出合适的特征并不是一件容易的事情，尤其是在图像、文本、语音等领域。即使是成功的模型，也难以推广应用。

在以神经网络为基础的深度学习为特征提取问题提供了有效的解决方法之后，机器学习得以迅速发展，并得到了广泛应用。深度学习带来的革命性变化弥合了从底层具体数据到高层抽象概念之间的鸿沟，使得学习过程可以自动从大量训练数据中学习特征，不再需要过多的人工干预，实现了端到端学习。

深度学习是一种使用包含复杂结构的多个处理层对数据进行高层次抽象的算法，是机器学习的一个重要分支。本章主要介绍深度学习相关的概念和主流框架，重点介绍 CNN 和 RNN 的理论、整体结构以及常见应用，最后以 CNN 识别手写数字为例，说明算法应用过程。

10.1 CNN 简介

CNN 受人类视觉神经系统的启发，最擅长的就是图像的处理。CNN 有以下 2 个特点。

① 能够有效地将大数据量的图像降维成小数据量。

② 能够有效地保留图像特征，符合图像处理的原则。

目前 CNN 已经在很多领域得到了广泛的应用，如人脸识别、自动驾驶、安防等领域。典型的 CNN 由卷积层、池化层、全连接层 3 个部分构成。

10.1.1 多层感知机和 CNN

上一章我们介绍了基于多层感知机技术搭建能够识别手写体的模型，在该模型中，输入的是 28 像素 × 28 像素的图像。它是一组多维的数组，为了让模型能够处理，需要转换成一组向量，这个转换会让空间局部性消失。而 CNN 不需要进行上面这些处理，它可以保存完整空间信息，并且可以提取完整特征。

10.1.2　CNN

在卷积运算过程中，要定义一个大小为 $F \times F$ 的矩阵，即卷积核。该矩阵又称为感受野，过滤器。过滤器和输入层两者的深度一致，记为 d，其长、宽、深组成的矩阵是 $F \times F \times d$。从数学上看，过滤器是 d 个 $F \times F$ 的矩阵。实际应用中，每个模型会有不同数量的过滤器，个数记为 K，每一个 K 包含 d 个 $F \times F$ 的矩阵。

卷积过程如图 10-1 所示。

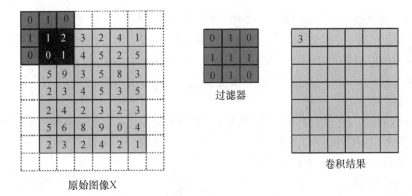

图 10-1　卷积过程

10.2　LeNet-5 网络模型

LeNet-5 是由"卷积网络之父" Yann LeCun 设计的，是较早的 CNN 之一，该神经网络极大地推动了深度学习的发展。LeNet-5 是高效的手写体识别 CNN，当年美国大多数银行就是用它来识别支票上面的手写数字，它的网络结构如图 10-2 所示。

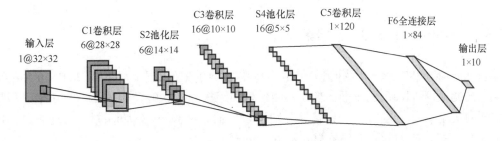

图 10-2　LeNet-5 的网络结构

LeNet-5 网络共有 7 层（不包括输入层），每层有多个特征图，每个特征图通过一种卷积滤波器提取输入的一种特征。

（1）输入层输入图像的大小为 32 像素 × 32 像素，这要比 MNIST 数据库中的最大字母（28 像素 × 28 像素）还大。这样做的目的是希望潜在的明显特征，比如笔画断续、角点等能够出现在最高层特征监测子感受野的中心。

（2）C1 卷积层，由 6 个特征图组成。每一个特征图中的每个神经元与输入中 5×5 的区域相连（也就是滤波器的大小），特征图的大小为 28×28（$32 - 5 + 1 = 28$）。这么做可防止原图像输入的信息掉到卷积核边界之外。

（3）S2 池化层：池化层又称下采样层。下采样的作用是利用图像的局部相关性原理，对图像进行子抽样，可以减少数据处理量，同时又保留有用的信息。池化的大小定为 2×2，输出特征图大小为 14×14（$28 / 2$），池化后得到 6 个 14×14 的特征图，作为下一层神经元的输入。

（4）C3 卷积层：同样地，该层滤波器的大小为 5×5，和 S2 卷积层进行卷积运算，得到的特征图的大小为 10×10。每一个特征图中包含 10×10 个神经元。C3 层有 16 个不同的滤波器，所以会得到 16 个不同的特征图。

（5）S4 池化层：由 16 个 5×5 的特征图组成，特征图中每个单元与 C3 中相应的特征图的 2×2 邻域相连。

（6）C5 卷积层：这一层有 120 个特征图，每个单元与 S4 层的全部的 16 个 5×5 的邻域相连。S4 的特征图的大小也是 5×5，这一层的过滤器大小也是 5×5，所以，C5 的特征图的大小为 1×1（$5 - 5 + 1 = 1$）。

（7）F6 全连接层：该层有 84 个节点。

（8）输出层：该层和 F6 层全连接，共有 10 个节点，分别代表数字 0~9，如果节点 i 的输出值为 0，则网络识别的结果是数字 i。

CNN 可以完整保存数据信息，不需要像多层感知机模型那样把多维数据降低到一维数据 784 个元素再输入。CNN 可以直接用多维数组的数据类型作为输入，输入的数据格式为 $28 \times 28 \times 1$，表示 28 像素 × 28 像素的单通道图像。

10.3 Fashion MNIST 数据集

10.3.1 Fashion MNIST 数据集简介

Fashion-MNIST 是一个替代 MNIST 手写数据集的图像数据集，涵盖了来自 10 种类别的共 70000 幅不同商品的正面图像，其中包含训练集 60000 幅及测试集 10000 幅，都是 28×28 的灰度图像。这 10 个类别标签分别是 0-T 恤、1-裤子、2-套头衫、3-连衣裙、4-外套、5-凉鞋、6-衬衫、7-帆布鞋、8-包、9-短靴。

10.3.2　数据集的下载与使用

下载数据集通过 mnist.fashion_mnist()方法，调用该方法，系统自动检测用户目录是否存在该数据集，如果有，直接加载；如果没有，它会连接到默认的网址下载。如果下载，则需要等待比较长的时间。

```python
# 导入需要使用的包
import numpy as np
import pandas as pd
from keras.utils import np_utils
from keras.datasets import fashion_mnist
import matplotlib.pyplot as plt
from matplotlib.font_manager import FontProperties
import keras


# 下载数据集
(X_train_image,y_train_label),(X_test_image,y_test_label) = fashion_mnist.load_data()
# 将标签映射到图像，比较方便查看物品属性
CLASSES_NAME = ['T恤', '裤子', '套头衫', '连衣裙', '外套',
                '凉鞋', '衬衫', '帆布鞋','包', '短靴']
```

10.3.3　查看 Fashion_MNIST 数据集

为了更好了解数据集，需要先把数据展现出来。下面，先定义几个显示数据的函数，代码如下。

```python
font_zh = FontProperties(fname = './fz.ttf')
# 定义一个可输出图像和数字的函数
def show_image(images, labels, idx, alias = []):
    fig = plt.gcf()
    plt.imshow(images[idx], cmap = 'binary')
    if alias:
        plt.xlabel(str(CLASSES_NAME[labels[idx]]), fontproperties = font_zh,
                   fontsize = 15)
    else:
        plt.xlabel('label:' + str(labels[idx]), fontsize = 15)
    plt.show()

# 定义一个可输出多个图像和数字的函数
def show_images_set(images, labels, prediction, idx, num = 15, alias = []):
    fig = plt.gcf()
    fig.set_size_inches(14, 14)
    for i in range(0, num):
        color = 'black'
        tag = ''
        ax = plt.subplot(5, 5, 1 + i)
        ax.imshow(images[idx], cmap = 'binary')
        if len(alias)>0:
```

```
            title = str(CLASSES_NAME[labels[idx]])
        else:
            title = "label:" + str(labels[idx])
        if len(prediction)>0:
            if prediction[idx] != labels[idx]:
                color = 'red'
                tag = 'x'
            if alias:
                title += "("+str(CLASSES_NAME[prediction[idx]])+")" + tag
            else:
                title += ",predict = "+str(prediction[idx])
        ax.set_title(title, fontproperties = font_zh, fontsize = 13, color = color)
        ax.set_xticks([])
        ax.set_yticks([])
        idx += 1
    plt.show()
```

show-images-set 的作用是可视化展现训练集数据。它需要输入的参数有两个：一个是预测结果数据集 prediction（暂时设为空），另一个是遍历开始位置 idx，默认为 10 项。下面查看训练集的前 15 项数据，代码如下。得到的结果如图 10-3 所示。

```
show_images_set(images = X_train_image, labels = y_train_label, prediction = [],
idx=10, alias=CLASSES_NAME)
```

图 10-3　训练集的数据

10.4　搭建模型识别 Fashion MNIST 数据集

下面介绍搭建识别模型的过程。

10.4.1　数据初始化处理

我们先对数据进行一些初始化处理，包括加载数据、划分数据集、归一化处理等，代码如下。

```
import numpy as np
from keras.utils import np_utils
from keras.datasets import mnist
import pandas as pd
import matplotlib.pyplot as plt
from keras.models import Sequential
from keras.layers import Dense, Dropout, Flatten, Conv2D, MaxPooling2D, Activation

# 加载数据集
(X_train_image,y_train_label),(X_test_image,y_test_label) = fashion_mnist.load_data()
# 图像转换成向量的处理
x_Train4D = X_train_image.reshape(X_train_image.shape[0], 28, 28, 1).astype('float32')
x_Test4D = X_test_image.reshape(X_test_image.shape[0], 28, 28, 1).astype('float32')
# 图像归一化处理
x_Train4D_normalize = x_Train4D / 255
x_Test4D_normalize = x_Test4D / 255
# 标签 One-Hot 编码处理
y_TrainOneHot = np_utils.to_categorical(y_train_label)
y_TestOneHot = np_utils.to_categorical(y_test_label)

# 设置模型参数和训练参数
# 分类的类别
CLASSES_NB = 10
# 模型输入层数量
INPUT_SHAPE = (28, 28, 1)
# 验证集划分比例
VALIDATION_SPLIT = 0.2
# 训练周期，这边设置 10 个周期即可
EPOCH = 20
# 单批次数据量
BATCH_SIZE = 300
# 训练 LOG 打印形式
VERBOSE = 1
# 将标签映射到图像，比较方便查看物品属性
CLASSES_NAME = ['T 恤', '裤子', '套头衫', '连衣裙', '外套',
                '凉鞋', '衬衫', '帆布鞋','包', '短靴']
```

10.4.2　搭建 LeNet-5 模型

搭建模型的代码如下。在这个过程中，我们需要给模型添加多个网络层，如 Conv2D 层、池化层、扁平层等。

```
model = Sequential()
model.add(Conv2D(filters = 6,
                 kernel_size = (5, 5),
                 strides = (1, 1),
                 input_shape = (28, 28, 1),
                 padding = 'valid',
                 kernel_initializer = 'uniform'))
```

```
model.add(Activation('relu'))
model.add(MaxPooling2D(pool_size = (2, 2)))

model.add(Conv2D(16,
                 kernel_size = (5, 5),
                 strides = (1, 1),
                 padding = 'valid',
                 kernel_initializer = 'uniform'))
model.add(Activation('relu'))
model.add(MaxPooling2D(pool_size = (2, 2)))

model.add(Flatten())
model.add(Dense(120))
model.add(Activation('relu'))
model.add(Dense(84))
model.add(Activation('relu'))
model.add(Dense(CLASSES_NB))
model.add(Activation('softmax'))
model.compile(optimizer = 'sgd', loss = 'categorical_crossentropy',
              metrics = ['accuracy'])
model.summary()
```

得到的模型结构如图 10-4 所示。

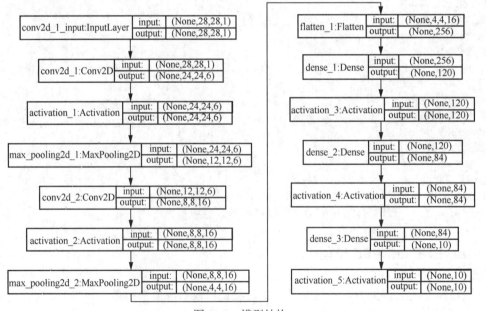

图 10-4　模型结构

10.4.3　训练与评估模型

将参数传入 fit()方法，训练模型，并显示训练过程，代码如下。

```
train_history = model.fit(x = x_Train4D_normalize,
```

```
                              y = y_TrainOneHot, validation_split = VALIDATION_SPLIT,
                              epochs = EPOCH, batch_size = BATCH_SIZE, verbose = VERBOSE)
```

输出结果如下。

```
Train on 48000 samples, validate on 12000 samples
Epoch 1/20
48000/48000 [==============================] - 24s 493us/step - loss: 2.2980 -
acc: 0.2162 - val_loss: 2.2907 - val_acc: 0.2464
...
Epoch 19/20
48000/48000 [==============================] - 20s 427us/step - loss: 0.5497 -
acc: 0.7938 - val_loss: 0.5640 - val_acc: 0.7896
Epoch 20/20
48000/48000 [==============================] - 20s 417us/step - loss: 0.5529 -
acc: 0.7919 -
```

训练完成后，模型训练结果通过以下代码显示。

```
# 定义绘制训练过程的函数图像
def show_train_history(train_history,train,validation):
    plt.plot(train_history.history[train])
    plt.plot(train_history.history[validation])
    plt.title('Train history')
    plt.ylabel(train)
    plt.xlabel('Epoch')
    plt.legend(['train','validation',],loc = 'upper left')
    plt.show()
#使用绘制函数绘制出准确率图像
show_train_history(train_history,'acc','val_acc')
#使用绘制函数绘制出误差率图像
show_train_history(train_history,'loss','val_loss')

scores = model.evaluate(x_Test4D_normalize, y_TestOneHot)
print(scores[1])
10000/10000 [==============================] - 2s 239us/step
0.8073
# 保存训练好的模型权重
model.save('mnist_model_v2.h5')
```

运行结果如图 10-5 所示。

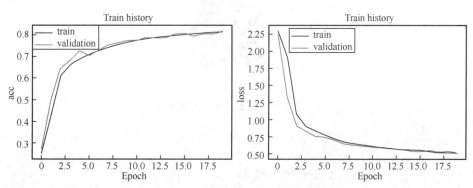

图 10-5 准确率与误差率图像

10.4.4 卷积输出可视化

借助可视化的方式，能够更清楚地了解处理图像的过程，代码如下。

```
# 读取上面保存好的模型
from keras.models import load_model
model_v2 = load_model('mnist_model_v2.h5')
from keras.models import Model
# 定义获取某一层中预测的结果函数
def get_layer_output(model, layer_name, data_set):
    try:
        out = model.get_layer(layer_name).output
    except:
        raise Exception('Error layer named {}!'.format(layer_name))

    conv1_layer = Model(inputs = model.inputs, outputs = out)
    res = conv1_layer.predict(data_set)
    return res
# 定义显示预测结果的函数
def show_layer_output(imgs, r = 1, c = 7):
    fig = plt.gcf()
    fig.set_size_inches(12, 14)
    length = imgs.shape[2]
    for _ in range(length):
        show_img = imgs[:, : , _]
        show_img.shape = imgs.shape[:2]
        plt.subplot(r, c, _ + 1)
        plt.imshow(show_img)
    plt.show()
```

随机选择其中一件 T 恤作为样本，展现该图像在各层网络中的图像，如图 10-6 所示。

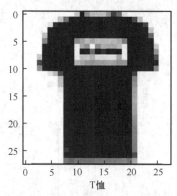

图 10-6　T 恤样本展现图像

```
show_image(X_train_image, y_train_label, 1, CLASSES_NAME)
# 获取第一个卷积层中计算过程的图像
conv2d_1 = get_layer_output(model_v2, "conv2d_1", x_Test4D)[1]
activation_1 = get_layer_output(model_v2, "activation_1", x_Test4D)[1]
```

```
max_pooling2d_1 = get_layer_output(model_v2, "max_pooling2d_1", x_Test4D)[1]

# 获取第二个卷积层中计算过程的图像
conv2d_2 = get_layer_output(model_v2, "conv2d_2", x_Test4D)[1]
activation_2 = get_layer_output(model_v2, "activation_2", x_Test4D)[1]
max_pooling2d_2 = get_layer_output(model_v2, "max_pooling2d_2", x_Test4D)[1]
# 卷积层 1 过程
show_layer_output(conv2d_1)
```

卷积层 1 过程如图 10-7 所示。

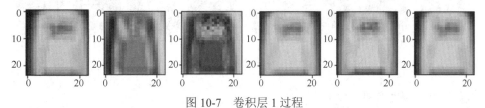

图 10-7　卷积层 1 过程

激活函数 1 过程如图 10-8 所示。

```
show_layer_output(activation_1)
```

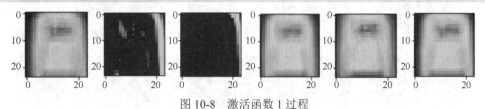

图 10-8　激活函数 1 过程

池化层 1 过程如图 10-9 所示。

```
show_layer_output(max_pooling2d_1)
```

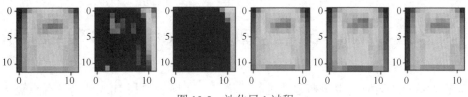

图 10-9　池化层 1 过程

卷积层 2 过程如图 10-10 所示。

```
show_layer_output(conv2d_2, r = 8, c = 8)
```

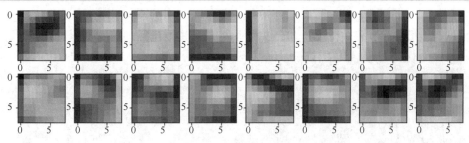

图 10-10　卷积层 2 过程

激活函数 2 过程如图 10-11 所示。

```
show_layer_output(activation_2, r = 8, c = 8)
```

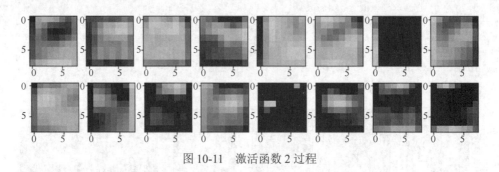

图 10-11　激活函数 2 过程

池化层 2 过程如图 10-12 所示。

```
show_layer_output(max_pooling2d_2, r = 8, c = 8)
```

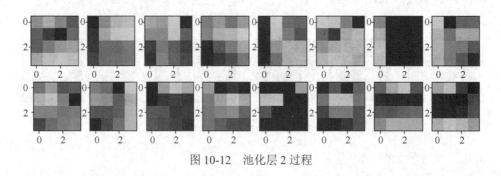

图 10-12　池化层 2 过程

10.5 改进 LeNet-5 模型实现 Fashion MNIST 数据集识别

本节主要介绍如何一步步搭建改进版的模型，实现步骤和 10.4 节的实现步骤一样，但模型参数进行了调整。

10.5.1　数据初始化处理

在这个步骤中，我们先对数据进行初始化处理，其中包括加载数据集、划分训练集和测试集、归一化处理等。具体代码如下。

```
import numpy as np
from keras.utils import np_utils
from keras.datasets import mnist
import pandas as pd
import matplotlib.pyplot as plt
from keras.models import Sequential
```

```
from keras.layers import Dense, Dropout, Flatten, Conv2D, MaxPooling2D, Activation

# 加载数据集
(X_train_image,y_train_label),(X_test_image,y_test_label) =
                                                fashion_mnist.load_data()
# 图像转换成向量的处理
x_Train4D = X_train_image.reshape(
            X_train_image.shape[0], 28, 28, 1).astype('float32')
x_Test4D = X_test_image.reshape(X_test_image.shape[0], 28, 28, 1).astype('float32')
# 图像归一化处理
x_Train4D_normalize = x_Train4D / 255
x_Test4D_normalize = x_Test4D / 255
# 标签 One-Hot 编码处理
y_TrainOneHot = np_utils.to_categorical(y_train_label)
y_TestOneHot = np_utils.to_categorical(y_test_label)

# 设置模型参数和训练参数
# 分类的类别
CLASSES_NB = 10
# 模型输入层数量
INPUT_SHAPE = (28, 28, 1)
# 测试集和训练集划分比例
VALIDATION_SPLIT = 0.2
# 训练周期，这边设置 10 个周期即可
EPOCH = 20
# 单批次数据量
BATCH_SIZE = 300
# 训练 LOG 打印形式
VERBOSE = 2
# 将标签映射到图像，比较方便查看物品属性
CLASSES_NAME = ['T 恤', '裤子', '套头衫', '连衣裙', '外套',
                '凉鞋', '衬衫', '帆布鞋','包', '短靴']
```

10.5.2　搭建与训练模型

在 LeNet-5 网络结构基础上，修改网络结构及参数，以便提升模型预测精度。具体代码如下。

```
model = Sequential()
model.add(Conv2D(filters = 16,
            kernel_size = (5, 5),
            padding = 'same',
            input_shape = (28, 28, 1)))
model.add(Activation('relu'))
model.add(MaxPooling2D(pool_size = (2, 2)))

model.add(Conv2D(filters = 50,
            kernel_size = (5, 5),
            padding = 'same'))
```

```
model.add(Activation('relu'))
model.add(MaxPooling2D(pool_size = (2, 2)))
model.add(Dropout(0.25))

model.add(Flatten())
model.add(Dense(500,activation = 'relu'))
model.add(Activation('relu'))
model.add(Dropout(0.5))

model.add(Dense(CLASSES_NB))
model.add(Activation('softmax'))
print(model.summary())
Model: "sequential_2"
_____
Layer (type)                    Output Shape              Param #
======================================================================
conv2d_3 (Conv2D)               (None, 28, 28, 16)        416
.........

_____
activation_9 (Activation)       (None, 10)                0
======================================================================
Total params: 1,250,976
Trainable params: 1,250,976
Non-trainable params: 0
_____
None
```

修改后的 LeNet-5 如图 10-13 所示。

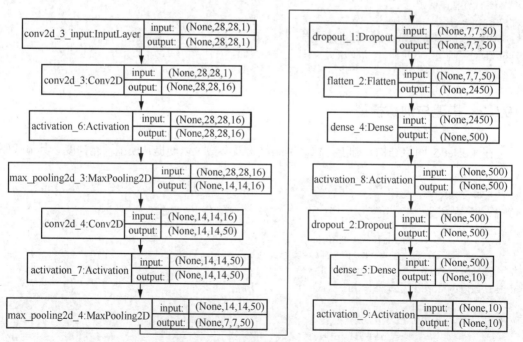

图 10-13　修改后的 LeNet-5 结构

模型结构和参数已经改变,重新训练,代码如下。

```
model.compile(loss='categorical_crossentropy', optimizer = 'adam',
            metrics = ['accuracy'])
train_history = model.fit(x = x_Train4D_normalize, y = y_TrainOneHot,
                        validation_split = VALIDATION_SPLIT,
                        epochs = EPOCH,batch_size = BATCH_SIZE,verbose = VERBOSE)
Train on 48000 samples, validate on 12000 samples
Epoch 1/20
 - 55s - loss: 0.6406 - acc: 0.7660 - val_loss: 0.4064 - val_acc: 0.8569
............
 - 55s - loss: 0.1345 - acc: 0.9496 - val_loss: 0.2098 - val_acc: 0.9250
```

10.5.3 训练与评估模型

下面进行模型效果评估,代码如下。

```
# 定义绘制训练过程的函数图像
def show_train_history(train_history, train, validation):
    plt.plot(train_history.history[train])
    plt.plot(train_history.history[validation])
    plt.title('Train history')
    plt.ylabel(train)
    plt.xlabel('Epoch')
    plt.legend(['train', 'validation',], loc = 'upper left')
plt.show()
#绘制准确率图像
show_train_history(train_history,'acc','val_acc')
```

运行结果如图 10-14 所示。

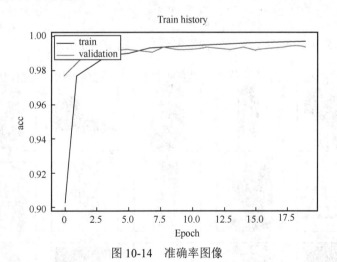

图 10-14　准确率图像

绘制误差率图像,如图 10-15 所示。

```
show_train_history(train_history, 'loss', 'val_loss')
```

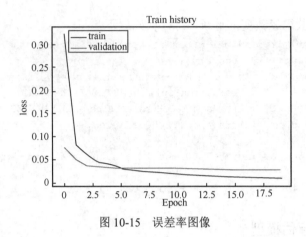

图 10-15　误差率图像

可以看到模型精度相较于多层感知机有所提升，而且过拟合程度较轻。

接着，使用测试集来评估模型的准确度，代码如下。

```
scores = model.evaluate(x_Test4D_normalize, y_TestOneHot)
print(scores[1])
10000/10000 [==============================] - 5s 458us/step
0.9916
```

新模型的精确度约为 0.99，相较于多层感知机模型有较大提升。

10.5.4　测试集预测

使用所有测试集进行预测，并选取部分样本查看，代码如下。

```
result_class = model.predict_classes(x_Test4D)
show_images_set(X_test_image, y_test_label, result_class, idx = 40,
            alias = CLASSES_NAME)
```

在抽查的结果中，发现 4 个样本预测错误，如图 10-16 所示。

图 10-16　测试集预测结果

建立误差矩阵，可以直观地发现哪个类别容易发生混淆，代码如下。

```
# 使用 pandas 库
import pandas as pd
pd.crosstab(y_test_label, result_class, rownames = ['label'],
colnames = ['predict'])
```

得到的混淆矩阵如下。

predict	0	1	2	3	4	5	6	7	8	9
label										
0	813	2	13	16	5	1	141	0	9	0
1	1	982	0	9	1	0	5	0	2	0
2	12	1	787	7	121	0	71	0	1	0
3	6	5	5	906	43	0	32	0	3	0
4	0	1	17	14	934	0	34	0	0	0
5	0	0	0	0	0	988	0	7	0	5
6	70	0	28	23	108	0	764	0	7	0
7	0	0	0	0	0	13	0	959	3	25
8	1	1	1	2	2	2	2	1	988	0
9	0	0	0	0	0	5	1	21	0	973

从以上误差矩阵可以发现，2（套头衫）和 4（外套）最容易发生混淆，共 121 次混淆；其次是 6（衬衫）和 4（外套），共 108 次混淆。

下面介绍使用 DataFrame 分析混淆情况，代码如下。

```
# 创建 DataFrame
dic = {'label':y_test_label, 'predict':result_class}
df = pd.DataFrame(dic)
# T 是将矩阵转置，方便查看数据
df.T
```

运行结果如下。

```
2 rows × 10000 columns
```

查看 2（套头衫）和 4（外套）的混淆情况，代码如下。

```
df[(df.label == 2)&(df.predict == 4)].T
```

运行结果如下。

```
2 rows × 121 columns
```

这里选择第 1 项错误且索引为 74 的数据进行查看，代码如下。

```
show_image(X_test_image, y_test_label, 74, CLASSES_NAME)
```

运行结果如图 10-17 所示。

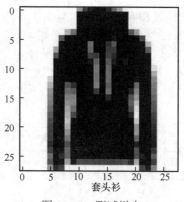

图 10-17　测试样本

查看 4（外套）和 6（衬衫）的混淆情况，代码如下。

```
df[(df.label == 4)&(df.predict == 6)].T
```

	396	476	558	905	1055	...	8296	8933	8958
label	4	4	4	4	4	...	4	4	4
predict	6	6	6	6	6	...	6	6	6

运行结果如下。

```
2 rows × 34 columns
```

这里选择第 2 项错误且索引为 476 进行查看。

```
show_image(X_test_image, y_test_label, 558, CLASSES_NAME)
```

以上代码运行后实现的效果如图 10-18 所示。

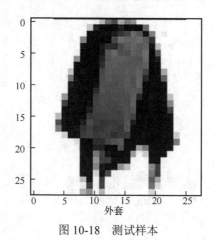

图 10-18　测试样本

10.5.5　保存模型与网络结构

保存训练好的模型，保存格式为 json，代码如下。

```
from keras.models import model_from_json
import json
# 将 model 的结构转换成 json
model_json = model.to_json()
# 格式化 json 方便阅读
model_dict = json.loads(model_json)
model_json = json.dumps(model_dict, indent=4, ensure_ascii=False)
# 将 json 保存到当前目录下
with open("./fashion_mnist_model_json.json", 'w') as json_file:
        json_file.write(model_json)
```

也可以将 model 保存为 h5 格式，代码如下。

```
from keras.models import load_model

# 保存训练好的 model 权重
model.save('fashion_mnist_mode_v1.h5')
```

10.6　使用自然测试集进行预测

所谓自然测试集，是指 Fashion MNIST 数据集之外的，我们自己收集的一些图像。下面我们将使用自然测试集进行预测，检验模型的预测效果。这些图像存储在 img_sets 文件夹中，详见本章自带的数据集。

10.6.1　图像预处理

使用自然图像进行预测，需要对这些图像进行预处理，将图像转换成 NumPy 数组形式，并且设置图像属性后才能进行预测。我们可以选用计算机视觉库 OpenCV 对这些图像进行处理，代码如下。

```
Import cv2
import numpy as np
import os
import matplotlib.pyplot as plt
# 存储图像的位置，图像均为 jpg 格式
path = "img_sets"
imgs = []
labs = []
for i,filename in enumerate(os.listdir(path)):
    if filename.endswith(".jpg"):
        _path = os.path.join(path , filename)
        # OpenCV 读取图像
        img = cv2.imread(_path)
        # 将图像添加至列表中
        imgs.append(img)
        # 从文件名获取 label
        lab = filename[4:5]
        labs.append(int(lab))
```

```
show_images_set(imgs, labs, [], idx = 0, num = 8, alias = CLASSES_NAME)
# 查看图像数据
imgs
[array([[[255, 255, 255],
         [255, 255, 255],
         [255, 255, 255],
            ...        ,
         [255, 255, 255],
         [255, 255, 255],
         [255, 255, 255]]], dtype=uint8)]
X_img = []
for img in imgs :
    # 将图像转换成灰度图
    img = cv2.cvtColor(img, cv2.COLOR_BGR2GRAY)
    img = img - 255
    img = cv2.resize(img, (28, 28))
    X_img.append(img)

X_img = np.array(X_img)
# 图像转换成向量的处理
X_img_4d = X_img.copy()
X_img_4d = X_img_4d.reshape(X_img.shape[0], 28, 28, 1).astype('float32')
```

10.6.2　预测结果

```
import keras
from keras.models import load_model

model_fashion_v1 = load_model('fashion_mnist_mode_v1.h5')
res = model_fashion_v1.predict_classes(X_img_4d)
show_images_set(imgs, labs, res, idx = 0, num = 8, alias = CLASSES_NAME)
```

运行结果如图 10-19 所示。

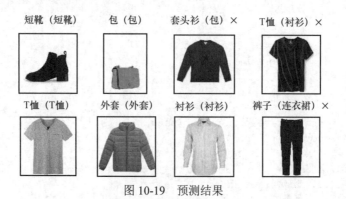

图 10-19　预测结果